明远通识文库

通川至海，立一识大

四川大学通识教育读本

编委会

主　任

游劲松

委　员

（按姓氏笔画排序）

王　红	王玉忠	左卫民	石　坚
石　碧	叶　玲	吕红亮	吕建成
李　怡	李为民	李昌龙	肖先勇
张　林	张宏辉	罗懋康	庞国伟
侯宏虹	姚乐野	党跃武	黄宗贤
曹　萍	曹顺庆	梁　斌	詹石窗
	熊　林	霍　巍	

主 编：黄 艳

副主编：徐世美 卢志云 曾维才 吴 迪

从殿堂到生活

化 学 诺 奖
与 日 常 世 界

一

四川大学出版社
SICHUAN UNIVERSITY PRESS

通识教育的"川大方案"

◎ 李言荣

　　大学之道，学以成人。作为大学精神的重要体现，以培养"全人"为目标的通识教育是对马克思所讲的"人的自由而全面的发展"的积极回应。自 19 世纪初被正式提出以来，通识教育便以其对人类历史、现实及未来的宏大视野和深切关怀，在现代教育体系中发挥着无可替代的作用。

　　如今，全球正经历新一轮大发展大变革大调整，通识教育自然而然被赋予了更多使命。放眼世界，面对社会分工的日益细碎、专业壁垒的日益高筑，通识教育能否成为砸破学院之"墙"的有力工具？面对经济社会飞速发展中的常与变、全球化背景下的危与机，通识教育能否成为对抗利己主义，挣脱偏见、迷信和教条主义束缚的有力武器？面对大数据算法用"知识碎片"织就的"信息茧房"、人工智能向人类智能发起的重重挑战，通识教育能否成为人类叩开真理之门、确证自我价值的有效法宝？凝望中国，我们正前所未有地靠近世界舞台中心，前所未有地接近实现中华民族伟大复兴，通识教育又该如何助力教育强国建设，培养出一批批堪当民族复兴重任的时代新人？

　　这些问题都需要通识教育做出新的回答。为此，我们必须立足当下、面向未来，立足中国、面向世界，重新描绘通识教育的蓝图，给出具有针对性、系统性、操作性和前瞻性的方案。

　　一般而言，通识教育是超越各学科专业教育，针对人的共性、公民的共性、技能的共性和文化的共性的知识和能力的教育，是对社会中不同人群的共同认识和价值观的培养。时代新人要成为面向未来的优秀公民和创新人才，就必须具有健全的人格，具有人文情怀和科学精神，具有独立生活、独立思考和独立研究的能力，具有社会责任感和使命担当，具有足以胜任未来挑战的全球竞争力。针对这"五个具有"的能力培养，理应贯穿通识教育始终。基于此，我认为新时代的通识教育应该面向五个维度展开。

第一，厚植家国情怀，强化使命担当。如何培养人是教育的根本问题。时代新人要肩负起中华民族伟大复兴的历史重任，首先要胸怀祖国，情系人民，在伟大民族精神和优秀传统文化的熏陶中潜深情感、超拔意志、丰博趣味、豁朗胸襟，从而汇聚起实现中华民族伟大复兴的磅礴力量。因此，新时代的通识教育必须聚焦立德树人这一根本任务，为学生点亮领航人生之灯，使其深入领悟人类文明和中华优秀传统文化的精髓，增强民族认同与文化自信。

第二，打好人生底色，奠基全面发展。高品质的通识教育可转化为学生的思维能力、思想格局和精神境界，进而转化为学生直面飞速发展的世界、应对变幻莫测的未来的本领。因此，无论学生将来会读到何种学位、从事何种工作，通识教育都应该聚焦"三观"培养和视野拓展，为学生搭稳登高望远之梯，使其有机会多了解人类文明史，多探究人与自然的关系，这样才有可能培养出德才兼备、软硬实力兼具的人，培养出既有思维深度又不乏视野广度的人，培养出开放阳光又坚韧不拔的人。

第三，提倡独立思考，激发创新能力。当前中国正面临"两个大局"（中华民族伟大复兴的战略全局和世界百年未有之大变局），经济、社会等各领域的高质量发展都有赖于科技创新的支撑、引领、推动。而通识教育的力量正在于激活学生的创新基因，使其提出有益的质疑与反思，享受创新创造的快乐。因此，新时代的通识教育必须聚焦独立思考能力和底层思维方式的训练，为学生打造破冰拓土之船，使其从惯于模仿向敢于质疑再到勇于创新转变。同时，要使其多了解世界科技史，使其产生立于人类历史之巅鸟瞰人类文明演进的壮阔之感，进而生发创新创造的欲望、填补空白的冲动。

第四，打破学科局限，鼓励跨界融合。当今科学领域的专业划分越来越细，既碎片化了人们的创新思想和创造能力，又稀释了科技资源，既不利于创新人才的培养，也不利于"从 0 到 1"的重大原始创新成果的产生。而通识教育就是要跨越学科界限，实现不同学科间的互联互通，凝聚起高于各学科专业知识的科技共识、文化共识和人性共识，直抵事物内在本质。这对于在未来多学科交叉融通解决大问题非常重要。因此，新时代的通识教育应该聚焦学科交叉融合，为学生架起游弋穿梭之桥，引导学生更多地以"他山之石"攻"本山之玉"。其中，信息技术素养的培养是基础中的基础。

第五，构建全球视野，培育世界公民。未来，中国人将越来越频繁地走到世界舞台中央去展示甚至引领。他们既应该怀抱对本国历史的温情与敬意，深刻领悟中华优秀传统文化的精髓，同时又必须站在更高的位置打量世界，洞悉自身在人类文明和世界格局中的地位和价值。因此，新时代的通识教育必须聚焦全球视野的构建和全球胜任力的培养，为学生铺就通往国际舞台之路，使其真正了解世界、不孤陋寡闻，真正了解中国、不妄自菲薄，真正了解人类、不孤芳自赏；不仅关注自我、关注社会、关注国家，还关注世界、关注人类、关注未来。

我相信，以上五方面齐头并进，就能呈现出通识教育的理想图景。但从现实情况来看，我们目前所实施的通识教育还不能充分满足当下及未来对人才的需求，也不足以支撑起民族复兴的重任。其问题主要体现在两个方面：

其一，问题导向不突出，主要表现为当前的通识教育课程体系大多是按预设的知识结构来补充和完善的，其实质仍然是以院系为基础、以学科专业为中心的知识教育，而非以问题为导向、以提高学生综合素养及解决复杂问题能力为目标的通识教育。换言之，这种通识教育课程体系仅对完善学生知识结构有一定帮助，而对完善学生能力结构和人格结构效果有限。这一问题归根结底是未能彻底回归教育本质。

其二，未来导向不明显，主要表现为没有充分考虑未来全球发展及我国建设社会主义现代化强国对人才的需求，难以培养出在未来具有国际竞争力的人才。其症结之一是对学生独立思考和深度思考能力的培养不够，尤其未能有效激活学生问问题，问好问题，层层剥离后问出有挑战性、有想象力的问题的能力。其症结之二是对学生引领全国乃至引领世界能力的培养不够。这一问题归根结底是未能完全顺应时代潮流。

时代是"出卷人"，我们都是"答卷人"。自百余年前四川省城高等学堂（四川大学前身之一）首任校长胡峻提出"仰副国家，造就通才"的办学宗旨以来，四川大学便始终以集思想之大成、育国家之栋梁、开学术之先河、促科技之进步、引社会之方向为己任，探索通识成人的大道，为国家民族输送人才。

正如社会所期望，川大英才应该是文科生才华横溢、仪表堂堂，医科生医术精湛、医者仁心，理科生学术深厚、术业专攻，工科生技术过硬、行业引领。但在我看来，川大的育人之道向来不只在于专精，更在于博通，因此从川大走出的大成之才不应仅是各专业领域的精英，而更应是真正"完整的、大写的人"。简而言之，川大英才除了精熟专业技能，还应该有川大人所共有的川大气质、川大味道、川大烙印。

关于这一点，或许可以做一不太恰当的类比。到过四川的人，大多对四川泡菜赞不绝口。事实上，一坛泡菜的风味，不仅取决于食材，更取决于泡菜水的配方以及发酵的工艺和环境。以之类比，四川大学的通识教育正是要提供一坛既富含"复合维生素"又富含"丰富乳酸菌"的"泡菜水",让浸润其中的川大学子有一股独特的"川大味道"。

为了配制这样一坛"泡菜水",四川大学近年来紧紧围绕立德树人根本任务,充分发挥文理工医多学科优势,聚焦"厚通识、宽视野、多交叉",制定实施了通识教育的"川大方案"。具体而言,就是坚持问题导向和未来导向,以"培育家国情怀、涵养人文底蕴、弘扬科学精神、促进融合创新"为目标,以"世界科技史"和"人类文明史"为四川大学通识教育体系的两大动脉,以"人类演进与社会文明""科学进步与技术革命"和"中华文化(文史哲艺)"为三大先导课程,按"人文与艺术""自然与科技""生命与健康""信息与交叉""责任与视野"五大模块打造100门通识"金课",并邀请院士、杰出教授等名师大家担任课程模块首席专家,在实现知识传授和能力培养的同时,突出价值引领和品格塑造。

如今呈现在大家面前的这套"明远通识文库",即按照通识教育"川大方案"打造的通识读本,也是百门通识"金课"的智慧结晶。按计划,丛书共100部,分属于五大模块。

——"人文与艺术"模块,突出对世界及中华优秀文化的学习,鼓励读者以更加开放的心态学习和借鉴其他文明的优秀成果,了解人类文明演进的过程和现实世界,着力提升自身的人文修养、文化自信和责任担当。

——"自然与科技"模块,突出对全球重大科学发现、科技发展脉络的梳理,以帮助读者更全面、更深入地了解自身所在领域,学习科学方法,培养科学精神、科学思维以及创新引领的战略思维、深度思考和独立研究能力。

——"生命与健康"模块,突出对生命科学、医学、生命伦理等领域的学习探索,强化对大自然、对生命的尊重与敬畏,帮助读者保持身心健康、积极、阳光。

——"信息与交叉"模块，突出以"信息＋"推动实现"万物互联"和"万物智能"的新场景，使读者形成更宽的专业知识面和多学科的学术视野，进而成为探索科学前沿、创造未来技术的创新人才。

——"责任与视野"模块，着重探讨全球化时代多文明共存背景下人类面临的若干共同议题，鼓励读者不仅要有参与、融入国际事务的能力和胆识，更要有影响和引领全球事务的国际竞争力和领导力。

百部通识读本既相对独立又有机融通，共同构成了四川大学通识教育体系的重要一翼。它们体系精巧、知识丰博，皆出自名师大家之手，是大家著小书的生动范例。它们坚持思想性、知识性、系统性、可读性与趣味性的统一，力求将各学科的基本常识、思维方法以及价值观念简明扼要地呈现给读者，引领读者攀上知识树的顶端，一览人类知识的全景，并竭力揭示各知识之间交汇贯通的路径，以便读者自如穿梭于知识树枝叶之间，兼收并蓄，掇菁撷华。

总之，通过这套书，我们不惟希望引领读者走进某一学科殿堂，更希望借此重申通识教育与终身学习的必要，并以具有强烈问题意识和未来意识的通识教育"川大方案"，使每位崇尚智识的读者都有机会获得心灵的满足，保持思想的活力，成就更开放通达的自我。

是为序。

（作者系四川大学校长、中国工程院院士）

前　言

　　"我们恨化学！我们恨化学！我们恨化学！"在某知名电视平台上播出的化妆品广告中，这一声高过一声的洗脑式控诉，曾令科学界为之震惊！

　　尽管人类已然进入 21 世纪，然而社会上依然广泛流传着对化学的偏见。在许多人眼里，"化学的"或者"合成的"即是"糟糕"的代名词。提及化学，他们脑海里第一时间跳出的是农药残留、化肥滥用、食品问题、白色污染、空气污染……

　　难道化学真的是全部"有毒有害"的罪魁祸首？

　　毋庸置疑，由于对物质认知不充分或使用不当，以及一些非化学因素，我们身边确实存在一些化学品的环境污染、使用安全等问题。但我们的生活已绝无可能离开化学，哪怕只是一秒钟。生老病死、衣食住行，化学已经无处不在，给世界带来了巨大改变。

　　了解化学，刻不容缓！

　　为此，我们编写了这本《从殿堂到生活：化学诺奖与日常世界》，旨在以诺贝尔化学奖为经线，以日常生活化学品为纬线，带领读者徜徉化学的海洋，去了解诺贝尔化学奖中的趣事，去探寻化学的发展及其在生活中的作用，从而使读者感受科学的魅力，理解科技与生活的关系，进而提高生活能力，同时也更客观、更公正地看待化学。

　　本书选取了日常生活中最常涉及的清洁、保湿、防晒、色素、食品添加剂、显示与照明、高分子材料等十一个主题，以一讲一个主题的方式展开讨论。在每一讲中，我们都是从诺贝尔奖的相关成果出发，去探究其原理及其在日常生活中的应用，了解相关产品的成分和功效。我们期望以这样的方式，打消读者对化学的恐惧，建立对科学的信心，更重要的是了解日常高频使用的化学知识，提高科学选用它们的能力，进而打开美好生活的大门。

　　本书的编写工作由四川大学化学通识课程"从殿堂到生活：化学诺奖与日常世界"的教学团队共同完成，其中第一到第六讲由黄艳编写，第七讲由吴迪编写，第八讲由曾维才和陈南编写，第九讲由卢志云编写，第十讲和十一讲由徐世美编写。

　　本书在撰写过程中，得到了四川大学教务处以及通识课程专家团队的大力支持和指导。此外，四川大学 2019 级动画专业的王晓琪同学为本书制作了部分精美图片，2019 级研究生易雪玲，2020 级本科生崔艺、李彦妮、廖怡、代盈盈、徐潇、郑安琪和卓钰昕为本书提供了全部或部分的阅读意见。正是这些反馈，激励我们提高本书的质量和可阅读性，同时减少错误。在此，作者向他们致以最诚挚和最衷心的感谢。

　　感谢四川大学出版社优秀的编辑团队，正是他们的细心、热心和认真，使本书得以顺利并成功出版。

　　感谢家人的支持，本书底色的温暖或许有一缕来自那些相伴夜晚里书房中暖暖的灯光。

　　感谢广大读者厚爱，欢迎批评指正！

作者

2020 年 12 月

目　录

第一讲

殿堂与生活——诺贝尔化学奖

为了"全人类的最大利益"

每年的 10 月和 12 月，科学界乃至全社会的视线都会向一个大事件聚焦，那就是诺贝尔奖。作为享有崇高声望的世界级奖项，诺贝尔奖于每年的 10 月公布获奖名单，并在 12 月举办盛大的颁奖仪式。

阿尔弗雷德·贝恩哈德·诺贝尔（Alfred Bernhard Nobel，1833—1896），瑞典化学家、工程师、发明家，因发明烈性炸药（硝化甘油）而闻名天下。他一生拥有 355 项专利发明，并在 20 多个国家开设了约 100 家公司和工厂。许多人都熟知诺贝尔的传奇故事，也清楚他留下了一份遗嘱——用巨额财富作为原始基金设立诺贝尔奖，但或许很少有人清楚诺贝尔这份遗嘱的具体内容，以及它最初所引发的争议。

诺贝尔在他去世前一年，立下了一份遗嘱（瑞典文），在诺贝尔奖官网上，其英文译稿如下：

All of my remaining realisable assets are to be disbursed as follows: the capital, converted to safe securities by my executors, is to constitute a fund, the interest on which is to be distributed annually as prizes to those who, during the preceding year, have conferred **the greatest benefit to humankind.** The interest is to be divided into five equal parts and distributed as follows: one part to the person who made the most important discovery or invention in the field of **physics**; one part to the person who made the most important **chemical** discovery or improvement; one part to the person who made the most important discovery within the domain of **physiology or medicine**; one part to the person who, in the field of **literature**, produced the most outstanding work in an idealistic direction; and one part to the person who has done the most or best to advance fellowship among nations, the abolition or reduction of standing armies, and the establishment and promotion of **peace** congresses. The prizes for physics and chemistry are to be awarded by the Swedish Academy of Sciences; that for physiological or medical achievements by the Karolinska Institute in Stockholm; that for literature by the Academy in Stockholm; and that for champions of peace by a committee of five persons to be selected by the Norwegian Storting. It is my express wish that when awarding the prizes, **no consideration be given to nationality, but that the prize be awarded to the worthiest person, whether or not they are Scandinavian.**

翻译为中文，大意如下：

将所有剩余的可变现资产按以下方式分配：由我的遗嘱执行人将资金转为安全证券，设立一项基金，以其利息为奖金，给予那些在上一年为**全人类的最大利益**做出贡献的人。将利息平均分成五份，分配如下：

一份给予在**物理学**领域做出最重要发现或发明者；

一份给予在**化学**领域做出最重要发现或改进者；

一份给予在**生理学或医学**领域做出最重要发现者；

一份给予在**文学**领域创作出具有理想主义色彩之最杰出作品者；

一份给予为增进各国间的友谊、取消或裁减常备军、建立和促进**和平大会**做出最多或最佳努力者。

物理学奖和化学奖由瑞典科学院颁发；生理学或医学奖由斯德哥尔摩卡罗琳斯卡研究所颁发；文学奖由斯德哥尔摩文学院颁发；和平奖由挪威议会选出的五人委员会颁发。**我希望授予奖励时不考虑候选人国籍问题，将奖励颁发给最符合条件的人，无论他们是否是斯堪的纳维亚人。**

这份遗嘱一经公布，便受到了诺贝尔亲属的反对和瑞典舆论界的批评与谴责。有保守派人士公开指责诺贝尔忽视瑞典利益，没有把财产捐给瑞典或者只奖励给瑞典人，反而去支持外国科学家、文学家与和平人士，从而给诺贝尔贴上了"不爱国"的标签。

幸好，经过诺贝尔遗嘱执行人的不懈努力，诺贝尔奖终于在 1901 年开始颁发。第一个诺贝尔奖是物理学奖，颁给了发现 X 射线的威廉·康拉德·伦琴（Wilhelm Conrad Röntgen，1845—1923）。那一年的化学奖颁给了发现溶液中的化学动力学法则和渗透压规律的科学家雅各布斯·亨里克斯·范托夫（Jacobus Henricus van't Hoff，1852—1911）。

诺贝尔奖是第一个全球性的科技、人文奖，它之所以能有今天崇高地位，主要是因为其优秀的遴选机制使得物理学、化学、生理学和医学领域最优秀的成果几乎都被选入其中，且公认获得至高科学成就的世界顶尖科学家大多是诺贝尔奖获得者，如家喻户晓的大科学家爱因斯坦、玛丽·居里等。尽管诺贝尔科学奖的历史几乎等同于一部人类科学发展史，但也有少数例外，如元素周期表的提出者——俄国化学家门捷列夫就与其失之交臂。那年的情况极为特殊，你想知道是谁击败了门捷列夫吗？他又有什么样的伟大成就？第三讲将会揭晓答案。

除优秀的遴选机制外，丰厚的奖金也是诺贝尔奖广受关注的重要原因。在诺贝尔奖设计之初，诺贝尔就以当时一位教授约二十年的工资为标准来颁发奖金。1901 年的奖金是 15 万瑞典克朗（约 5 万美元），而 2020 年的奖金已经高达 1000 万瑞典克朗（约 110 万美元）。

除可观的奖金外，诺贝尔奖获得者还会获得一枚奖牌和一份获奖证书。值得一提的是，诺贝尔奖的颁奖典礼充满仪式感，参加典礼者均需着正装出席，由瑞典国王亲自向获奖者颁发奖牌和证书。奖牌的正面均是诺贝尔的肖像（图 1-1），背面略有差异。获奖证书（图 1-1）都是由艺术家根据获奖者的研究成果专门设计的，极富艺术感，且独一无二。

图 1-1 诺贝尔奖奖牌正面和极富艺术感的获奖证书

除诺贝尔文学奖、和平奖、经济学奖（1968 年增设，1969 年开始颁发）外，属于自然科学领域的诺贝尔奖项为物理学奖、化学奖、生理学或医学奖。对科学家来说，获得诺贝尔奖是极高的荣誉。诺贝尔科学奖评选的突出特点是对重大科学成就的充分重视和肯定，以及对基础科学领域研究的特别关注。1912 年，瑞典科学家尼尔斯·古斯塔夫·达伦（Nils Gustaf Dalén，1869—1937）因发明了与气体蓄能器一起用于灯塔和浮标的自动调节器而荣获诺贝尔物理学奖，但其在同年的一项实验中遭遇事故，不幸失明，故由其哥哥代为领奖。值得一提的是，他与诺贝尔本人经历相似，也是一位利用自己的多项专利成立了公司的百万富翁级的科学家。他的获奖引发了一场大争论：是否应该给拥有技术发明专利且获利甚丰者授奖？此后经过多年，诺贝尔基金会有了定论：诺贝尔科学奖主要授给在基础研究方面有重大发现的实验室教授或专家。其主要依据有两点：重大的基础研究发现将有助于增进人类对世界的认识；相较于已通过技术推广获得庞大资产的重大技术发明者，从事基础研究的实验室教授和专家更需要诺贝尔奖的奖金。

1901—2020 年，在诺贝尔奖 120 年的历史中，获奖者有近千人。其中，化学奖获得者 186 位，物理学奖获得者 216 位，生理学或医学奖获得者 222 位（数据来自诺贝尔奖官网①）。这些科学家来自不同国家，有老有少，有男有女，决定其获奖的因素只有其工作成果，这确实做到了诺贝尔所希望的不考虑候选人国籍，仅考虑其为全人类利益做出的科学贡献。

不分国别

诺贝尔科学奖获得者广泛分布于世界各国，但主要来自发达国家，这显示出发达国家雄厚的科研实力。以诺贝尔化学奖为例，186 位得主中，173 位来自美国（70 位）、英国（32 位）、德国（31 位）、法国（9位）、日本（8 位）、瑞士（7 位）、以色列（4 位）、瑞典（4 位）、加拿大（4 位）、荷兰（4 位）10 个国家（图 1-2），另外 13 位则分别来自苏联、阿根廷、奥地利、比利时、波兰、丹麦、芬兰、捷克、挪威、土耳其、匈牙利、意大利、埃及 13 个国家。美国以 70 位得主独占鳌头，彰显出其强大的科研实力；英国、德国分别以 32 位、31 位得主位居第二、第三。值得注意的是，日本的 8 位得主中，除 1 位是在 1981 年获奖外，其余均为 2000 年后获奖，可见其科研实力的显著崛起。

----

① 本书关于诺贝尔科学奖的数据截至 2020 年。

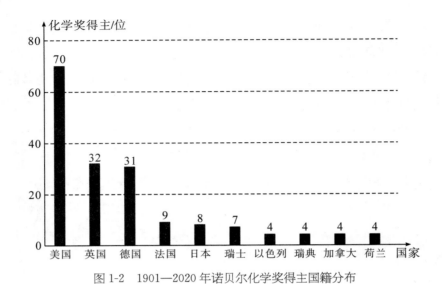

图 1-2　1901—2020 年诺贝尔化学奖得主国籍分布

不分年龄

从 1901 年到 2020 年，诺贝尔科学奖的颁发情况如下。

物理学奖共颁发 114 次，有 216 位得主。其中，年龄最小的是利用 X 射线分析晶体结构的威廉·劳伦斯·布拉格（William Lawrence Bragg，1890—1971，1915 年获诺贝尔物理学奖），获奖时年仅 25 岁；年龄最大的是 2018 年因在激光物理领域有突破性发明而获奖的亚瑟·阿斯金（Arthur Ashkin，1922—2020），获奖时 96 岁。

化学奖共颁发 112 次，有 186 位得主。其中，最年轻的是在 35 岁时获奖的弗雷德里克·约里奥（Frédéric Joliot，1900—1958），他的妻子和岳母都是诺贝尔化学奖得主，就是大名鼎鼎的玛丽·居里母女；年龄最大的是 2019 年的化学奖得主之一——被誉为"锂电池之父"的美国科学家约翰·B. 古迪纳夫（John B. Goodenough，1922—），获奖时他已 97 岁。

生理学或医学奖共颁发 111 次，有 222 位得主。其中，最年轻的得主是弗雷德里克·格兰特·班廷（Frederick Grant Banting，1891—1941），1923 年获奖时仅 32 岁。其获奖原因是发现了胰岛素。胰岛素是一种蛋白质激素，是人类认识蛋白质的开端。第三讲将详细讲解英国科学家弗雷德里克·桑格（Frederick Sanger，1918—2013）对胰岛素氨基酸序列的测试工作。年龄最大的得主是 1966 年因发现诱导肿瘤的病毒而获奖的裴顿·劳斯（Peyton Rous，1879—1970），获奖时 87 岁。

从上述情况大致可以看出，年轻得主大多是早期获奖，年老得主大多是近期获奖。尽管 2010 年诺贝尔物理学奖得主康斯坦丁·诺沃肖洛夫（Konstantin Novoselov，1974—）获奖时也仅 36 岁，但诺贝尔科学奖得主的获奖年龄确实有越来越大的趋势。其原因之一在于诺贝尔奖委员会对科学研究成果的可靠性要求越来越高，即便科学家在年轻时就获得重大发现，也需要经过多年的验证才能获奖。另一个重要原因是科学发展越来越艰深、专业分支越来越精细，要取得重大发现绝非易事。此外，从事科学研究的人越来越多，要脱颖而出可能也越来越不容易。曾有报道称，百余年前，全世界只有千余名物理学家，而现今可能有数十万物理学者。

不分性别

截至 2020 年，共有 22 位女科学家获得过诺贝尔科学奖（含物理学、化学、生理学或医学奖），合计 23 次（表 1-1）。玛丽·居里（Marie Curie，1867—1934）是唯一两次获得诺贝尔奖的女科学家。以 20 年为一个时间段，女科学家在各时间段的获奖次数分别为 2、1、1、3、4、12（图 1-3）。尽管在诺贝尔奖得主中，女科学家明显较少，但从数据可以看出，2000 年后具有明显增加的趋势，这表明女性在前沿科学研究中的参与度显著增加。仅 2020 年就有 3 位女科学家获奖：物理学奖部分颁发给了发现超大质量天体的美国女科学家安德烈娅·盖兹

（Andrea Ghez，1965—），化学奖则完全属于两位女性科学家——法国科学家埃马纽埃尔·卡彭蒂耶（Emmanuelle Charpentier，1968—）和美国科学家詹妮弗·A.杜德纳（Jennifer A. Doudna，1964—），以表彰她们"开发了一种基因组编辑方法"。

表 1-1　女性诺贝尔科学奖得主

序号	姓名	获奖年份	奖项	获奖理由
1	玛丽·居里	1903	物理学	研究电离辐射现象时做的非凡工作
2		1911	化学	发现、分离镭和钋及其性质研究
3	伊伦·约里奥-居里	1935	化学	合成了新的放射性元素
4	格蒂·科里	1947	生理学或医学	发现糖原的催化转化过程
5	玛丽亚·格佩特-梅耶	1963	物理学	发现原子核的壳层结构
6	多萝西·克劳福特·霍奇金	1964	化学	用 X 射线技术测定重要生化物质的结构
7	罗莎琳·萨斯曼·耶洛	1977	生理学或医学	开发多肽类激素的放射免疫分析法
8	芭芭拉·麦克林托克	1983	生理学或医学	发现移动遗传因子
9	丽塔·列维-蒙塔尔奇尼	1986	生理学或医学	发现生长因子
10	格特鲁德·B.埃利恩	1988	生理学或医学	发现药物治疗之重要定律
11	克里斯汀·纽斯林-沃尔哈德	1995	生理学或医学	发现早期胚胎发育的遗传控制
12	琳达·巴克	2004	生理学或医学	发现嗅觉感受器与嗅觉系统组织
13	弗朗索瓦丝·巴尔-西诺西	2008	生理学或医学	发现人类免疫缺陷病毒
14	伊丽莎白·布莱克本	2009	生理学或医学	发现端粒和端粒酶如何保护染色体

续表

序号	姓名	获奖年份	奖项	获奖理由
15	卡罗尔·格莱德	2009	生理学或医学	发现端粒和端粒酶如何保护染色体
16	阿达·约纳特	2009	化学	对核糖体结构和功能的研究
17	梅-布里特·莫泽	2014	生理学或医学	发现构成大脑定位系统的细胞
18	屠呦呦	2015	生理学或医学	发现治疗疟疾的新疗法
19	唐娜·斯特里克兰	2018	物理学	在激光物理领域的突破性发明
20	弗朗西斯·阿诺德	2018	化学	酶的定向演化
21	安德烈娅·盖兹	2020	物理学	在银河系中央发现超大质量天体
22	埃马纽埃尔·卡彭蒂耶	2020	化学	开发了一种基因组编辑方法
23	詹妮弗·杜德纳	2020	化学	开发了一种基因组编辑方法

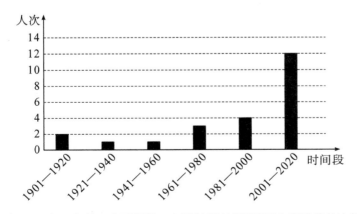

图1-3　以20年为一个时间段，女性科学家获得诺贝尔科学奖的次数

诺贝尔科学奖得主群像

如何才能获得诺贝尔科学奖？诺贝尔科学奖得主都是些什么样的科学家？

前者没有答案，后者也并不好回答。

正如"水无常形"，诺贝尔科学奖得主的个性也并无"常势"。他们，有的聪慧不凡，有的资质平平；有的谦逊低调，有的傲世轻物；有的口若悬河，有的不善言辞；有的风度翩翩，有的不修边幅；在专业领域外，有的博闻多识，有的甚至不如常人；有的凭借长期耕耘，得奖水到渠成，有的幸赖机遇垂青，妙手偶得……

相比数十亿的人口，不到千名的诺贝尔奖得主可谓少之又少。其中，还出现了如凤毛麟角般的"夫妻""母女""父子"得主，如大家熟知的居里夫妇（玛丽·居里和其丈夫皮埃尔·居里）、"小居里"夫妇（玛丽·居里的长女伊伦·约里奥-居里和其丈夫弗雷德里克·约里奥）。除前面提到的最年轻的诺贝尔奖得主威廉·劳伦斯·布拉格是和其父亲一起获奖的外，还有几对父子先后获奖：分获 1906 年、1937 年的诺贝尔物理学奖的汤姆孙父子，分获 1922 年、1975 年的诺贝尔物理学奖的玻尔父子，分获 1924 年、1981 年的诺贝尔物理学奖的西格巴恩父子，分获 1929 年的诺贝尔化学奖、1970 年的诺贝尔生理学或医学奖的奥伊勒父子，分获 1959 年的诺贝尔生理学或医学奖、2006 年的诺贝尔化学奖的科恩伯格父子。

相比"夫妻""母女""父子"获奖的，"师生"获奖的则相对较多。诺贝尔奖得主的科研生涯最普遍的特征之一，就是他们曾在诺贝尔奖得主或未来的诺贝尔奖得主身边学习、工作过。道理很简单，好的导师可以言传身教。1908 年的诺贝尔化学奖得主欧内斯特·卢瑟福（Ernest Rutherford，1871—1937）在放射性和原子结构等方面做出了重大贡献，被称为"近代原子核物理学之父"，他的学生和助手中有 9 人获得了诺贝尔奖。此外，1958 年、1980 年的诺贝尔化学奖得主弗雷德里克·桑格是目前唯一获得两次诺贝尔化学奖的科学家[①]，他一共指导了十几名博士生，其中有两位还分别获得了 1972 年、2009 年的诺贝尔奖。

不过，大部分诺贝尔奖得主既没有家族熏陶，也没有荣获诺贝尔奖的导师加持。他们的共同点是对科学的好奇，以及为此所付出的持之以恒的努力！

此外，"合作"的作用越来越重要。以 2000 年的诺贝尔化学奖为例，日本科学家白川英树（Shirakawa Hideki，1936—）与美国科学家艾伦·格雷厄姆·麦克迪尔米德（Alan Graham MacDiarmid，1927—）、艾伦·杰伊·黑格（Alan Jay Heeger，1936—）三位获奖者正是不同国家、不同领域之间的科学家通过合作研究取得丰硕成果的典范。他们让高分子材料告别绝缘体，开启了导电新时代，为现代柔性、透明电子材料的发展奠定了基石。

诺贝尔化学奖，理综奖？

从 1901 年范托夫因发现"溶液中的化学动力学法则和渗透压规律"获得首个诺贝尔化学奖，到 2020 年两位科学家（埃马纽埃尔·卡彭蒂耶和詹妮弗·杜德纳）因基因组编辑获奖，诺贝尔化学奖合计颁发 112 次，共计 186 人次获奖。其中，仅有桑格一人两获诺贝尔化学奖，故截至 2020 年诺贝尔化学奖得主共有 185 人。

2020 年，两位女科学家因基因组编辑方面的工作获得诺贝尔化学

[①] 截至 2020 年。

奖时，有很多人笑称诺贝尔化学奖应改名为"理综奖"。

为什么这么说呢？

因为有些看起来属于物理学领域的成果，最终却获得了诺贝尔化学奖；有些看起来属于生理学领域的成果，最终也获得了诺贝尔化学奖。

为什么会出现这样的情况？化学到底是研究什么的？

化学被认为是研究物质的组成、结构、性质及变化规律的学科，是在分子层面上进行的研究，与数学、物理学、生物学等同属于理科，通常又分为无机化学、分析化学、有机化学、物理化学、高分子化学等二级学科，还可被细分为生物化学、放射化学、环境化学、材料化学等（图1-4）。

众所周知，世界是物质的，物质无处不在。化学要研究物质的性质，就与物理学有了交叉，而生物学的本质又都涉及化学反应。因此，在自然科学中，化学也被称为"中心学科"，与其他学科是相互交叉、相互融合的。在科学探索越来越深入的今天，很多在传统意义上的宏观层面开展

图1-4　化学的分科

研究的学科都开始进入分子层面，从这个角度来说，化学确实无所不在、无所不包。

仅从2015—2020年诺贝尔化学奖的颁发情况（表1-2），就可以看出化学与其他学科间的深度交叉与融合。2019年的"锂离子电池"、2016年的"分子机器"属于传统的化学领域，2017年的"冷冻电镜"属于物理学、化学、生物学交叉领域，2020年的"基因组编辑"、2018年的"酶的定向演化和噬菌体展示"、2015年的"DNA修复"则明显

属于化学、生物学交叉领域。由此也可以看出，化学最重要的发展方向之一就是与生物学相结合。

表 1-2　2015—2020 年诺贝尔化学奖的颁发情况

年度	获奖者	获奖理由
2020	埃马纽埃尔·卡彭蒂耶	开发了一种基因组编辑方法
	詹妮弗·杜德纳	
2019	约翰·B. 古迪纳夫	在锂离子电池研发领域的贡献
	斯坦利·惠廷厄姆	
	吉野彰	
2018	弗朗西斯·阿诺德	酶的定向演化
	乔治·史密斯	用于多肽和抗体的噬菌体展示技术
	格雷戈里·温特尔	
2017	雅克·杜波切特	开发冷冻电子显微镜，用于溶液中生物分子的高分辨率结构测定
	阿希姆·弗兰克	
	理查德·亨德森	
2016	让-皮埃尔·索维奇	分子机器的设计和合成
	詹姆斯·弗雷泽·司徒塔特	
	伯纳德·费林加	
2015	托马斯·林达尔	DNA 修复的细胞机制
	保罗·莫德里奇	
	阿齐兹·桑贾尔	

诺贝尔化学奖如何改变了我们的生活？

诺贝尔奖在全世界拥有崇高地位，相关获奖成果在科学发展史中亦占有重要地位。大家熟知的薛定谔的波函数（薛定谔方程）、鲍林的化学键、沃森和克里克的 DNA 双螺旋结构等，奠定了科学大厦的基础，拓展了科学的版图，也拓展了人类对世界的认知，极大地促进了人类更好地改造这个世界，因此，这些成果常常被称为"殿堂级成就"。但大多数人在平凡而琐碎的日常生活中往往不能直观感受到这些"高大上"的成果，从而感觉诺贝尔奖远在云端之上。

其实，诺贝尔奖对我们日常生活的改善随处可见，很多科学研究成果都是普惠大众的。衡量一项科学研究成果的价值时，首要工作之一就是考量其对人类生活的惠及程度。下面就以 1904 年、2019 年的诺贝尔化学奖为例，来感受其给日常生活带来的深刻变化吧！

1904 年的诺贝尔化学奖颁给了发现惰性气体的威廉·拉姆齐（William Ramsay，1852—1916）。他发现将不同惰性气体充入灯管中，再辅以不同荧光材料，灯管就可以发出各种鲜艳夺目的光。曾几何时，当我们漫步在夜晚的城市中，感受着五彩斑斓、闪烁变幻的霓虹灯所展现的现代都市气派，多数人会感叹这流光溢彩的美，却鲜有人记得1904 年的诺贝尔化学奖。

如果没有拉姆齐的发现，我们的商铺在黑夜里便少了一份斑斓。

如果没有拉姆齐的发现，我们的城市在夜色中便少了一份华彩。

如果没有拉姆齐的发现，我们记忆中的生活便少了一份缤纷。

如果说 1904 年的诺贝尔化学奖似乎远在天边，那么 2019 年的诺贝尔化学奖则近在咫尺。2019 年的诺贝尔化学奖颁给了三位对锂离子电池发展做出了重大贡献的科学家：美国的约翰·B. 古迪纳夫、英国的斯坦利·惠廷厄姆（Stanley Whittingham，1941—）和日本的吉野彰（Akira Yoshino，1948—）。其中，古迪纳夫以 97 岁的高龄刷新了诺贝尔奖获得者的最高年龄纪录。他在中国也被亲切地称为"足够好"先生。他至今还坚持在科研第一线，执着这一宝贵品质在他身上体现得淋漓尽致。

便携式移动电子设备的普及离不开可充电锂离子电池。

如果没有锂离子电池，我们可能就不能放心大胆、随心所欲地长时间使用手机、平板电脑、笔记本电脑。

如果没有锂离子电池，移动电子设备可能就不那么便携了，因为我们需要几块体积、质量更大的电池备用。

锂离子电池体积小、能量密度大、无记忆效应、可快速充放电，其对便携式电子产品的续航能力是其他电池不能相比的。它的轻质性推动了电子设备便携化的进程，深刻改变了我们的生活。从工作到休闲，从阅读到游戏，现在的人们对便携式移动电子设备无比依赖，其典型代表就是智能手机。

人们出行，可以在智能手机上打车、导航、买票、订酒店。

人们购物，可以在智能手机上搜索产品，查看评论，货比三家。

人们学习，可以在智能手机上随时随地进行查阅重点中学、一流大学的课程，各类专业人士的解说。

人们娱乐，可以在智能手机上任意挑选海量的小说、电影、电视剧和音乐等。

毫不夸张地说，智能手机完全改变了人们的生活方式。而 2019 年的诺贝尔化学奖是对这一切的"幕后英雄"之一——锂离子电池的最大肯定。

诺贝尔化学奖对日常生活的改变数不胜数，在接下来的十讲中，我们将踏上一段又一段旅程，去探索诺贝尔化学奖从殿堂走进日常生活的奥秘。

不过，在我们正式踏上这段旅程之前，关于如何正确看待化学物质，还有几点基本原则值得特别强调。

众所周知，我们所在的世界是物质的，物质无处不在。但由于很少有图书从总体层面谈及对物质的认识，因此很多人对物质的全貌感到茫然，往往纠结于个别情况，容易以偏概全、以点代面。为便于大家在分析具体情况时做到心中有数，在这里想告诉大家以下三点：①**物质功效**

是复杂的；②没有 100％ 纯净的物质；③对物质的认识还在不断发展中。

剑有双刃：物质功效是复杂的

"甲之蜜糖，乙之砒霜"这句话，形象地表达了物质功效的复杂性。

某一物质究竟是造福世界，还是祸害人间，很多时候是要看使用场合与使用剂量的。很多人谈到化学，第一反应就是"有毒"。那到底什么是毒性呢？

毒性，也称生物有害性，一般指外源性化学物质与生物体接触或进入体内后，直接或间接损伤生物体的能力。

需要提醒大家的是，**抛开剂量谈毒性是毫无意义的**。即便是水——人类生存不可或缺的物质，如果我们在短时间内大量摄入，也会发生"水中毒"，表现出头晕、呕吐、虚弱无力、心跳加速等中毒症状。

除少数物质因与人体接触而有相关毒性数据外，物质的毒性数据主要来自动物实验。其中，最常用的一个指标就是半致死量（LD_{50}），是指实验动物一次染毒后，在 14 天内导致半数实验动物死亡所使用的有害物质、有毒物质或游离辐射的剂量。一般可根据其值的大小，把物质毒性分为无毒、微毒、低毒、中等毒、剧毒、极毒 6 个等级（表 1-3）。

表 1-3　物质毒性分类

毒性分级	小鼠一次经口 LD_{50}/mg·kg^{-1}	大致对应于体重 70 kg 的人的量
6 级，极毒	<1	稍尝，<7 滴
5 级，剧毒	1～50	7 滴～1 茶匙
4 级，中等毒	51～500	1 茶匙～35 g
3 级，低毒	501～5000	35～350 g
2 级，微毒	5001～15000	350～1050 g
1 级，无毒	>15000	>1050 g

鹤顶红，是我国古典小说中出现频率最高的投毒物质，通常只需几十到几百毫克，就可使服毒者丧命，神医也无力回天。由于小说的极度渲染，鹤顶红成为跨越时空、知名度极高的经典毒物。不知是哪位高才赋予了其"鹤顶红"的名字，也许格外明艳的事物天然带有危险的气息，能给人以警醒。也正因为如此，丹顶鹤头上那一抹鲜红便成为不少人恐惧感的根源。其实，鹤顶红与丹顶鹤头上的那抹鲜红毫无关系，它是不纯的砒霜，因含杂质而呈红色。纯净的砒霜是化合物三氧化二砷（As_2O_3），是白色无味固体，LD_{50} 为 20 mg/kg（小鼠经口），是明确的剧毒物质（并且是不能通过银针变色检测的）。

20 世纪 80 年代，日本电视剧《血疑》风靡我国。该剧讲述了一名少女同白血病作斗争的故事。白血病，曾经是令人闻之色变的恶性病，但现在已经不是那么可怕了。这是由于急性早幼粒细胞白血病的治疗方式——"全反式维甲酸联合砷剂"具有显著疗效[2]。砷疗，这一有效疗法要归功于哈尔滨医科大学张亭栋教授。20 世纪 70 年代，他就将砒霜用于治疗慢性粒细胞白血病，并取得了很好的效果[3]。此后越来越多的研究表明，这一药物对这一类型的白血病有非凡的疗效。目前，全反式维甲酸联合砷剂治疗已成为治疗急性早幼粒细胞白血病的临床首选方案。

如今，社会上依然盛行一种观念："化学的"或者"合成的"就是糟糕的、有毒的、不安全的，而"纯天然的""有机的"就是健康的、绿色的、安全的。其实，**某一物质是否安全取决于它本身的性质，与其来自天然还是合成没有关系**。天然化合物里也有无数剧毒化合物。

在海底世界里，珊瑚有着令人惊叹的美！岩沙海葵毒素（palytoxin，PTX）是从珊瑚中发现的结构新颖且异常复杂的天然有机化合物（图 1-5），其分子式为 $C_{129}H_{223}N_3O_{54}$，分子量超过 2600，有 64 个手性碳原子，可能的立体异构体个数超过 10^{21} 个。要知道，目前的世界人口总数还不到 10^{10}，可想而知，要正确地人工合成这个化合物是何等艰巨的任务！

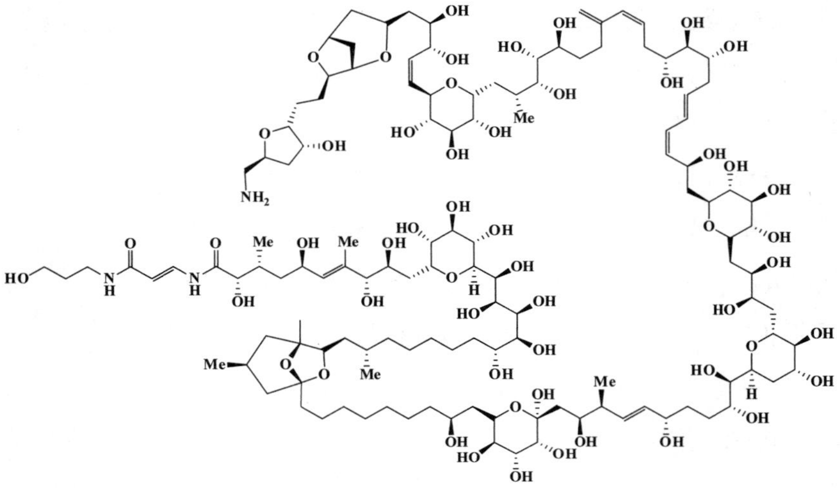

图 1-5 异常复杂的天然有机化合物——岩沙海葵毒素的结构式

1994 年，哈佛大学的岸义人（Yoshito Kishi，1937—）教授等完成了岩沙海葵毒素的全合成，堪称攀上了有机化学领域的珠穆朗玛峰。这是近百年来化学界最伟大的成就之一，至今仍让后辈津津乐道、赞叹不已[4]！这种来自自然界的化合物，在镇咳方面有奇效，但同时也是迄今发现的毒性最强的非肽类化合物。最新测试表明，其半致死量仅为 0.00068 mg/kg（0.68 μg/kg）[5]，不到早期数据的 10%，比砒霜的毒性（LD_{50}＝20 mg/kg）强 30 万倍——在它面前，砒霜的毒性微不足道。

岩沙海葵毒素的毒性很强，但与肽类化合物相比，则是小巫见大巫。肉毒杆菌毒素是肉毒杆菌在厌氧条件下产生的神经毒素蛋白（多肽），有很多不同的类型。总体而言，它们都具有令人恐惧的毒性，其中以 2013 年被发现的 H 型肉毒杆菌毒素最为可怕[6]，仅需要纳克级的量（1 ng＝10^{-3} μg＝10^{-6} mg）就可以致死。因此，在现实生活中，为降低加工食品中出现肉毒杆菌等微生物污染的风险，加入适量的防腐剂是非常有必要的（关于食品化学的内容请见第八讲）。但事物不都具有两面性吗？在临床上，肉毒杆菌毒素可以用来治疗面部痉挛、肌肉运动紊乱及帕金森病[7]。在被发现其可以使患者眼部皱纹消失后，肉毒杆菌毒素现广泛用于医美面部除皱，但需要注意的是，其长期效果和安全性尚需进一步观察。

砷化合物有剧毒却可用于治疗白血病，岩沙海葵毒素有极毒却可用于镇咳，肉毒杆菌毒素有极毒却可用于临床治疗和医美除皱[8]，这些例子不仅表明了物质作用的特异性，也淋漓尽致地体现了物质功效的复杂性。

事实上，物质功效的复杂性远超人们的预期。对很多传统化合物，如维生素 B_3，科学家们正在研究其可能的新用途[9]。

延伸阅读

我们来了解一些传统化合物的新发展和新用途。

大名鼎鼎的药物阿司匹林有解热镇痛功效，可用于治疗发烧，也有防止血液凝固的作用，还可用于治疗心血管疾病。近年来，阿司匹林的新作用仍在不断被发现。相关研究成果，推荐大家阅读《不衰之柳：百年"神药"阿司匹林》（《科学大观园》2018 年第 13 期，第 68—72 页）。

二甲双胍是国内外治疗 2-型糖尿病的一线药物。近年来，科学家发现其还有保护心血管、肾脏，抗肿瘤等其他作用。相关研究成果，推荐大家阅读《二甲双胍多效能药理作用的研究进展》（《中国临床新医学》2021 年第 4 期，第 422—426 页）。

请注意，它们是药物，不能自行随意服用！

金无足赤：没有 100% 纯净的物质

物质的复杂性还体现在纯度上。通常，物质的纯度不可能达到 100%。根据不同的需求，化学试剂可分为化学纯、分析纯等。化学纯是指用于化学实验，其杂质不妨碍实验的进行。分析纯是指做分析测试，其杂质不妨碍分析测定与准确度。一般分析纯的纯度要比化学纯的高。而在分析纯中，因分析手段的不同，还有专门的色谱纯、光学纯等。但这些纯度规格并没有明确的含量要求，需要具体物质具体分析。

钻石，是纯度很高的物质。"钻石恒久远，一颗永流传"，这句深入人心的广告词，更奠定了钻石在珠宝行业的地位。它的纯净、稳定、璀璨，代表了人们对美好爱情的无限向往。

可在科学家眼中，有瑕疵的钻石更珍贵。天然钻石是在高温高压的深层地下环境中由石墨等碳单质相变而来的，分析其中的杂质可以了解其形成环境和条件。从这个角度而言，每一颗钻石都可能讲述着亿万年前的地球深处一个引人入胜的故事。当代地球化学家的关注则有可能揭示这些不为人知的古老信息[10]。2021 年，哥伦比亚大学的雅科夫·魏斯团队以某矿场的 10 颗包含有明显杂质粒的天然钻石为研究对象[11]，通过对其中放射性同位素的丰度及其发生 α 衰变时产生的 He 的浓度的测试，评估出这些钻石形成于三个不同年代：26 亿～7 亿年前的元古代、5.5 亿～3 亿年前的古生代、1.3 亿～8500 万年前的白垩纪，为钻石周边的古老地质变更带来新的信息与证据。

水，同钻石一样是无色透明的，且在生活中更常见，也更为人所熟悉。但水中其实包含了不少其他物质。以自来水为例，可参考第三讲的内容，查看各地自来水公司的水质报告中的 106 项检测。地区不同，自来水中有些物质的含量可能差别很大，比如氟化物，有些地区可能仅有 0.1 mg/L，而有些地区可能超过 0.9 mg/L。

水看起来很普通，但没有生物体能离开水。水的作用如此关键，其真面目到底如何？

人类对水一直充满了好奇！我们已经了解水的分子式为 H_2O，两个 H 原子以一定角度分列在 O 原子的两边，两个氢氧键的键长约为 0.096 nm，键角约为 104.5°，分子间可以通过氢键相结合，其有固、液、气三态 ［图 1-6 （a）］。冰的密度比水小，美丽的雪花总是呈现六角对称的形状 ［图 1-6 （b）］……我们似乎对水已经很了解了，科学家甚至利用水波的现象来认识光。克里斯蒂安·惠更斯利用石头在水池中激起的水波现象类比光的本质，而托马斯·杨做光的双缝干涉实验的灵感，源自两只毗邻的小船在水面荡漾所造成的不同寻常的水波起伏。

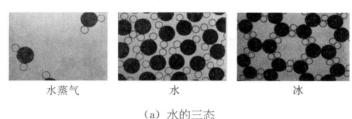

水蒸气　　　　　水　　　　　冰

（a）水的三态

（b）显微镜下六角形的雪花

图 1-6　水的三态和显微镜下六角形的雪花

可是我们真的对水很了解吗？

中国科学院物理研究所的曹则贤研究员在《熟悉而又难以理解的水》中，列举了大量水的反常现象[12]。这里仅列举其中一个：热水可能比冷水结冰快。

什么？热水比冷水结冰快？太颠覆常识了吧！

是的，这是可能的。注意，是"可能"。

这个现象，也称为"姆潘巴现象"，它的发现有个有趣且令人深思的故事：1963 年，坦桑尼亚的初中生姆潘巴和同学们一起用牛奶制作冰激凌，其他同学已经纷纷把降到室温的牛奶放到冰箱里了，眼看冰箱里快没有位置了，他一心急，就把自己的热牛奶也放进去了。后来，他惊奇地发现，他的牛奶冰激凌已经冻结成块，而同学们的还是黏稠状。这个疑惑一直困扰着他，他先后请教了很多物理老师，都没有得到答案，甚至被嘲讽，因为冷水先结冰应该是放之四海而皆准的物理知识。但姆潘巴没有放弃，因为他的发现也是事实啊，他一直希望能有答案。一次，一位大学物理系的教授到他们学校访问，姆潘巴又提出了自己的疑问。这位可敬的教授也不知道原因，但他并没有简单粗暴地否认这一可能，承诺会对此进行实验。回到学校后，这位教授进行了冷热牛奶、冷热水的实验，都观察到了姆潘巴现象，进而引起学术界关注。

此后，不断有人提出热梯度对流、过冷、可溶解气体等解释观点，但目前尚无统一的令人信服的解释。笔者认为，水的纯度及杂质的差异应该也是引起这一现象的可能因素。

2020 年春季，笔者所在的四川大学开启了史上规模最大的线上教学。依托学生在家的便利条件，为了让学生对物质世界的复杂性有一个直观的认识，笔者在教学中也设计了这个冷热水结冰实验。天南海北的学生们各自在家在相同冷却环境下进行了结冰实验。这样一个小样本（60 余人）的观察结果表明：约 65％的学生观察到了冷水先结冰，而剩余的 35％的学生则观察到了热水先结冰。需要说明的是，这是一个很粗糙的实验，对学生使用的容器、热水温度、水的体积都没有进行统一，仅在学生使用冷热水条件上达成了一致。在此，我们无意去解释姆潘巴现象，而是想通过这个实验，告诉大家这个世界的复杂性！事实上，这个实验给了大家深刻的印象，相信也会对大家的思维方式产生一定影响。

思 考

这个现象为什么是由一名初中生发现的呢？如果没有姆潘巴对这一疑惑长久地提问，结果会怎么样？为什么大多数人想也没想就否认了这种可能？

革故鼎新：对物质的认识还在不断发展中

水是如此常见，但它又是如此复杂。顶级学术期刊 *Science* 在 2005 年（创刊 125 周年之际）公布了 125 个最具挑战性的科学问题，其中之一就是"水的结构如何"？

科学家一直在孜孜不倦地工作，尝试回答这一问题。

水的结构之所以复杂，一个重要原因就是分子间氢键的相互作用。了解水分子内部结构和空间取向，将促进对水氢键网络的深入认识。此外，我们通常认为氢键的本质是经典的静电相互作用。对大多数体系，一般只考虑电子的量子化特征[13]，原子核被视作经典粒子处理。但近年来，人们逐渐认识到质量较小的原子核（如氢原子核）的量子效应（如隧穿效应和量子涨落）会相当显著。从而在理解氢键的本质时，不仅要考虑电子的量子效应，还应考虑氢原子核的量子化特性。隧穿效应可以简单地理解为微观世界里粒子神奇的"穿墙"之术，量子涨落就是粒子对量子力学平均值的偏离。如果对这方面知识想了解更多，可以阅读量子力学方面的科普书籍。

2014 年，北京大学王恩哥院士和江颖教授合作，首次拍摄到了单个水分子及其内部结构[14]，完成了很多科学家梦寐以求的事情。想想普普通通一滴水里，大概就有超过 10^{20} 个水分子，而全世界总人口为 70 多亿，才 10^9 数量级，一滴水中的水分子数比全世界人口数还多了几千亿倍。要得到单个水分子，已绝非易事！更何况，单个水分子信号异常微弱，要捕捉其清晰面貌，尚需高超的实验技巧和极高的实验灵敏度。

2015 年，他们首次直接观察到了氢核在水分子团簇内的量子隧穿动力学过程，这种协同隧穿比分步隧穿更容易[15]。剑桥大学等不同团队的工作也进一步验证了氢核协同隧穿的普遍性。

2016 年，他们在 *Science* 发文[16]，通过测水分子与 NaCl 衬底间形成的单个氢键的键强及同位素替换实验，探究了在单键水平上氢核量子涨落对氢键强度的影响。结果表明，氢键的量子成分最高可达 14％，远远超过了室温下的热运动动能。这是首次测定出氢键的量子成分，并开创性地发现了"核量子涨落弱化弱氢键、强化强氢键"的物理图像，刷新了人们对此的认知。

值得一提的是，王恩哥院士是"50 后"科学家，江颖教授是"80 后"青年科研人员，两代人通力合作，为这一领域的研究写下了中国科学家浓墨重彩的一笔。

与自然界本就无处不在的水不同，火对原始人类来说很难得。早期的人类在不断地摸索中学会了对火的利用，这对于人类的发展有重大的促进作用。虽然人们在很长一段时间里不了解这其中的化学原理，但对世界孜孜不倦的探索始终贯穿着整个人类的历史发展。从木材到煤炭、蜡烛、天然气，人类追求更高质量生活的脚步从未停止过。

今天，我们似乎对燃烧过程已有足够的了解，但科学家仍然在探索之路上前行。2018 年，美国桑迪亚国家实验室的科学家在 *Science* 发文，首次揭开了燃烧过程中气态燃料向烟黑颗粒转变的神秘面纱，这一烟黑形成机理的研究将使我们有更多的可能减少来自发动机、厨灶、焚烧场等的碳颗粒排放，从而提高燃烧效率，降低污染，造福我们的日常生活。

相信随着科学的进步，我们的生活会更美好！

参考文献

[1] The office website of the Nobel Prize. The Nobel Prize [EB/OL]. [2020-12-21]. https：//www. nobelprize. org/alfred-nobel/alfred-nobels-will/.

[2] 刘冯，董敏，肖丁华. 全反式维甲酸联合砷剂治疗急性早幼粒细胞白血病的临床进展 [J]. 海南医学院学报，2020（13）：1037-1040.

[3] 张亭栋，张鹏飞，王守仁，等. "癌灵注射液" 治疗 6 例白血病初步临床观察 [J]. 黑龙江医药，1973（3）：66-67.

[4] 李鹭，刘诣，李力更，等. 天然药物化学史话：岩沙海葵毒素的全合成 [J]. 中草药，2013，18（18）：2630-2633.

[5] Boente J A, Vale C, Camina M, et al. Reevaluation of the acute toxicity of palytoxin in mice：Determination of lethal dose 50（LD_{50}）and No-observed-adverse-effect level（NOAEL）[J]. Toxicon，2020，177：16-24.

[6] Barash J R, Arnon S S. A novel strain of clostridium botulinum that produces type B and type H botulinum toxins [J]. Journal of Infectious Diseases，2014，209（2）：183-191.

[7] 刘永红，高磊，齐琳，等. 肉毒杆菌毒素在帕金森病中的应用 [J]. 中国神经免疫学和神经病学杂志，2020（5）：399-402.

[8] 李航. 肉毒素在整形美容方面的应用现状 [J]. 西南军医，2020（2）：144-146.

[9] Williams P A, Harder J M, Foxworth N E, et al. Vitamin B_3 modulates mitochondrial vulnerability and prevents glaucoma in aged mice [J]. Science，2017，355（6326）：756-760.

[10] Shirey S B, Wagner L S, Walter M J, et al. Slab Transport of Fluids to Deep Focus Earthquake Depths—Thermal Modeling Constraints and Evidence From Diamonds [J]. AGU Advances，2021，2（2）：e2021AV000434.

［11］Weiss Y，Kiro Y，Class C，et al. Helium in diamonds unravels over a billion years of craton metasomatism ［J］. Nature Communications，2021，12（1）：2667.

［12］曹则贤. 熟悉而又难以理解的水 ［J］. 物理，2016，45（11）：701-706.

［13］郭静，江颖. 水的核量子效应研究进展 ［J］. 科学通报，2018（14）：1333-1347.

［14］Guo J，Meng X Z，Chen J，et al. Real-space imaging of interfacial water with submolecular resolution ［J］. Nature Materials，2014，13（2）：184-189.

［15］Meng X Z，Guo J，Peng J，et al. Direct visualization of concerted proton tunnelling in a water nanocluster ［J］. Nature Physics，2015，11（3）：235-239.

［16］Guo J，Lu J T，Feng Y，et al. Nuclear quantum effects of hydrogen bonds probed by tip-enhanced inelastic electron tunneling ［J］. Science，2016，352（6283）：321-325.

［17］Thomson M，Mitra T. A radical approach to soot formation ［J］. Science，2018，361（6406）：978-979.

第二讲

清洁的新时代：表面科学

无处不在的表面现象

在阳光灿烂的日子，望着纷纷扬扬的肥皂泡，那份五彩斑斓也许会让你心生明媚。

在淅淅沥沥的雨中，盯着荷叶上滴溜溜打转的雨珠，那份流畅与灵动也许会带给你无言的愉悦。

在厨房里，瞧着水龙头下溅起的水滴（图 2-1），那份晶莹剔透也许会带给你清凉与欢畅。

日常生活中，表面现象就是这样无处不在，使世界更丰富与多面！看，水面上漂浮着的水黾（图 2-2），它那笔直纤细的大长腿，在水面上的倒影是直线。

图 2-1 飞溅的水滴

图 2-2 水黾

这很正常！这样的情形随处可见！

如果变换角度和光线强度，在正午的阳光下，你会看到一种不可思议的投影：水黾的直线触角在水底的影子居然是圆的［图 2-3（a）］！这是怎么回事呢？

答案就在旁边的图 2-3（b）中。水黾的触角好像在水面上压出了一个圆圈，这样就实现了把直线触角投影成圆这个看似不可能的事情。

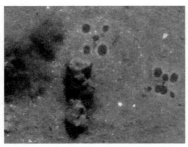

（a）正午阳光下水黾在水底的影子　　（b）垂直于水面看过去的水黾与水面

图 2-3　水黾及其在水底的投影

从图 2-3（b）可以看到，水面好像有一层"皮"，似乎可以托住某些物质。

你不妨试一试，看能否让绣花针、回形针或者硬币浮在水面上。农历七月初七是中国传统节日七夕节，又称七姐节、七巧节。在这一节日的习俗中，女子会向七姐"乞巧"，其中一个游戏就是端来一盆水，把绣花针放在上面，如果针不沉下去，就代表会过上美满幸福的日子。

没有绣花针，用回形针代替也是一样的。你会发现它们可能浮在水面上，也可能沉于水底（图 2-4）。

图 2-4　回形针可能沉于水底，也可能浮在水面上

思　考

绣花针或回形针为什么有的沉，有的浮？有什么办法可以让它们100％浮在水面上？

让我们快点儿进入精彩的表面科学世界吧。

朗缪尔与水面油膜：从宏观现象到微观本质[1-2]

科学巨匠牛顿因见到苹果从树上落下，产生了关于万有引力的灵感，这个传奇故事也赋予了苹果科学探索的象征。与牛顿相似，欧文·朗缪尔（Irving Langmuir，1881—1957）同样是从司空见惯的现象中发现了极为重要的科学原理，然而，牛顿与苹果的故事几乎无人不知、无人不晓，可是朗缪尔却在专业领域外鲜为人知。

朗缪尔是美国化学家、物理学家，在 1903 年从美国哥伦比亚大学冶金工程专业毕业后，前往德国哥廷根大学攻读化学博士学位，研究白炽灯。毕业后，他先在美国斯蒂文斯理工学院从事教学与科学研究，随后加入美国通用电气公司（General Electric Company，GE），开启了其杰出的职业生涯。

在一百多年前，白炽灯（图 2-5）的寿命是非常短的，通用电气公司迫切希望能延长其寿命。那时，多数人认为白炽灯寿命短的主要原因是灯内钨丝在高温下会氧化，因此，主流的研究方向是改善灯泡的密封性，尽量抽真空以降低灯泡里的氧气含量。这个

图 2-5　白炽灯

方法虽使白炽灯寿命有所延长，但还远远不够理想。朗缪尔在研究中发现了白炽灯短寿的真正原因：在真空和高温环境下，灯泡里的钨丝会缓慢升华，逐渐变细，以致断裂。于是，他尝试在灯泡中注入氮气（后来改用更不活泼的氩气），钨丝的升华速度果然显著变慢，灯泡寿命大大延长。这一改进成为白炽灯产业发展的里程碑，为通用电气公司立下汗马功劳，使得他此后在公司里可以随心所欲地研究自己感兴趣的问题。

在白炽灯的研发工作中，朗缪尔关注到了金属表面对气体的吸附现象，从而开启了他研究表面科学的征途。他用大量实验证明，被金属吸附的气体会在金属表面铺成只有一个分子厚度的单分子吸附层。他同时联想到了水面油膜现象，进而对铺展在水面的油膜进行了深入研究。

1917 年，朗缪尔发表了一篇正文长达 59 页的研究论文[3]，即便是在今天，一篇发表于期刊上的研究论文也多在 10 页左右。朗缪尔首先全面而具体地总结了前人在这一领域的研究情况，明确了人们已经可以用极稀的油溶液在水面铺展的面积，估算出分子的直径约在 10^{-9} 米（纳米）数量级，从而判断其形成了单分子或双分子层膜。

朗缪尔认为，最重要的工作是寻找油可以在水面铺展成单分子层膜的原因。他做出了科学假设：油分子一般是由长链脂肪酸与甘油（有三个羟基）形成的酯，其结构中的酯基具有一定亲水性，可能会没入水中，而长碳链具有强疏水性，会远离水面，从而使油分子在水面上整齐排列，形成只有单分子厚度的薄膜。

为了证明这一假设，朗缪尔改进了前人的实验装置，发明了一种新的膜天平，更精确地测定了分子的尺寸与取向，从而证明了水面油膜确实是单分子层膜。

在百余年后的今天再次审视这篇文章，我们仍能感受到，从研究背景的陈述与总结到提出科学问题，再由做出科学假设到改进设备来寻找确凿的事实、解决问题，它不仅仅闪烁着知识的光芒，更给我们明晰严谨地展示了做科学研究的方法——如何提出问题、分析问题、解决问题。难怪朗缪尔会受到当时众多杰出同事的一致称赞！

一项理论的突破往往会带来一系列的应用。朗缪尔的研究奠定了单分子层膜的理论基础。随后他和他的助手凯瑟琳·布洛杰特第一次实现了脂肪酸单分子层从水面向固体基底的转移。这一成果对固体表面的性质产生了很大的影响（如可显著减小滑块间的磨损），在摩擦学领域有重要应用。现在，我们通常把液体上的单分子层膜称为朗缪尔膜，把转移到固体上的单分子层膜称为朗缪尔-布洛杰特膜（LB膜）。如今，LB膜作为一项高新技术，是实现纳米尺度润滑和分子组装的有效方法，在化学、材料、生物、电子等众多领域均有许多重要的应用。

因为在表面化学领域的发现和研究，朗缪尔获得了1932年的诺贝尔化学奖。

朗缪尔知识广博，兴趣广泛。他对世界充满好奇，总是以科学研究为乐，其成就之丰硕在科学史上都是不多见的。他酷爱古典音乐，曾和著名指挥家利奥波德·斯托科夫斯基合作，提升了音乐录音的品质。他还对海面上狭长的海藻或油污漂浮带给出了物理模型的解释，因此人们将造成一这现象的旋涡称为朗缪尔环流。第二次世界大战期间，他开发了烟雾发生器，以干扰敌军对地面的空袭。他和助手在研究中发现干冰和碘化物可为云层提供凝结核而诱导降雨，此后一个崭新的行业——人工降雨和播云作业诞生了，使"降水术"由神话变为科学现实。

朗缪尔曾在1927年参加了物理、化学界著名的索尔维会议。在会议合影中，他在第一排左一（图2-6）。这是一张星光熠熠的合影，我们可以看看他旁边的几位科学家：普朗克、玛丽·居里、洛伦兹和"C位"的爱因斯坦。这张照片中还有朗之万、海森伯、狄拉克、泡利、德拜、薛定谔、德布罗意、波恩、布拉格等科学史上的重量级人物。曾有人盛赞：这张照片中的人搭建了我们现代科学的框架！

图 2-6　1927 年索尔维会议合影（第一排左一为朗缪尔）

朗缪尔是第一个获得诺贝尔奖的工业界化学家，这开创了企业界基础研究的先河。大名鼎鼎的贝尔实验室和现今的 Google 实验室都是由企业投巨资建立的，其中贝尔实验室历史上一共获得 9 次诺贝尔奖。为纪念朗缪尔杰出的科学成就和他严谨深入的科学研究方法对后世研究的重要影响，美国化学会表面科学方面的期刊被命名为 *Langmuir*，纽约州立大学一所学院被命名为欧文·朗缪尔学院，阿拉斯加有一座山被命名为朗缪尔山，月球上的一个大撞击坑被称为朗缪尔环形山。

四十年如一日：百年难遇的生日大礼[4]

作为表面科学的开拓者，朗缪尔是首位获得诺贝尔化学奖的表面科学家。第二位获此殊荣的表面科学家则是在朗缪尔获奖后才出生的德国化学家格哈德·埃特尔（Gerhard Ertl，1936—）（图 2-7）。他生于 1936 年 10 月 10 日。2007 年，在他 71 岁生日当天接到瑞典皇家科学院的生日祝福电话及一份特殊的生日大礼——一人独享了当年的诺贝尔化学奖，以表彰他在表面化学方面的开创性研究。表面科学对于化学工业而言非常重要，能够帮助我们理解"铁为什么会生锈""燃料电池如何工作""汽车里的催化剂如何工作"等问题。从朗缪尔开创表面科学以来，埃特尔是最早洞察到表面化学（请注意"化学"二字）研究有巨大潜力的科学家之一，其诸多研究成果已被应用，并深刻影响了我们的日常生活。

图 2-7　格哈德·埃特尔

　　合成氨是 20 世纪最伟大的科学贡献之一。"哈伯-博施"人工固氮技术是用氮气和氢气在铁等催化剂的作用下制备氨气，使大规模生产化肥成为现实。德国化学家弗里茨·哈伯（Fritz Haber，1868—1934）因发明了合成氨的方法获得 1918 年的诺贝尔化学奖，德国化学工程师卡尔·博施（Carl Bosch，1874—1940）则因高压催化工艺获得 1931 年的诺贝尔化学奖。这是实验室开发原创成果、工业界为生产进行再创新的典范。但那时还没有对表面化学展开研究，人们并不清楚性质稳定的氮气是如何在催化条件下与氢气发生化学反应的。

　　埃特尔以合成氨反应中的催化剂为模型，对其表面的化学反应进行了长达 40 年的细致严谨的研究，最终发现了决定催化反应速率的控制步骤。这一突破对工业界优化催化条件并最终提高固氮能力有极大的帮助。合成氨工业已经有 100 余年的历史了，现在使用的催化剂和最早开发的催化剂非常类似，这在多相催化工业史上是相当罕见的。正是由于埃特尔系统、深入的工作让人们透彻了解了合成氨表面化学反应的机理，从而使这一优化的反应体系睥睨天下，傲视群雄！

　　氮气的化学性质是非常稳定的，很难直接与其他物质反应生成含氮化合物，但变成 NH_3 后，可以很方便地转化为其他功能性的含氮化合物——这是一切含氮化合物人为转换的基础。今天，全球合成氨产量已经超过20000 万吨，中国大约有合成氨企业 240 家，总产量大约为 6000

万吨。其总产量中约 70％用于尿素等化肥生产，余下的 30％用于染料、炸药、合成纤维、合成树脂等的生产，这些产品中的任何一项都是现代生活难以或缺的。仅以炸药用途中的民用爆破为例，没有它，高速铁路、高速公路中那些令人赞叹的隧道修建工程的进展将难以想象。

人们似乎习惯于对尿素等化肥的使用抱着怀疑或反对的态度，但你可知道，世界人口从 20 世纪初的不到 20 亿到如今的 70 多亿，没有合成氨工业，这是不可能完成的。地球表面的氮循环中，把空气中的氮气变为含氮化合物（即"固氮"）主要有以下两种方式：一是大自然的生物固氮，如大豆根瘤菌；二是合成氨工业的人工固氮。

人体是不能直接利用空气中的氮元素的，但人体中有很多含氮化合物，它们对维持生理功能有重要作用，其中大家最为熟悉的就是组成蛋白质的各种氨基酸。从这个角度上看，人体所有肌肉、器官中的氨基酸和其他含氮化合物中的氮有相当大的比例来自合成氨工业。

世界人口的增长与合成氨工业的发展是正相关的。那么，当你看到化工厂里高耸的烟囱不断喷云吐雾（图 2-8），在感叹可能存在污染的同时，心里是否还应该有一个声音：感谢化学，不然我还不一定存在呢！

图 2-8　化工厂

和大自然经历亿万年演化出来的固氮现象相比，人类发明的固氮技术——合成氨工业需要高温（400～500 ℃）、高压（3～15 MPa）和催化剂，属于高耗能产业。全球约 10％的能源消耗在合成氨工业中。从节约能源的角度考虑，让氨在温和条件下合成，具有重大意义。大批科研人员在此领域不断探索，或寻找新的催化剂，或发挥想象力，努力构建低耗能高效率的合成氨体系。2016 年，中国科学院大连化学物理研究所的陈萍研究员团队在著名科技期刊 *Nature Chemistry* 上发文，报道了他们构筑的"过渡金属-氢化锂"双活性中心催化剂[5]，其催化活性显著优于现有催化剂，在 150 ℃下表现出可观的活性。但因对反应具体机理的认识还不充分，该研究离实际应用尚任重道远。

埃特尔一直专注于金属表面化学反应的研究，正如诺贝尔奖委员会所说，他的研究成果可以帮助我们理解"汽车里的催化剂如何工作""铁为什么会生锈""燃料电池如何工作"等。比如，埃特尔研究了金属铂表面催化一氧化碳氧化反应，这一反应现在已经用于汽车尾气的处理，为环境保护立下汗马功劳。

你能想象在当今的汽车保有量下，汽车尾气不经处理直接排放对环境造成的影响吗？

你能想象因为不知道铁为什么会生锈而无法对铁进行有效的防锈防腐蚀处理，会对我们的生活带来什么样的影响吗？

燃料电池尚在发展中，是有广阔应用前景的新型能源。

朗缪尔有广泛的研究领域，埃特尔则专注于一个研究方向，但二人殊途同归，都在表面科学中做出杰出贡献，并为后续表面学科研究提供了规范理论与实验方法。

不断发展的表面活性剂：个性化产品的基石

朗缪尔研究的重要贡献就是指明表面活性剂的结构特点是在同一分子中同时拥有亲水基团和疏水基团。随着这一领域不断发展，人们通过改变疏水基团与亲水基团，创造了数以千计的表面活性剂，并将其应用于许多传统及高新技术领域，如去污、催化、增稠、润滑、乳化、抗静电、表面改性等。它们虽然不是工业产品的主体，却能在各种产品中起到画龙点睛的作用，被称为工业界的"味精"[6]。同时，其繁多品种带来的性能差异，正是个性化产品的基石。

日常生活中，各类清洁产品的功效成分也是表面活性剂。下面将从肥皂的起源讲起，在简单讲解表面活性剂的去污原理后，着重介绍日常清洁产品中常用的表面活性剂种类，以帮助大家更好地挑选适合自己的清洁产品。

肥皂的起源

肥皂最初是何时、被谁发明的，现在似乎已经不可考证。但从肥皂一词的诸多发音中，或许可以发现一些端倪。在一些语言中，肥皂一词的发音非常相似，如"soap"（英语）、"sapone"（意大利语）、"savon"（法语）、"seife"（德语）、"saippna"（芬兰语）。有人猜想，"soap"一词也许起源于古罗马的 Sapo 山。该山上有座雅典娜神庙，人们常用动物献祭。也许被献祭动物的油脂滴落在燃烧后的草木灰烬中，发生了我们今天熟知的化学反应，其生成物被雨水冲下山后，山下的洗衣人无意中发现用这种"soapy"水洗衣可以将衣服洗得更白、更干净[7-8]。

不知是哪位智者，第一次有意识地重复了在油脂中混入草木灰的过程，加热，搅拌，冷却，靠经验制备出了第一块手工肥皂。18 世纪末，尼古拉斯·勒布朗发明了用食盐制取氢氧化钠，用以代替草木灰，使制备肥皂的重要原料之一——碱得以工业化生产。1823 年，迈克尔·尤金·谢弗勒尔发现了动物脂肪和油的化学性质，奠定了现代肥皂工业的基础。19 世纪末，随着肉类加工业的发展，脂肪和油可以大量且便宜地获取，这才有了大众消费得起的肥皂。

肥皂是近代从国外传入中国的。之前，古人传统的洗涤用品主要有两种。一种是皂荚，取其果捣碎，加在洗衣的水中，去污效果良好。在实践中，颗粒硕大的果子去污效果尤其好，因而有人将其磨成粉，制成团，称作"肥皂团"，这可能也是汉语中"肥皂"一词的来源。也有人将其加水熬制出浓稠的液体，其外观和现在的洗涤剂很相似，现在某些古镇上都还有制作和售卖。另一种是《齐民要术》中提及的猪胰子去垢，其原理是利用胰腺里的多种消化酶分解脂肪、蛋白质和淀粉，从而达到去垢的效果。在明清小说中出现的"桂花胰子""玫瑰胰子"，其实就是在皂荚粉中加入猪胰腺糊，并辅以适当的香料制成，其成分与现代清洁产品的相似程度令人惊叹。

往事越千年，尽管当时的人不懂肥皂的组成成分，也不懂其去污原理，但这并不妨碍细心的人们在某些特殊的场合发现它，并凭经验制作和使用它。可因其数量有限，只有少数人可以用上它。因而，在工业化肥皂出现之前，普通人洗衣服更多地只能靠捣衣杵敲打，这可不像你在古装剧中看到的美女浣衣场景，对四体不勤的人来说可是累人的力气活儿。

尽管肥皂可能已存在了上千年，但其基本组成并没有多大变化。在朗缪尔揭示了油膜的成因是油脂中同时存在疏水基团与亲水基团后，表面科学迅速发展。肥皂去污的原理是油脂分子在碱性条件下水解成为脂肪酸钠，而脂肪酸钠同时具有亲水基团和疏水基团，即现代科学定义的表面活性剂，因此具有良好的去污功能。

表面活性剂的去污原理

日常洗涤并不是一个简单的过程，污垢成分、机械因素、材质因素、几何因素等都对洗涤效果有影响。这一过程中，表面活性剂确实起着关键性的作用，它改变了水溶液的表面张力，增大了水溶液对油污的溶解度，以起泡的形式助力去污[9]。

众所周知，液体表面的分子与流体内部的分子受到的力是不同的。在液体内部，分子会受到各个方向的其他分子的作用力，所受合力为0；但在液体表面，由于空气密度小得多，对液体分子的作用力也小得多，因此，液体表面的分子会受到指向液体内部的合力，这就是表面张力的来源（图 2-9）。表面张力的大小与分子间作用力的强弱相关。水分子是极性分子，且氢键作用强，因而表面张力大，在 20 ℃时为 72 mN/m。而非极性的长链碳氢化合物（疏水部分的结构）的表面张力小，约为 20 mN/m。

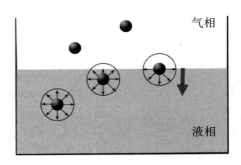

图 2-9　表面张力的来源

将表面活性剂加入水中后，因其同时具有亲水、疏水基团，优先分布到液体表面，即液体表面的水分子被表面活性剂中的疏水基团取代，故液体表面张力大大降低。表面活性剂在液体表面形成的是单分子层膜，故只需极少的量，就可以迅速降低溶液的表面张力，且这个 20 mN/m 左右的表面张力低于衣料纤维的表面张力，因而该水溶液对衣料纤维表面有良好的润湿作用。衣料上的液体污渍原来铺展在纤维表面，但含表面活性剂的水溶液在纤维表面有更优先的润湿作用，故液体污渍就逐渐卷缩成油珠而脱落（图 2-10）。

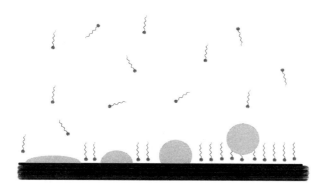

图 2-10　油脂膜的"卷缩"和脱落过程

表面活性剂被加入水中后，首先在液体表面形成单分子层膜。当其将液体表面占领完毕后，即达到术语所说的临界胶束浓度（Critical Micelle Concentration，CMC），多余的表面活性剂会在水中自发形成亲水基向外、疏水基向内的胶束。胶束这一概念最早是英国化学家詹姆斯·麦克贝恩在伦敦的一次学术会议上提出的。当时的会议主席竟然毫不客气地称其"Nonsense"（荒谬），可见新事物在科学发展中极易受到压抑与阻碍。但事实胜于雄辩，多年的科学实践证明了麦克贝恩假说的正确性。1988 年，美国密歇根大学的科学家在 *Langmuir* 上发表"Seeing micelles"[10] 一文，利用液态乙烷的快速挥发使表面活性剂溶液快速凝固，从而可以在电子显微镜下成像。尽管照片上只能看到一些黑点，远没有肥皂泡绚丽多彩，但这确实是人类首次实实在在地观察到胶束，其直径大约为 0.6 nm，与理论推断相符。此后，随着研究的不断深入，人们发现随着表面活性剂结构的不同，所形成的胶束也形态多样，典型形态有球状、椭球状、棒状、层状等（图 2-11）。2017 年，美国加州大学的科学家使用原位液体透射电子显微技术，观察到了溶液中的胶束撞击、融合、变大、分离的情况[11]，为胶束的真实存在再添证据。这些胶束的形成使溶液中存在纳米尺度的有序组合体，其独特的空间性质与尺寸效应已引起人们的广泛兴趣，形成了在物理、化学、生物等基础学科里令人瞩目的研究领域（如药物输送）。

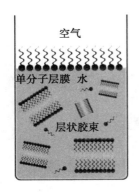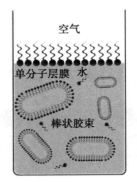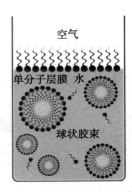

图 2-11　典型胶束截面图

　　胶束中的长链疏水基团构成了一个疏水空间。根据"相似相溶"原理，强极性的物质可以溶于水中，而弱极性和非极性的物质不溶于水，现在则可溶于表面活性剂建立的疏水空间中。我们可以很方便地做一个生活中的小实验：在杯子中加入一定量的水，再加入少许油（可以看到水油分层就好），这时如果你接着加入足够量的表面活性剂（可用洗洁精），不断搅拌，静置后，你会发现油层不见了，仿佛杯子中就只有水一样。其原因就是油被增溶到疏水空间去了。对表面活性剂来说，增溶是使其具有去污功能的重要作用。

　　表面活性剂在污垢及洗涤物表面产生的吸附作用对洗涤效果同样具有重要影响。吸附与解吸附过程是非常复杂的。表面活性剂去除固体污垢的过程，可以简化为这样一幅示意图（图 2-12）：表面活性剂中的疏水基团不断吸附在固体污垢上，其亲水基团则朝外，形成指向水中的合力；如果该合力大于污垢与洗涤物间的作用力，就会使污垢从洗涤物上脱落，而表面活性剂在洗涤物上的吸附则可以防止污垢再次沉积于洗涤物上。

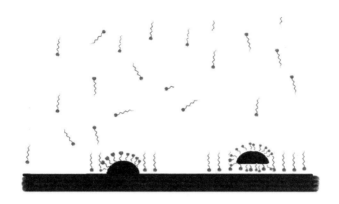

图 2-12　表面活性剂去除固体污垢示意图

表面活性剂的作用与洗衣机产生的机械力相结合，再辅以生物酶将蛋白质、淀粉等大分子分解成表面活性剂可处理的小分子，就基本可以完美地完成对日常污垢的处理，把人类从繁重的洗涤工作中解放出来，让我们有更多的闲暇时间去感受生活的美好。

日常清洁产品中常用的表面活性剂

表面活性剂是一类只需加入极少量即可大大降低水的表面张力，并随着其浓度增加可在溶液中形成有序组合体，从而实现一系列应用功能的一大类有机化合物。表面活性剂不仅在生产、生活中有重要应用，而且与生命活动本身密切相关，如细胞膜的主要构成成分——磷脂分子就是同时含有亲水、疏水基团的。

人类对表面活性剂的认识是从肥皂开始的，在相当长的时间内，肥皂就是表面活性剂的同义词。随着科学技术的不断进步和人们对生产生活要求的不断提高，对表面活性剂的需要也开始多样化，这促使表面活性剂不断发展，种类和品种不断丰富，迄今仍是方兴未艾[12]。

表面活性剂的特点是其分子中同时含有亲水、疏水（亲油）基团。亲水基团的结构变化较多，根据其类型可将表面活性剂分为离子型和非离子型。离子型表面活性剂又可根据离子情况，分为阴离子、阳离子、两性离子表面活性剂（图 2-13）。疏水基团一般比较固定，是长链（C8～C20）烃基，其常见特征字眼为"脂肪""硬脂""棕榈""椰油""月桂""肉豆蔻"等。

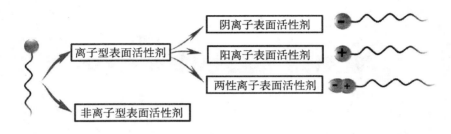

图 2-13　表面活性剂分类

日常清洁产品中，除肥皂、香皂外，洗面奶、洗发香波、沐浴露、洗洁精、洗衣粉、洗衣液等都含有表面活性剂。此外，牙膏、化妆品中也含有表面活性剂。为帮助大家看懂常用清洁产品的成分表，并理解其去污功效与特点，下面简单介绍洗涤产品中的经典表面活性剂。

1. 阴离子表面活性剂

稳定存在的固体化合物基本都是以电中性状态存在的，但在水溶液中可以离解为离子形式，如氯化钠在水中离解为钠离子与氯离子。同理，脂肪酸钠在水中离解为钠离子和脂肪酸阴离子，在水中起到表面活性的是脂肪酸阴离子部分（图 2-14），其脂肪长链是疏水的，羧酸阴离子是亲水的。由于脂肪酸阴离子带负电荷，因此称其为阴离子表面活性剂。

阴离子表面活性剂是产量最高、使用最广泛的表面活性剂，广泛用于洗涤和化妆品行业。除羧酸阴离子外，阴离子部分也可以是硫酸阴离子、磺酸阴离子等（图 2-14）。其特点是：泡沫丰富、去污力强、价廉，有的在酸（中）性条件下活性差（变成对应的酸），有的在硬水中性能欠佳甚至生成沉淀（钙、镁离子对应的盐溶解度降低）。常见的阴离子表面活性剂有脂肪酸钠（钾）、十二烷基苯磺酸钠、月桂醇硫酸酯钠、月桂醇聚醚硫酸酯钠（铵）。

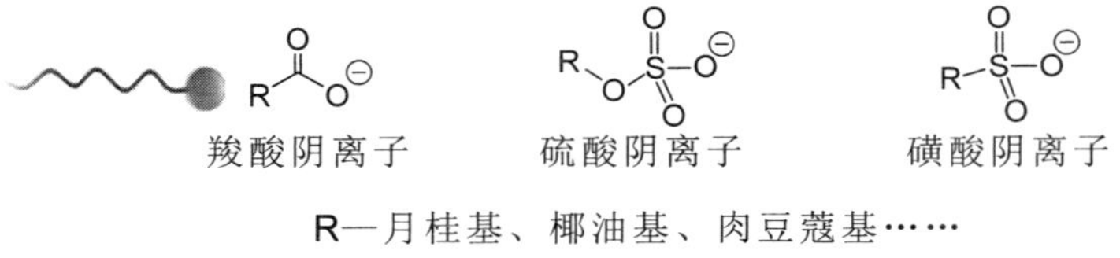

羧酸阴离子　　　　硫酸阴离子　　　　磺酸阴离子

R—月桂基、椰油基、肉豆蔻基……

图 2-14　阴离子表面活性剂常用亲水基团结构式

2. 阳离子表面活性剂

阳离子表面活性剂在水中离解出具有表面活性的阳离子，其至少含有一个疏水基团（长链烃基）和一个带有正电荷的亲水基团（图 2-15）。其疏水基团与阴离子表面活性剂的疏水基团相同，而正电荷一般分布在氮原子上。我们都非常熟悉 NH_3 的结构，其中的氢原子可以被烷基取代，成为有机胺类化合物，但氮原子上还有一对孤对电子，可以进一步烷基化，成为被四个烷基取代的季铵类化合物，氮原子上带正电荷，配位阴离子多为氯离子或溴离子。

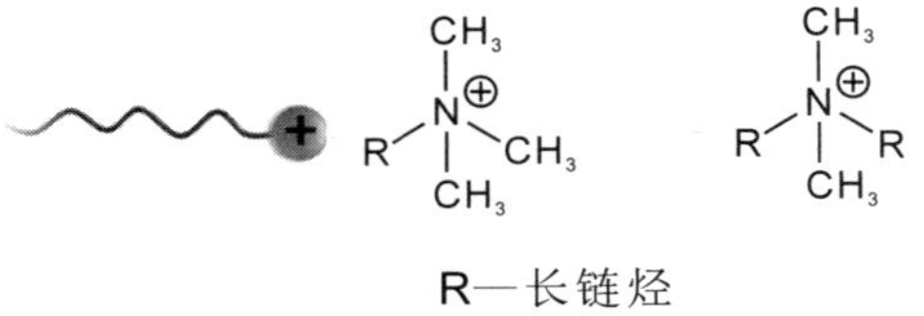

R—长链烃

图 2-15　阳离子表面活性剂常用亲水基团结构式

季铵盐是应用最广泛、最重要的一类阳离子表面活性剂，其性质与阴离子表面活性剂有显著差别：洗涤能力差但杀菌力强，易在带有负电荷的固体表面吸附。故以一个或两个长链烃基作为疏水基团的季铵盐具有良好的抗静电性、柔软性和杀菌能力，主要用于护发素与洗涤柔顺剂中。常见的季铵盐有硬脂基三甲基氯化铵、山嵛基三甲基氯化铵等。

3. 两性离子表面活性剂

除疏水基团外，两性离子表面活性剂的亲水结构中既有阳离子又有阴离子，其阳离子通常为带正电荷的氮原子，阴离子通常为羧酸阴离子。具有这一亲水基团结构的化合物，大家最熟悉的就是氨基酸。而且同氨基酸一样，两性离子表面活性剂也有等电点。等电点，顾名思义就是具有两性物质的溶液在电场中没有净电荷迁移时的 pH。此时，溶液中的正电荷数、负电荷数相等。在不同的 pH 范围内，两性离子表面活性剂的离子存在形式有所不同：在强酸介质中以阳离子形式为主；在强碱介质中以阴离子形式为主；在等电点附近时，同时存在阴、阳离子形式（图 2-16）。这也是两性离子表面活性剂和其他类型的表面活性剂的本质区别。

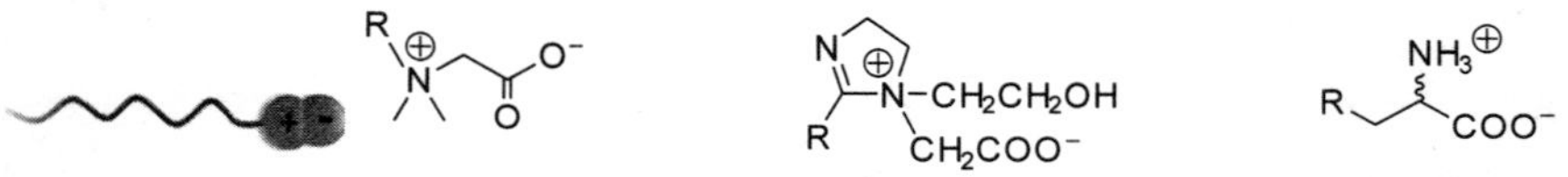

甜菜碱型　　　　咪唑啉型（两性离子乙酸）　　　氨基酸型

R—月桂基、椰油基、肉豆蔻基……

图 2-16　两性离子表面活性剂常用亲水基团结构式

两性离子表面活性剂具有温和的去污能力，对皮肤和眼睛刺激性小，耐硬水，耐高浓度电解质，有良好的生物降解性，能和所有类型的表面活性剂复配，是近年来发展较快的表面活性剂，如氨基酸型两性离子表面活性剂。在日常清洁产品中，常用的此类化合物有椰油酰胺丙基甜菜碱、月桂酰两性基乙酸钠等。

由于两性离子存在形式的复杂性，因此对这类表面活性剂的归属尚存有争议。如对于甜菜碱类表面活性剂，有观点认为，其性质与季铵类表面活性剂更相似，而常用的椰油酰胺丙基甜菜碱在抗菌及抗静电方面均表现出色，应归属于阳离子表面活性剂。

此外，特别需要注意的是，由于氨基酸反应位点多，与长链烷基的连接方式多，因此，并不是所有的氨基酸表面活性剂都是两性离子表面活性剂[13]。在日用化学品中，常用的椰油酰谷氨酸钠、月桂酰肌氨酸钠、甲基肉豆蔻酰基牛磺酸钠（图 2-17）均是从氨基处通过羧基连接长链，而这里形成的新官能团——酰胺中的氮原子不再携带正电荷，因而归属于阴离子表面活性剂。

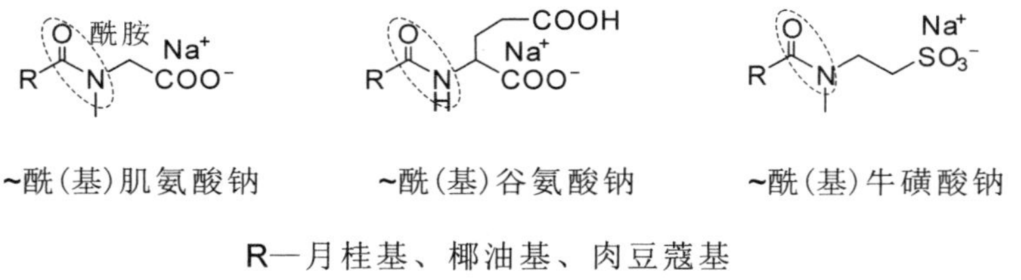

R—月桂基、椰油基、肉豆蔻基

图 2-17 常见阴离子型氨基酸表面活性剂

4. 非离子型表面活性剂

非离子型表面活性剂在水溶液中不电离，其主要是由具有一定数量的含氧基团（醚基或羟基，图 2-18）与水形成氢键来实现亲水性的一类表面活性剂。这一特点使得非离子型表面活性剂具有不同于离子型表面活性剂的特点：在水溶液中稳定性高，不易受酸、碱、电解质的影响，不在固体表面强烈吸附，与其他类型的表面活性剂复配性好。

非离子型表面活性剂有个非常有趣的现象：把一杯含有非离子型表面活性剂的澄清透明的水溶液加热时，随着温度的升高，溶液会变浑浊（溶液变浑浊时的温度被称为浊点）。这是由于随着温度的升高，非离子型表面活性剂与水之间的氢键被破坏，溶解度降低，化合物析出而造成了溶液浑浊。大家在初学化学时都学过"大多数物质的溶解度随着温度的升高而增大"，而现在，你已了解到一类不在"大多数"之列的少数物质了。这一特点也是其与离子型表面活性剂的显著不同之处。

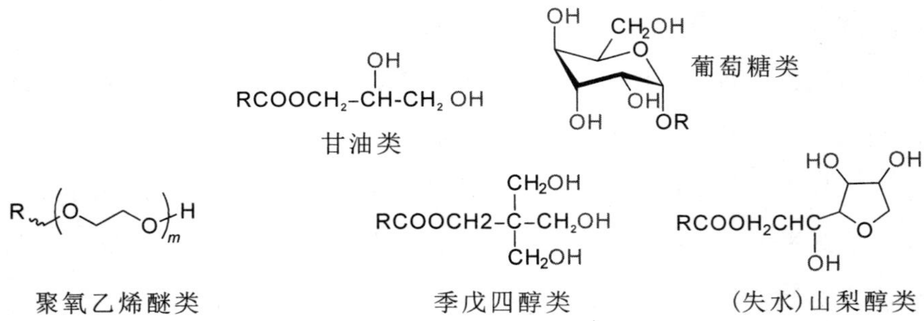

甘油类　葡萄糖类

聚氧乙烯醚类　季戊四醇类　(失水)山梨醇类

R—月桂基、椰油基、肉豆蔻基……

图 2-18　常见非离子型表面活性剂

大家不妨思考一下这个特点对生活中的洗涤而言有什么作用。

　　在日用化学品中，常用的非离子型表面活性剂有壬基酚聚氧乙烯醚、聚乙二醇脂肪酸酯、月桂基葡萄糖苷等，大多应用于比较温和的清洁需求。

从肥皂到洗衣凝珠的产品更替

　　我们的生活总是离不开清洁，香皂、肥皂、洗衣粉、洗手液、洗发香波、洗面奶、沐浴露……清洁产品是我们在日常生活中几乎天天都要面对的化学品。

肥皂、香皂、手工皂

　　肥皂的使用历史已经有上千年。法国马赛曾经有数百家肥皂工厂，其产品热销全欧洲，"马赛皂"一度曾是洗涤剂的代名词。肥皂、香皂、手工皂中的表面活性剂都是类似的，均为油脂在碱性条件下水解形成脂肪酸盐类的阴离子表面活性剂。

香皂和手工皂的碱性比肥皂弱，可用于皮肤清洁。和沐浴露相比较，有人亦偏好香皂或手工皂。从表面活性剂的角度看，香皂和手工皂是无差别的，体验上的差异主要缘自其他添加成分。对手工皂而言，主要的乐趣来自自主造型和自主添加成分带来的成就感。现有香皂产品中，有的只有基本清洁功能，有的含额外功能成分。

为满足消费者的知情权，我国法律规定产品需要标注成分，并将这些成分按照含量由高到低排列，而为保护厂家利益，具体的含量不用标注。

某两款品牌香皂的成分表如下：

某品牌普通香皂	某品牌硫黄香皂
成分：脂肪酸钠、玉米淀粉、水、甘油、香精、椰油酸、氯化钠、二氧化钛、柠檬酸、CI47005、CI42053	成分：脂肪酸钠、水、硫黄粉、珠光浆、香精、羟乙二磷酸、EDTA 四钠、甘油、天然萜类植物香精、CAS22098-93-5

其中，阴离子表面活性剂脂肪酸钠排在第一位，表明了香皂的清洁功能。普通香皂的成分简单，玉米淀粉是成型填料，甘油和椰油酸的作用是滋润皮肤，以降低脂肪酸钠清洁皮肤后带来的紧绷感，柠檬酸有螯合剂和 pH 调节剂的功能，二氧化钛、CI47005、CI42053 为颜料或染料代码，CI 是 Color Index（着色剂编号）的首字母缩写。对于硫黄香皂，硫黄粉排在第三位，是重要的功能成分，可抑制过强的皮脂分泌；此外，羟乙二磷酸、EDTA 四钠有螯合剂功能，主要是可以结合水中含量过高的钙、镁离子。硫黄香皂的使用说明中称其可以用于洗发，这是没有问题的。但一般的香皂，我们并不建议长期用于洗发，这是因为其可能没有添加足够的螯合剂（如前一款普通香皂），而脂肪酸钠遇到水中

的钙、镁离子会变成脂肪酸钙或脂肪酸镁沉淀，从而沉积在头发表面，长期使用会影响头发的亮泽度，使其变得暗沉无光。此外，我们应该注意到，这款硫黄香皂是针对皮脂分泌过旺的人群设计的，因而甘油排列靠后。因此，如果你不属于皮脂分泌过旺的人，那么你在用其洗发后，最好使用护发素；用其清洁皮肤后，也可以适当使用润肤露。

看到这里，你有没有因为能看懂这两款香皂的成分的差别，进而了解其在具体生活中的使用区别感到特别有成就感呢？化学知识，真的很有用！

洗衣产品

随着表面科学的发展，各种新型洗涤用表面活性剂不仅性能好，而且廉价易得，因此肥皂这类碱性强且遇硬水易产生沉淀而失效的产品已经从往日的辉煌中渐渐地淡出了人们的日常生活。

现在市场上的洗衣产品主要有三大类：洗衣粉、洗衣液、洗衣凝珠。作为传统洗衣产品，普通洗衣粉的主要活性成分是阴离子表面活性剂（如直链烷基苯磺酸钠等）和适量的非离子型表面活性剂（如脂肪醇聚氧乙烯醚等）。此外，普通洗衣粉中还加入了一些助剂（如沸石、硅酸盐、硫酸钠、荧光剂、酶等）。一般地，洗衣粉中的去污活性成分含量不低于10％，其中的表面活性剂种类差异不大，其区别主要源自去污活性成分含量的不同，以及酶的增效成分的差异。

2008年，"蓝月亮"推出洗衣液，成为首个推出洗衣液的国内品牌。不同于洗衣粉，洗衣液的成分中不含硫酸钠等无洗涤功能的成粉填料，因而更节约资源且环保。十多年来，洗衣液发展迅速，品种日渐丰富，除普通的产品外，还有专门的羽绒、羊毛、真丝洗涤产品。因其具有易溶解、温和不伤手等优点，市场接受度高，尤其受年轻人的追捧。目前，洗衣液是人们洗衣时的较普遍选择，购买时要关注一个特别的词——"浓缩"。相关标准对浓缩型产品的要求是：浓缩洗衣液的总活性物含量≥30％，浓缩⁺洗衣液的总活性物含量≥45％，浓缩丝毛洗涤液的总活性物含量≥25％。因此，对于普通、浓缩、浓缩⁺型的产品，应注意使用量的不同，以避免过量使用对水资源和能源造成浪费。

洗衣凝珠是2014年由"碧浪"首次引入中国的新型洗涤产品，近两年的发展备受瞩目。它是用水溶性高分子膜（如聚乙烯醇）包裹高度浓缩的衣物洗涤剂、柔顺剂及其他助剂的洗衣产品，外形为珠状或袋状（图2-19）。由于外包装用的是水溶性高分子膜，洗衣凝珠的水含量一般低于10％，而洗衣液的含水量可达50％～80％（两者的配方比较见表2-1）。关于洗衣凝珠高倍浓缩和低水含量，并不能简单依靠提高表面活性剂含量和降低含水量实现配方要求。作为新型洗衣产品，将单次使用量精确化，避免了可能的过度使用洗衣粉和洗衣液，从而节约资源。洗衣凝珠虽不适合手洗，但在洗衣机已基本走进了每家每户的今天，大多数使用者是因为其使用方便、留香持久而购买（图2-20）。

图 2-19　部分洗衣凝珠商品包装　　　图 2-20　消费者使用洗衣凝珠的原因

表 2-1　传统洗衣液和洗衣凝珠配方比较

产品	表面活性剂/％	助剂/％	活性添加剂/％	溶剂与稳定剂/％	水/％
传统洗衣液	15～50	2～5	1～3	3～8	50～80
洗衣凝珠	35～50	15～25	3～8	15～25	<10

有人说洗涤产品经历了 5 个时代：1.0 时代——草木灰加油脂；2.0 时代——肥皂；3.0 时代——洗衣粉；4.0 时代——洗衣液；5.0 时代——洗衣凝珠。显然，产品更新显著加快，而其背后的原因正是科学技术的不断进步。随着表面科学的发展，人们对表面活性剂结构的认识不断加深，因而可以针对不同织物开发出不同的产品。但从整体上看，洗涤产品的主流都是利用表面活性剂原理去污。

在洗涤方面，也有少数产品是利用非表面活性剂原理去污。比如，现在的一些"氧泡"产品，只需要先浸泡，然后冲洗即可，其去污原理就是利用过氧化物所带来的氧化或漂白作用。此外，也有人尝试使用高分子微球，利用其特殊的溶胀后多孔的性质，以及对污垢有比织物更强的吸附作用而达到去污的目的，而且微球可以循环使用。这种吸附洗涤原理完全不同于现有技术，可以节约水并保护环境，但能否大规模推广应用还有待进一步考察。不过可以确定的是，未来洗涤技术的发展一定是朝着更绿色环保的方向前进。

今天，面对各式各样的洗涤产品，很多人会陷入选择困难。从历史的发展来看，这真是幸福的烦恼！自朗缪尔著名的油膜实验开启表面科学时代以来，围绕亲水与疏水基团的不断变化和发展，大量表面活性剂被开发出来。正是这些结构各异的表面活性剂分子被应用在形形色色的清洁产品中，才成就了大家个性化的需求与选择！否则，我们便只能使用肥皂这一种产品。

前沿科学中，表面活性剂的身影同样不时闪现。仅以大家都非常熟悉的肥皂泡为例，吹出纷纷扬扬色彩斑斓的肥皂泡是很多人童年的一大乐事，但对大多数人而言，也就仅此而已。学术期刊 Nature 2020 年 7 月的封面是一束绿色的激光在美丽的肥皂泡上被分成无数细小且形态极为优美的光束[15]。这是以色列理工学院的研究团队利用肥皂膜厚度的随机变化，在科学上首次观察到光的分支现象。生活中，大家对很多事物的分支司空见惯（如树木、海浪），但电子的分支在 2001 年才被观察到[16]。人们预测光应该也有分支，但一直没有发现这种现象，直到这一次无意中借助肥皂泡才观察到。研究人员认为，肥皂膜中的分子对光波施加作用力时，光波也会影响、轻微移动膜中的分子，从而影响光波的传播。这一发现将有利于物理学家更好地理解波动，并有可能帮助理解光线在时空中的传播。

有兴趣的读者可以通过网络搜索《在一只肥皂泡上，他们首次看见光线的分支》一文，还可观看光分支的视频。在流动变化的肥皂膜上所展现的五彩斑斓梦幻般的绚丽背景下，一束绿色激光分出无数形态优美并不断优雅律动的纤细分支！这是"肥皂泡里的激光秀"！严谨的科学，同样可以呈现出无与伦比的美！

参考文献

[1] The office website of the Nobel Prize. The Nobel Prize［EB/OL］.［2020-12-21］. https：//www. nobelprize. org/prizes/chemistry/1932/langmuir.

[2] Rajvanshi A K. Irving Langmuir－A pioneering industrial physical chemist［J］. Resonance，2008，13（7）：619-626.

[3] Langmuir I. The constitution and fundamental properties of solids and liquids. Ⅱ. Liquids［J］. Journal of the American Chemical Society，1917，39（9）：1848-1906.

[4] The office website of the Nobel Prize. The Nobel Prize［EB/OL］.［2020-12-21］. https：//www. nobelprize. org/prizes/chemistry/2007/summary/.

[5] Wang P K，Chang F，Gao W B，et al. Breaking scaling relations to achieve low-temperature ammonia synthesis through LiH-mediated nitrogen transfer and

hydrogenation [J]. Nature Chemistry, 2017, 9 (1): 64-70.

[6] 赵国玺，朱珑瑶. 表面活性剂作用原理 [M]. 北京：中国轻工业出版社，2003.

[7] 秦卉，刘伟毅. 肥皂与洗涤剂的历史（下）（待续）[J]. 日用化学品科学，2016，39 (9): 52-56.

[8] 秦卉，刘伟毅. 肥皂与洗涤剂的历史（上）（待续）[J]. 日用化学品科学，2016，39 (1): 44-49.

[9] 刘云. 洗涤剂——原理·原料·工艺·配方 [M]. 2 版. 北京：化学工业出版社，2012.

[10] Bellare J R, Kaneko T, Evans D F. Seeing micelles [J]. Langmuir, 1988, 4 (4): 1066-1067.

[11] Parent L R, Bakalis E, Ramirez-Hernandez A, et al. Directly observing micelle fusion and growth in solution by liquid-cell transmission electron microscopy [J]. Journal of the American Chemical Society, 2017, 139 (47): 17140-17151.

[12] 马业萍，蔺闫. 我国洗涤剂发展趋势及相关表面活性剂研究进展 [J]. 中国洗涤用品工业，2018 (6): 69-74.

[13] 王杰，薄纯玲，王淑钰，等. 氨基酸型表面活性剂的进展氨基酸型表面活性剂的进展 [J]. 中国洗涤用品工业，2018 (6): 61-68.

[14] 常宽，曹光群. 洗衣凝珠产品的发展现状 [J]. 中国洗涤用品工业，2019 (6): 111-116.

[15] Patsyk A, Sivan U, Segev M, et al. Observation of branched flow of light [J]. Nature, 2020, 583 (7814): 60-65.

[16] Jura M P, Topinka M A, Urban L, et al. Unexpected features of branched flow through high-mobility two-dimensional electron gases [J]. Nature Physics, 2007, 3 (12): 841-845.

第三讲

"夺走"门捷列夫诺贝尔奖的元素：氟的发现及其日常运用

既生瑜何生亮：1906 年诺贝尔化学奖的艰难选择

曾有朋友告诉我，她对初中某课程的第一次课的一个场景印象深刻。

"同学们，世界上最有名的表是什么呢？"

"劳力士！"

上面的回答对充满期待的教师来说似乎是一个打击，他看起来很失望。可他似乎想到了什么，皱紧的眉头舒展开来。

"哦，我刚刚问法不对！这个问题应该重新表述一下：世界上最有名的图表是什么呢？"

"元素周期表！"

大家几乎是异口同声。教师惊讶极了，问大家是怎么知道的。

"因为《新华字典》啊，它的最后面就是元素周期表。"（图 3-1）

除新华字典、各类化学教材外，元素周期表还出现在建筑、服饰、创意家居等物品上，甚至有人以收集元素周期表中的元素实体为爱好。听起来是很朴实无华的爱好，铜铁铅锡等都很便宜，对不对？但请注意，金的价格在这张表上真的算不上昂贵！有兴趣的话，大家可以去互联网上搜索一下稀有元素单质的价格。

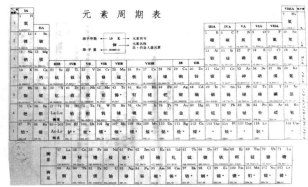

图 3-1　新华字典及其所附元素周期表

为什么元素周期表这么家喻户晓，并有如此崇高的地位呢？因为它是科学发展史上的一座重要里程碑。它所代表的"元素周期律"对化学的发展产生了广泛、深入和持久的影响，是现代科学中最富成果的思想之一[1-2]。

万物究竟由什么组成？

自远古以来，人们一直在孜孜不倦地探索这个千姿百态、绚丽多彩的世界。到 19 世纪中期，科学界已经识别出了 60 多种元素。这些元素的性质各有不同，它们之间有关联吗？当时的科学家对此非常迷茫，一如现在的科学界面对夸克、轻子、胶子等微粒子。

俄国化学家德米特里·伊万诺维奇·门捷列夫（图 3-2）在前人探索的基础上，对当时发现的 63 种元素的性质进行了系统的研究和分类，日复一日，年复一年地进行排列与归纳，终于发现了一条重要规律：元素按原子质量由小到大排列时，其物理性质和化学性质呈现出周期性的变化。他于 1869 年正式公布了其排列图表，表中共有 67 个位置，有 4 个空位，表示尚有未知元素存在。1871 年，他对元素周期表进行了修订（图 3-2），使其更精确也更系统。尽管当时质疑者不少，但随着预言的元素先后被人找到，它的正确性逐渐令人信服。随着科学的不断发展，1945 年西博格按照原子序数修订了元素周期表（图 3-3）[1]，其外观与现行版本基本一致，不同的是现在已经推进到 118 号元素了！

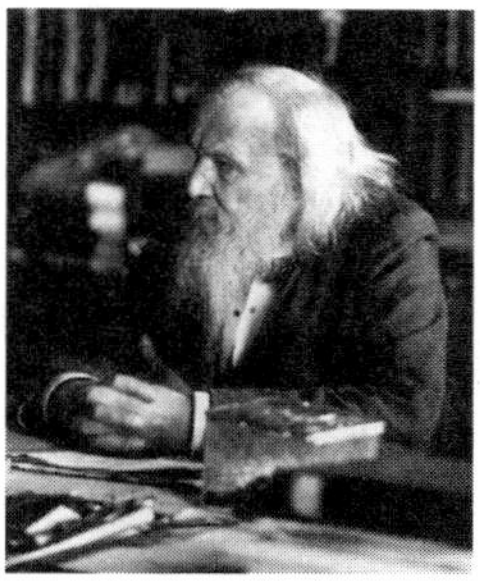

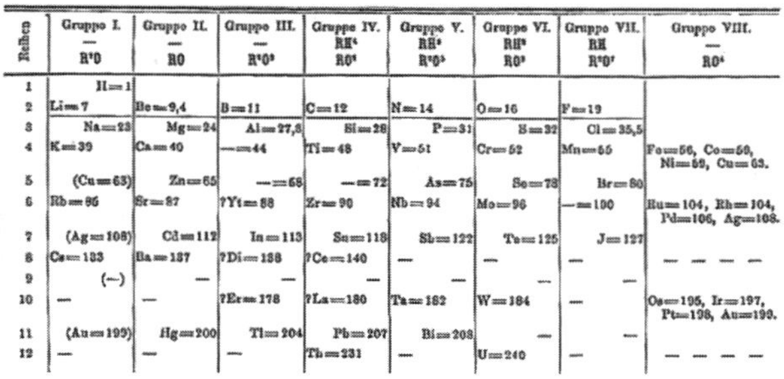

Reihen	Gruppo I. — R^2O	Gruppo II. — RO	Gruppo III. — R^2O^3	Gruppo IV. RH^4 RO^2	Gruppo V. RH^3 R^2O^5	Gruppo VI. RH^2 RO^3	Gruppo VII. RH R^2O^7	Gruppo VIII. — RO^4
1	H=1							
2	Li=7	Be=9,4	B=11	C=12	N=14	O=16	F=19	
3	Na=23	Mg=24	Al=27,3	Si=28	P=31	S=32	Cl=35,5	
4	K=39	Ca=40	—=44	Ti=48	V=51	Cr=52	Mn=55	Fe=56, Co=59, Ni=59, Cu=63.
5	(Cu=63)	Zn=65	—=68	—=72	As=75	Se=78	Br=80	
6	Rb=85	Sr=87	?Yt=88	Zr=90	Nb=94	Mo=96	—=100	Ru=104, Rh=104, Pd=106, Ag=108.
7	(Ag=108)	Cd=112	In=113	Sn=118	Sb=122	Te=125	J=127	
8	Cs=133	Ba=137	?Di=138	?Ce=140	—	—	—	— — — —
9	(—)	—	—	—	—	—	—	
10	—	—	?Er=178	?La=180	Ta=182	W=184	—	Os=195, Ir=197, Pt=198, Au=199.
11	(Au=199)	Hg=200	Tl=204	Pb=207	Bi=208	—	—	
12	—	—	—	Th=231	—	U=240	—	— — — —

图 3-2　门捷列夫和 1871 年他修订的元素周期表

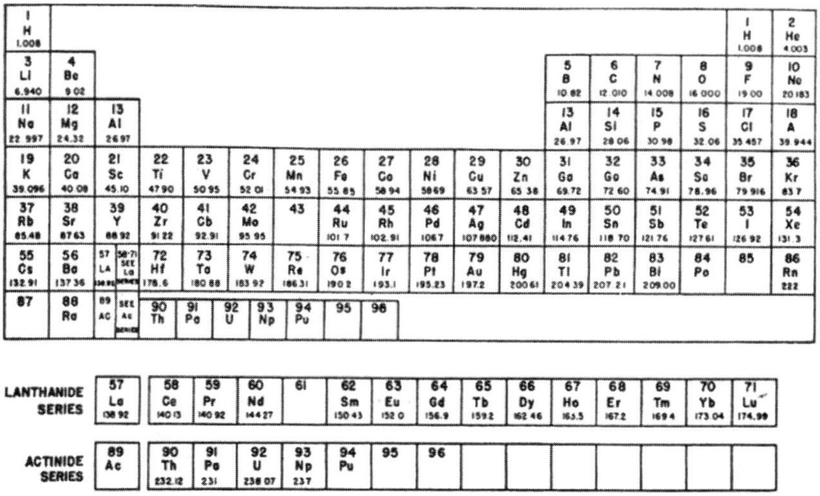

1 H 1.008																1 H 1.008	2 He 4.003
3 Li 6.940	4 Be 9.02											5 B 10.82	6 C 12.010	7 N 14.008	8 O 16.000	9 F 19.00	10 Ne 20.183
11 Na 22.997	12 Mg 24.32	13 Al 26.97										13 Al 26.97	14 Si 28.06	15 P 30.98	16 S 32.06	17 Cl 35.457	18 A 39.944
19 K 39.096	20 Ca 40.08	21 Sc 45.10	22 Ti 47.90	23 V 50.95	24 Cr 52.01	25 Mn 54.93	26 Fe 55.85	27 Co 58.94	28 Ni 58.69	29 Cu 63.57	30 Zn 65.38	31 Ga 69.72	32 Ge 72.60	33 As 74.91	34 Se 78.96	35 Br 79.916	36 Kr 83.7
37 Rb 85.48	38 Sr 87.63	39 Y 88.92	40 Zr 91.22	41 Cb 92.91	42 Mo 95.95	43	44 Ru 101.7	45 Rh 102.91	46 Pd 106.7	47 Ag 107.880	48 Cd 112.41	49 In 114.76	50 Sn 118.70	51 Sb 121.76	52 Te 127.61	53 I 126.92	54 Xe 131.3
55 Cs 132.91	56 Ba 137.36	57 LA 138.92 / 58-71 SEE La SERIES	72 Hf 178.6	73 Ta 180.88	74 W 183.92	75 Re 186.31	76 Os 190.2	77 Ir 193.1	78 Pt 195.23	79 Au 197.2	80 Hg 200.61	81 Tl 204.39	82 Pb 207.21	83 Bi 209.00	84 Po	85	86 Rn 222
87	88 Ra	89 AC / SEE Ac SERIES	90 Th	91 Pa	92 U	93 Np	94 Pu	95	96								

LANTHANIDE SERIES	57 La 138.92	58 Ce 140.13	59 Pr 140.92	60 Nd 144.27	61	62 Sm 150.43	63 Eu 152.0	64 Gd 156.9	65 Tb 159.2	66 Dy 162.46	67 Ho 163.5	68 Er 167.2	69 Tm 169.4	70 Yb 173.04	71 Lu 174.99
ACTINIDE SERIES	89 Ac	90 Th 232.12	91 Pa 231	92 U 238.07	93 Np 237	94 Pu	95	96							

图 3-3　1945 年西博格修订的元素周期表

科学发展到今天，元素周期表还将指引科学发现什么？它是否有边界[3]？这些问题一直是科学界好奇并关心的。

2019 年被联合国命名为“国际化学元素周期表年”，以纪念门捷列夫的元素周期表发表 150 周年。从图 3-4 可以看出，自 1869 年以来，几乎平均每 2～3 年增加一种元素[4]。事实上，95 号以后的元素都是人工合成的。在理论上，越重的元素越不稳定，如113号元素Nh（𬭶）的半衰期为10秒左右；目前，排在最后的118号元素Og（𬭩）是2006年合成的，其半衰期则为毫秒级。最近十几年，科学家合成新元素的尝试都未获成功，大部分相关研究者已把目光转向了对超重元素（相对原子质量大于100）性质的研究上。

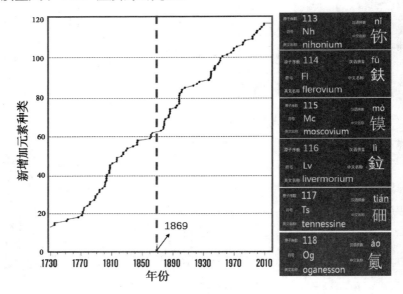

图 3-4　化学元素发现年代图及最新的几种元素

这些超重元素有怎样的化学性质？周期性规律在这些元素上还有体现？又在多大程度上体现？这些问题都还有待进一步的科学探索。

目前，科学家对超重元素已有一些初步的研究。如102号锘元素的核不是球状，而是橄榄形[5]，105号元素的性质与周期表中同一族的钽（73号元素）有很大不同。这些研究结果令人兴奋，极大地鼓舞着科学家去进一步探索超重元素的性质。

由于元素周期律的重要影响，以及元素周期表的形成的传奇色彩（一个广为流传的版本是在梦中产生的），门捷列夫的知名度比第二讲中的朗缪尔高很多，几乎可以说是家喻户晓。为纪念他，人们把101号元

素命名为 Md（钔），把月球上的一处环形山命名为门捷列夫环形山
（图 3-5）。然而，如此重量级的科学人物却没有获得诺贝尔奖。

图 3-5　101 号元素钔和门捷列夫环形山

　　门捷列夫于 1907 年去世，那时诺贝尔奖已经颁发了好几届。现在
的人们往往为之感到遗憾：做出如此贡献的他，却被诺贝尔奖遗忘。其
实，门捷列夫在 1905 年、1906 年都获得了诺贝尔化学奖的提名，在
1906 年还成了最后的两名候选人之一，最终却遗憾地与诺贝尔奖失之
交臂。

　　是谁击败了门捷列夫?

　　他又有什么特别的贡献?

　　他就是法国化学家亨利・莫瓦桑（Henri Moissan，1852—1907）
（图 3-6）[6]。

　　16 世纪，人们发现了含氟的矿石，并逐步认识到其中含有一种新
的元素。瑞典化学家舍勒将该矿石与硫酸放在一起加热，发现玻璃容器
被腐蚀了，他认为这一过程中产生了一种酸性物质，并将其命名为"萤
石酸"。我们现在知道，这种物质就是腐蚀性极强的氢氟酸！舍勒去世
时年仅 44 岁，这是否和他开展的氟研究有关，我们不得而知。

　　1810 年，法国物理学家、化学家安培认为萤石酸中有一种和氯类
似的新元素，并将其命名为"氟"。此后，无数人开始尝试获得单质氟，
包括英国大化学家戴维。因为对氟缺乏足够的了解，单质氟的制取过程

充满了艰辛。科学家付出的不仅是辛勤的汗水，还有健康乃至生命：苏格兰化学家诺克斯兄弟曾严重中毒，比利时化学家鲁耶特、法国化学家尼克雷则为之献出了宝贵的生命。在七十余年中，一代代科学家前赴后继，经历了无数次失败，付出了惨痛的代价。

尽管氟被冠上了"死亡元素"的称号，但这并没有挡住勇者继续探索的脚步。这座元素的高峰最终被莫瓦桑征服，而他同样也付出了巨大的代价。他在实验进行过程中曾因中毒而昏迷，身体恢复后，又毫不犹豫地继续投入制取氟的工作中来。正是凭借这种顽强拼搏的精神，莫瓦桑征服了自然界中这个"桀骜不驯"的元素，在 1886 年成功用电解法制取了单质氟，其制取氟的装置如图 3-6 所示。他用了一个打磨光滑的白金 U 型管（氟与光滑的白金表面反应较慢），用大块萤石制成塞子，然后将氟化砷、氟化磷、氟化钾的混合物装进 U 型管，降温到 $-23\ ℃$ 后，插入电极通电。很快，在阳极的上方，飘出了一缕缕淡黄色的气体。如果你对初中化学知识还有印象的话，就知道这就是让许多科学家前赴后继、梦寐以求的氟单质了。这个世界上极活泼、毒性极大、腐蚀性极强的单质——F_2，终于被这位不屈不挠的科学家制备出来了。仅从这一性质描述，就可以想象在设备简陋、防护缺乏的早期科学实验中获得氟单质有多么艰难，堪称最悲壮的元素发现之路！

图 3-6 莫瓦桑及其制取氟的装置

氟单质最终还是被莫瓦桑制备出来了！他靠的仅仅是幸运吗？或许有幸运的成分，毕竟他在屡次中毒昏迷过后都得以苏醒，但更多的是靠智慧、努力和坚持。在理论指导相当有限的情况下，他在实验中善于对比前人和自己的实验现象，不断总结、分析，调整实验方案，最终得出了这个难得的优化制备条件。在科学技术比当时发达了无数倍的今天，我们仍然在利用他的方法制备单质氟，只是在设备、防护方面要先进很多。在科学发展史中，百余年前的反应条件现今还在使用的例子，实在是寥寥无几！

想象一下，在面对门捷列夫和莫瓦桑的时候，1906 年的诺贝尔化学奖投票人是多么纠结！他俩，一个发现了元素的周期性规律，影响巨大，一个以身体健康为代价，勇敢地制备了科学界曾长久追求而未果的单质氟。两人都应无可置疑地获得诺贝尔奖，但他们偏偏就在同一年的诺贝尔化学奖的评选上相逢了，这很难不让后人发出"既生瑜何生亮"的感慨！

如果是你，你会投票给谁呢？

莫瓦桑在获奖后的次年，1907 年，去世了！他去世前曾感叹，氟夺走了他至少十年的寿命！不幸的是，门捷列夫也于 1907 年去世了。诺贝尔奖不授予已经去世的人，所以才有今天的遗憾。从现在的视角看，1906 年的诺贝尔化学奖的抉择是极困难的，无论将其授予谁，都会有遗憾！

一生专注于一件事：两获诺贝尔化学奖的科学家费雷德里克·桑格[①]

由于氟单质、氟化氢等含氟化合物的毒性、腐蚀性和不易操作性等，直到 20 世纪 20 年代，把氟引入有机化合物中的研究才开始缓慢发展。1927 年，氟硼酸被发现可以作为氟源引入到苯环上，得到芳香氟化物[7]。随后，科学家又发现可以用氟化钾作氟源，利用卤素交换将氟引入苯环，其反应如图 3-7 所示[8]。

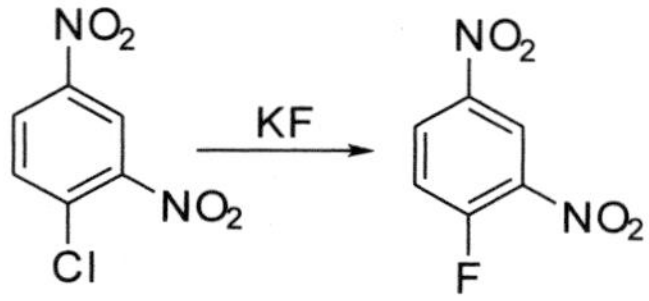

化合物 1

图 3-7 将氟原子引入含硝基的苯环，得到化合物 1（桑格试剂）

化合物 1 也被称为桑格试剂，是英国生物化学家弗雷德里克·桑格（Frederick Sanger，1918—2013，图 3-8）发现的。桑格凭借对胰岛素测序和 DNA 碱基排序的研究，分别于 1958 年、1980 年获得诺贝尔化学奖[9]。一个人一生获得一次诺贝尔奖，就已经非常了不起了。在数十亿芸芸众生中，能获得诺贝尔奖的人实在是太少了，能获得两次诺贝尔奖的人更是凤毛麟角。截至 2020 年，全世界仅有四位获得过两次诺贝尔奖的科学家。另外三个人分别是：法国物理学家、化学家玛丽·居里，美国化学家鲍林，美国物理学家巴丁。而桑格还是唯一一位两次获得诺贝尔化学奖的科学家。他的人生轨迹很值得我们好好了解并思考，

---

① 2022 年，卡尔·巴里·夏普利斯在点击化学上的贡献再次获得诺贝尔化学奖。此前，在手性催化氧化反应方面的开创性贡献使他获得 2001 年诺贝尔化学奖。截至目前，只有桑格与夏普利斯荣获两次诺贝尔化学奖。

因为他远非天才！

　　1918 年，桑格出生于一个医生家庭，从小受到良好且宽松的教育。他自认为智力不太突出，中学和大学成绩中等，喜欢阅读生物方面的科普图书，经常和哥哥一起制作动植物标本。1939 年，他从剑桥大学生物化学专业毕业。1940 年，他与学经济的玛格丽特·琼·豪（Margaret Joan Howe）结婚，共育有两个儿子和一个女

图 3-8　弗雷德里克·桑格

儿。1943 年，他完成了博士论文《赖氨酸的代谢》，留在剑桥大学并加入齐布诺尔课题组从事教学与科研工作。齐布诺尔建议他寻找确定胰岛素末端氨基酸的方法，从此，桑格开始了自己独特而卓有成就的科研之路[10-13]。

　　80 年前，人类对蛋白质的了解，仅限于知道其是拥有许多重要生理功能的生物大分子，里面含有不同的氨基酸分子。除此以外，对蛋白质的了解是一片空白。虽然当时已经能确定的氨基酸有 20 种，但这些氨基酸是如何构成蛋白质的？是三三两两成键后简单作用在一起，还是通过共价键形成高分子？如果是通过化学键，是随机组合，还是有一定顺序？如果有，这个顺序是怎样的？有办法测定吗？在当时，测定这一顺序是一个看起来不可完成的挑战。年仅 25 岁的桑格以初生牛犊不怕虎的大无畏精神，决定从事这一方向的研究。他选择以胰岛素作为解析对象，一是因为胰岛素是当时易获得纯品的少数蛋白质之一，二是因为齐布诺尔课题组一直在从事胰岛素方面的研究。

　　桑格通过研究，首先发现化合物 2,4-二硝基氟苯（即化合物 1，后人称为桑格试剂）可以和蛋白质末端的氨基酸中的 $-NH_2$ 反应，生成有颜色的化合物。桑格把化合物 1 与所有已知的氨基酸反应，得到一系

列有颜色的不同化合物，作为后续实验的参照对比体系。在这类反应中，化合物 1 中的氟起着至关重要的作用。

桑格通过破坏胰岛素中的 S—S 键，获得两条单链（A 和 B），然后把获得的单链与桑格试剂反应，再在酸性条件下水解，断裂体系中的酰胺键（CO—NH），得到各种小分子氨基酸，但端基氨基酸因含桑格试剂的结构而成为有色化合物（图 3-9），可以与参照体系对比，从而确认出其结构，或者分离后鉴别出氨基酸种类。由此，桑格可以成功地测定出胰岛素单链端基氨基酸的具体结构。但在这一反应的水解过程中，整个肽链都被破坏，该方法在同一个肽链上只能测出端基。

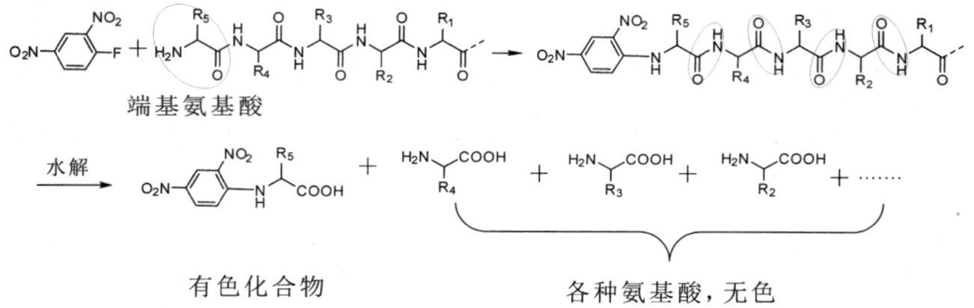

图 3-9 肽链端基氨基酸反应示意图

沿着可以测定端基的这一思路，应该如何完成中间的氨基酸测定呢？按照当时的化学条件水解，所有的酰胺键都破坏了，也只能得到氨基酸的种类、含量等信息，无法确认氨基酸间是如何排列的。那应该怎么办呢？

桑格想到了部分水解，这是在发现桑格试剂后，他能成功的又一关键性思路。虽然当时用化学的方法，酰胺键都会被破坏掉，但在生物领域已经发现可以用酶实现部分水解，只是具体的水解情况那时并不清楚。桑格尝试用各种酶去分别处理 A 链或 B 链，获得不同长度、不同断裂位置的各种氨基酸肽段，同时发展出了用电泳、离子交换等多种技术分离这些不同的短肽段的方法。此后，就可以针对每一个肽段测定其端基氨基酸，并通过短肽段间的组合、排列、对比，找出关键性的"重叠顺序"，进而最终组合确认胰岛素的氨基酸组成序列。

想象一下，在选定桑格试剂、确定部分水解的方法后，先用一种酶把一条完整胰岛素单链分解成几段，找出几个氨基酸，再换用另一种酶将其再分解成几段，又找出几个氨基酸，就这样不断进行。这好比一个高难度拼图游戏，而且拼图单元还需要自己确定。实验中既有大量的重复、对照工作，还需要寻找足够多的具有不同特点的酶。从我们现在的视角来看，这一工作可以说"前途是光明的，道路是曲折的"，然而当时的研究者并不知道能否成功。单调、枯燥的实验让不少助手认为这是一项不可能完成的工作而纷纷离去。但桑格一遍遍分解、测试、拼接，再分解、测试、拼接，经年累月地尝试，一次又一次重头再来，历经常人难以想象的 8 年科研之路后，与助手在 1951 年完成了 B 链的 30 个氨基酸序列的测定，又于 2 年后完成 A 链的 21 个氨基酸序列的测定。此后，他和助手又用了 2 年确认 S—S 键的位置。最终在 1955 年，凭借 12 年如一日的坚持不懈，桑格获得了胰岛素的精确结构（图 3-8 中，桑格就是站在胰岛素结构模型前）。这是人类历史上第一次完整描述出蛋白质大分子中的氨基酸序列，推翻了蛋白质是无序高分子的推论，为其他蛋白质结构的测定开拓了道路，为探索蛋白质在生命活动中的作用机制提供了重要帮助，为人工合成蛋白质奠定了基础。

桑格因此荣获了 1958 年的诺贝尔化学奖。他在获奖时曾说过，"要合成胰岛素，还不是近期所能"。英国杂志 Nature 也预言："合成胰岛素将是遥远的事情。"但很多国家的科学家都跃跃欲试。当时国际上人工合成的肽链最多只有 13 个氨基酸，而我国仅有合成 8 个氨基酸肽链的基础。桑格确认的胰岛素有 A、B 两条链，分别有 21、30 个氨基酸，共 17 种氨基酸类型。

正是在桑格的工作基础上，我国科学家于 1959 年开启了胰岛素的人工合成工作，由中国科学院上海生物化学研究所、中国科学院上海有机化学研究所和北京大学合作，著名科学家钮经义、邹承鲁、汪猷、邢其毅院士领衔，带领一批中青年科学家进行科研攻关。当时参加该项研究任务的大多数是年轻人，均以饱满的热情投入极具挑战性的合成工作中，没有周末，没有节假日，决心要赶在德国人和美国人之前完成胰岛素的合成。1965 年 9 月 17 日，中国科学家在世界上第一次用人工方法合成了与天然胰岛素分子化学结构相同，并具有完整生物活性的蛋白质——结晶牛胰岛素，标志着人类在认识生命、探索生命奥秘的征途中迈出了关键性的一步。1966 年，我国第三次核试验成功，有位外国科学家在当时的质疑声中这样说："核能力说明了新中国的进展，但更有说服力的是胰岛素；因为人们可以从书本中学习制造原子弹，但不能从书本上学习制造胰岛素。"[14]

桑格曾多次表示获得诺贝尔奖对他有着重要的激励作用，给了他更多的研究自信和热情，因为他一直自认为不够聪明。为专注于研究，他辞去了因诺贝尔奖接踵而至的各种头衔和职务，开启了核酸的测序工作。在 1966 年，就在桑格小组的 RNA 测序课题即将成功之际，印度裔美国科学家哈尔·戈宾德·霍拉纳（Har Gobind Khorna，1922—2011）首先完成了相关工作，并因此获得了 1968 年的诺贝尔生理学或医学奖。这种打击通常是令人垂头丧气的。但桑格没有，他开始了更复杂的 DNA 的测序研究。当时的方法对 DNA 测序研究的进展来说是非常缓慢的，桑格难以接受，便另辟蹊径发明了双脱氧法。他测定的第一个基因组序列是噬菌体的，全长 5375 个碱基。这一新技术简洁、实用、高效，富于想象力，让 DNA 测序容量有了质的飞跃，具有极强的原创性，被命名为"桑格测序法"。自此，人类获得了窥探生命遗传差异本质的能力，开始步入基因组学时代，桑格也因此被称为"基因组学之父"。

1980 年，他因"桑格测序法"第二次获得了诺贝尔化学奖，成为迄今唯一一位获得两次诺贝尔化学奖的科学家①。曾有人问他："您先研究蛋白质，后研究 DNA，一生跨越了两个研究领域，真的很不容易，是什么促使您这么做的？"桑格回答说："我并没有跨领域研究，我只在一个领域，做着一件事，那就是测定生命大分子的一级结构。"这就是桑格的理解——把科学问题作为研究领域，而非具体的研究对象。

第二次获诺贝尔化学奖时，桑格也仅仅 62 岁。但三年后他就宣布退休，除写了几篇回忆性文章外，完全淡出公众视野，也远离曾经无比钟爱的实验室与科研工作。在退休的生活中，他把热情与精力放在园艺上，精心照顾自己的花园 30 年。

2013 年 11 月 19 日，这位被称为"基因组学之父"的生物化学家在沉睡中安然辞世，享年 95 岁。而一年前，为他的成就做出了巨大贡献、给了他一生幸福生活的结发妻子先他一步离世。

40 年的科研工作，两获诺贝尔化学奖，还直接培养了 2 位诺贝尔奖得主；30 年的退休闲暇时光，有相伴一生、携手到老的妻子。很多人会为这样的人生喝彩！是啊，能按照自己喜欢的方式度过辉煌的一生，这是多么令人羡慕啊！但请不要忽视他成功前在清冷中的坚守与毅力，成功后在繁华中的淡定与洒脱。疾风骤雨中站得住脚，花繁柳密处拨得开枝，从来不是易事！

2003 年的 SARS 疫情在持续三个月后，才被确认为一种新的急性呼吸道传染病，随后又用了较长时间进行病毒的鉴定和基因组测序工作。相比之下，2019 年，我国在发现国内第一个新型冠状病毒肺炎病例后不久，就通知了世界卫生组织，并对全世界共享了病毒基因组序列。这表明中国科学界先极为迅速地进行了病毒分离和基因组测序，才

---

① 截至 2021 年。

能确认其为新型病毒。窥一斑而知全豹，我们可以看到基因组快速测序工作在当今社会的重要性，同时也可又看到中国科技的长足进步！

科技的进步，特别是基因组快速测序工作，使我们可以很快确认这一新型病毒。通过这一生活中正在发生的事，我们可以切实感受到桑格等科学家所做开创性工作的重要意义。但目前，我们对病毒性质、生理作用、疫苗研制等方面的研究仍然任重道远，需要更多热爱科学且愿意为之奋斗的人加入，去探索更为有效的研究方法和方案。

性质独特的氟

从莫瓦桑制备氟单质开始，科学家就踏上了应用氟的征途。桑格使用含氟的试剂拉开了蛋白质等生物大分子测序的帷幕。就连原子弹的制造，也离不开对氟元素的利用——用于铀－235 的提纯。随着氟应用的蓬勃发展，含氟橡胶、含氟涂料、含氟药物、含氟半导体等新型氟材料层出不穷，"氟化学"在科学的舞台上绽放出了耀眼的光芒。

也许你会说："没错，氟很有用，但有科学家关注就好了！"

思　考

普通人在日常生活会接触到氟吗？需要关注氟吗？

要回答这个问题，需要接着往下看。不过关于氟的性质这部分，个别知识点专业性略强，需要一定的化学基础，若你觉得太过乏味，也可以跳过，直接阅读"日常生活中氟元素的身影"。

元素周期表中有百余种元素，但这个世界上的数千万种有机化合物却仅仅由寥寥十几种元素构成，以碳、氢、氧、氮、磷、硫为主，也有少量氟、氯、溴、碘等其他元素。在这些元素中，氟元素的电负性最大，且原子半径是除氢原子外最小的，C—F 键也是碳原子参与的单键中最强的。由于这些特殊性质，有机氟化物普遍呈现出非同一般的物理、化学及生物特性，如高度的物理和化学稳定性（可以用作极端条件下的特种材料）、独特的生物活性等，在信息技术、生命科学、材料科学和航天航空等战略性新兴产业中得到广泛使用，相关产品附加值高、发展前景广阔[15-16]。

C—F 键是非常强的共价键，因此有可能形成极为稳定的化合物。有机化合物中最多的单键是 C—H 和 C—C 键，其键能数值见表 3-1，分别为 416 $kJ \cdot mol^{-1}$、376 $kJ \cdot mol^{-1}$。而一氟甲烷、二氟甲烷、三氟甲烷、四氟甲烷中的 C—F 键能分别为 456 $kJ \cdot mol^{-1}$、510 $kJ \cdot mol^{-1}$、536 $kJ \cdot mol^{-1}$、543 $kJ \cdot mol^{-1}$，明显高于普通的 C—H、C—C 键能。非常有意思的是，氟越多，C—F 键越强。因此，全氟化合物是非常稳定的，如我们闻名已久的不粘锅材料特氟龙——聚四氟乙烯（Polytetrafluoroethlene）。

表 3-1 一些分子中的 C—H、C—C、C—F 键能

化合物	共价键	键能/（$kJ \cdot mol^{-1}$）
CH_4	C—H	416
CH_3-CH_3	C—C	376
CH_3F	C—F	456
CH_2F_2	C—F	510
CHF_3	C—F	536
CF_4	C—F	543

为更好地了解氟的特性，我们仔细比较下 C—H 键与 C—F 键的区别。在烷烃中，C—H 键的键长约为 0.109 nm，C—C 键的键长约为 0.154 nm，一般形成典型的锯齿形图案（外面的 H 原子呈直线排列，

图 3-10 上）。在全氟烷烃中，C—F 键的键长一般为 0.132 nm，比 C—C、C—N、C—O 键的键长要短，这使得 F 原子可以沿着 C—C 主链紧密堆积。但全氟烷烃没有沿用烷烃的锯齿形排列，而是呈螺旋形的[17-20]，外面的 F 原子也呈螺旋状，如图 3-10 所示。如果你注意到章末参考文献的发表时间，就会发现其都是 2000 年以后的。尽管早在 20 世纪 40 年代就已发明并开始使用聚四氟乙烯，但人们对其分子层面的认识，对其性质来源的深入探索仍在不断进行。以 5 个碳原子的戊烷（C_5H_{12}）和全氟戊烷（C_5F_{12}）为模型化合物（图 3-11），从其球棍模型可以明显看出戊烷具有典型的锯齿结构，其侧视图也表明间隔 C 原子上的 H 原子是排列在一条线上的，但全氟戊烷的主链不是典型的锯齿结构，而是发生了一定的扭转，从侧视图上可以明显看出 F 原子间的错位排列。

（a）典型烷烃主链为锯齿形　　（b）典型全氟烷烃主链为螺旋形

图 3-10　典型烷烃与全氟烷烃的主链结构

正视图　　　　　　　　侧视图

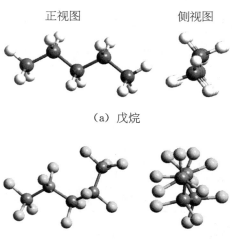

（a）戊烷

（b）全氟戊烷

图 3-11　戊烷与全氟戊烷的结构

为什么全氟烷烃会形成螺旋结构？我们可以简单地这样理解：氟原子比氢原子大，而C—F键的键长并不太长，使F原子排列在空间上具有一定位阻。更重要的是，F原子电负性高。电负性高意味着对电子的吸引力强，简言之，对于C原子的成键电子，F原子可以"霸道"地宣称："我的是我的，你的也是我的"。因而在C—F键中，成键电子偏向氟原子这端，进一步增强了氟原子上的电子密度，从而增强了氟原子间的排斥。鉴于空间和电子两方面的原因，全氟烷烃呈现为螺旋构象。当然，若想更深入、更全面、更本质地理解，则需要了解量子化学中的C—C成键轨道与C—F反键轨道中的超共轭效应，有兴趣的读者可以阅读与此相关的参考文献 [21] [22]。

C—F键是强极性的共价键。F原子有较强的吸电性，会削弱其成键C原子甚至邻近C原子上的电子密度，从而影响微环境，改变分子本身的性质及分子间的作用，使F在药物分子、高新有机半导体材料的研发中大有用武之地。以大家比较熟悉的苯为参照，我们来了解下F原子的吸电性对化合物本身微环境和分子间作用的影响。苯是典型的芳香性分子，环上有6个π电子形成共轭轨道，环中心电子密度高，因电子静电排斥，故不能像书本那样一个一个共面正堆叠，而是错位边面堆叠（图3-12左）。对全氟苯而言，尽管环上也有6个π电子形成共轭轨道，但因为F原子的强吸电子能力大大降低了苯环中心的电子密度，对电子充满吸引力，这使得苯与全氟苯中心互相吸引，故二者间可以形成共面堆叠[23]（图3-12右）。正是利用这一性质，瑞士科学家2016年在Science上报道，使用酞菁锌和全氟酞菁锌，通过二者间优良的共面共混，实现了科学上首个能带可调的有机半导体[24]。此外，F取代物也广泛用在高性能有机光伏、有机电致发光材料的设计中[25-26]。

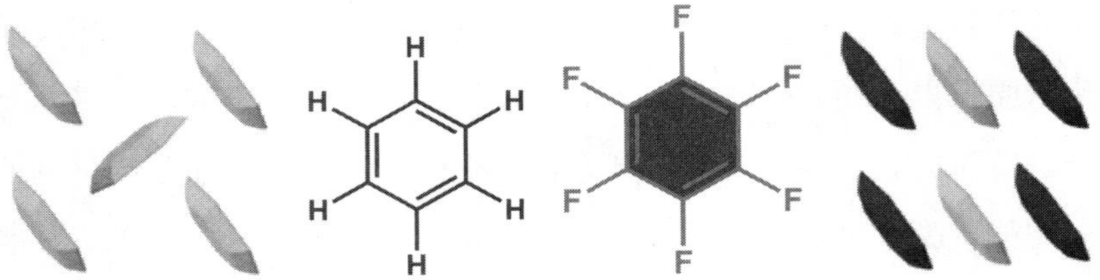

苯的边面堆叠　　　　　苯　　　　全氟苯　　　苯与全氟苯共混物
的共面堆叠

图 3-12　F 原子的吸电性对化合物本身微环境和分子间作用的影响

氟的广泛应用可以帮助我们更好地认识氟的特点与性质，而对其独特性质的更深入认识，又反过来促进并拓展了其应用，两者相辅相成，螺旋上升。

日常生活中氟元素的身影

在原子弹制造，以及高寒、酷热等极端条件中，氟材料已经大显身手。很多人谈"氟"色变，主要是因为氢氟酸——氟单质大家基本上是接触不到的。氢氟酸在工业上用途广泛，但因其可以腐蚀玻璃，在生活中也有广泛使用。偶有人使用不慎，或者防护不到位（不能使用普通手套），使氢氟酸接触到皮肤，如未进行专业处理，可能造成严重后果——真正意义上的蚀骨的疼！但大家需要明白，化合物不同，对人体的毒性就不同。不是化合物中含有氟元素，就是有毒有害的。

事实上，在我们的日常生活中，氟早已经随着含氟塑料、药物和牙膏与我们如影相随。

含氟高分子材料

聚四氟乙烯是杜邦公司于 1938 年发明的，注册为"Teflon"，就是我们常听到的不粘锅材料"特氟龙"。聚四氟乙烯具有超强的耐腐蚀性，甚至可以耐受王水。王水腐蚀性极强，是少数几种能溶解金（Au）这种稳定金属的液体。故聚四氟乙烯被称为"塑料之王"，在化工、材料、医疗、建筑等领域应用广泛。

除超强的耐腐蚀性外，聚四氟乙烯还具有极小的摩擦系数、极低的表面张力，因而不易粘附一般物质、易清洁，但机械性能弱。在生活中，聚四氟乙烯主要用作不粘涂层和生料带。通过生活中常用的密封材料生料带，大家可以直观感受到这一聚合物的柔软。当温度高于 260 ℃时，聚四氟乙烯会发生化学变化。因此，不粘锅在使用时不仅要避免与硬物接触，以避免破坏涂层；而且不宜将空的特氟龙不粘炊具干烧，因为这样易超出使其发生化学变化的温度。

为了更好地利用聚四氟乙烯的优点，同时改善其缺点，可以把乙烯和四氟乙烯共聚在一起，从而既可以保留聚乙烯的高强度，又可兼具聚四氟乙烯稳定、摩擦系数小、表面张力小的特点。现在这种材料已经作为新型建筑材料，广泛应用于大型建筑，比如，我们熟知的美轮美奂的2008 年北京奥林匹克运动会建筑"水立方"，它的外墙采用的就是乙烯和四氟乙烯共聚材料（图 3-13），具有透光性好、自清洁、质量轻、耐腐蚀、可回收、可 3D 造型等优异性能[27]。

图 3-13 "水立方"外墙材料的里与外

含氟药物

自然界中有机氟化物极少，现今的含氟有机物大多是人工设计并合成的。1953 年，约瑟夫·弗里德（Josef Fried）等制备了一系列醋酸可的松衍生物，并发现其可作为糖皮质激素。其中，9 位氟取代的化合物比相应的母体抗炎活性高 10 倍以上[28]，首次证实将氟原子引入药物分子可改善其生物活性。

此后，对大量含氟药物的研究表明，氟原子的引入可以改变药物分子的脂溶性、酸碱性、分子形状等，从而影响药物的吸收、与靶点的作用，以及之后的体内代谢，逐步成为药物筛选的一种常用手段。2018 年，美国食品药品监督管理局（U. S. Food and Drug Administration, FDA）在当年批准的 38 种小分子药物中，18 种为含氟药物[29]。

在现有的众多含氟药物中，普通人最熟悉的就是诺氟沙星（又称氟哌酸，结构式如图 3-14 所示），它具有广谱抗菌作用，尤其是对细菌感染的腹泻具有优良效果，是很多家庭的常备药。但很多人忘了诺氟沙星是处方药，是不能给未成年人服用的，这可能是

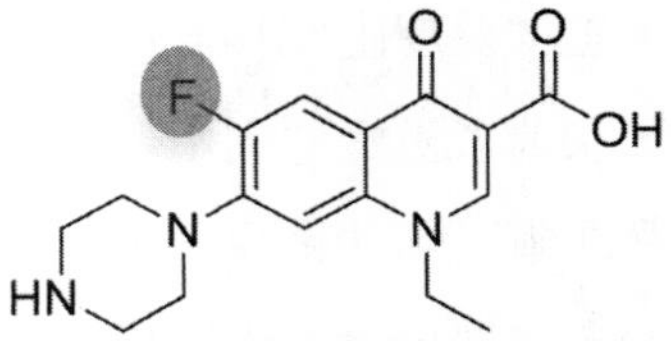

图 3-14　生活中常见含氟药物诺氟沙星的结构式

因为没有仔细看药品使用说明。吃药前看药品使用说明是每个人都应该有的良好习惯。在这款药品的使用说明上，明确禁止未成年人服用，因其会引起骨代谢紊乱，影响骨骼生长。

对人体而言，氟的安全阈值很低。氟能维持钙磷代谢，增强骨骼强度，但摄入过量时会出现氟斑牙（下文会详细介绍）、氟骨病等中毒病症。随着含氟药物的普及，人们不仅要考量药物的治疗作用，还需考量其在人体内的化学稳定性以及在酶的作用下产生的代谢产物会对人体造成的影响。2019 年，一篇名为"The Dark Side of Fluorine"（《氟的黑暗面》）的报道[30]，总结了含氟药物在人体内可能的代谢途径，指出部分药物分子会分解产生氟化物及含氟的有毒代谢产物（请注意，仅仅

是部分，不是全部），并给出了结构改进的可行建议。

相信随着科学的进步，人类会发明出更有效且更安全的含氟药物。

含氟牙膏

谁不想时时无惧酸甜苦辣，吃嘛嘛香！谁不想拥有一口皓齿，随意绽放自信、迷人的笑容！

牙膏，是现代生活中为清洁牙齿、预防口腔疾病而使用的日常化学品。面对商场中品目繁多的牙膏，你是怎么选择的呢？

是否要选择含氟牙膏呢？氟含量的差别是为了什么？氟含量越高越好吗？既然氟化物防龋已经被列入 20 世纪口腔医学的重要研究成果，为什么不是所有牙膏都含氟呢？为了牙齿能健康地与我们相伴一生，详细了解氟化物防龋的发展研究现状及牙膏的成分是非常必要的。

1931 年，美国口腔流行病学专家亨利·特伦德利·迪恩报告说饮用水的氟含量同氟斑牙发生率成正比，同龋齿发生率成反比，1 mg/L 左右的氟含量为最佳浓度，可以达到理想的防龋效果又能将氟斑牙的发生控制在较低水平[31]。这直接导致了口腔预防医学的一场革命，有的城市开始在自来水中加氟。以中国香港为例，其自来水天然含氟量约为 0.13 mg/L，在 1961 年开始加氟，先是夏季加至 0.7 mg/L，冬季加至 0.9 mg/L，随后在 1967 年升至 1 mg/L，后因发现氟斑牙问题，在 1978 年降至 0.7 mg/L，并在 1988 年定在了 0.5 mg/L[32]。

过量的氟对人体是有害的，重的会造成氟骨病，其表现为腰腿痛、关节僵硬、骨骼变形、下肢弯曲、驼背，轻的会产生氟斑牙。按照迪恩所确定的氟斑牙标准，可以分为正常、可疑、微度、轻度、中度、重度五种情况，

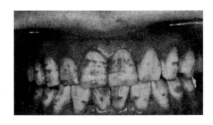

图 3-15　氟斑牙

具体分辨标准见表 3-2。图 3-15 中的氟斑牙约为中度。

表 3-2　Dean 确定的氟斑牙分类标准

分类	标准
正常（0）	釉质呈浅乳白色或浅米黄色，表面光滑、有光泽
可疑（0.5）	釉质半透明度有轻微改变，从可见少数白斑纹到偶见白色斑点
微度（1）	似纸一样的白色不透明区不规则分布在牙齿上，但不超过牙面的 25%
轻度（2）	牙釉质上白色不透明区小于牙面的 50%
中度（3）	牙釉质表面有明显磨损，棕染
重度（4）	牙釉质表面严重受累，发育不全，棕染广泛，甚至影响牙齿整个外形

除自来水加氟外，局部加氟防龋的方法（如含氟牙膏、含氟漱口水、牙齿涂氟等）也开始应用。其中，含氟牙膏得到了大力推广。2003年，瑞典的一份调查表明每天使用含氟牙膏刷牙对预防龋齿具有重要作用[33]。含氟牙膏的防龋效果与所含氟离子的浓度正相关。阿比纳夫·辛格等在 2018 年的研究表明：在减少龋齿功效方面，高氟化物牙膏（≥ 2500 mg/L）明显优于标准氟化物牙膏（≤1500 mg/L）[34]。

我国幅员广阔，各地氟含量情况差别巨大，有很多地方属于低氟地区，但在二十多个省市有点状零散分布的高氟地区。据估计，高氟地区的人口总数约为 7000 万。科学研究表明，口腔局部使用氟有很好的防龋效用。鉴于上述两点原因，我国自来水是没有额外加氟的[31]，后文会介绍如何查看当地自来水氟含量。

中华人民共和国国家卫生健康委员会①官网上，曾全文刊登文章《使用含氟牙膏防龋是安全、有效和经济的方法》[35]，文中明确建议 6岁以下儿童不选用含氟牙膏，同时"大多数居民生活在低氟地区，均可

---

① 2018 年，中华人民共和国国家卫生健康委员会组建，不再保留国家卫生和计划生育委员会。

使用含氟牙膏。高氟区的居民可以使用无氟牙膏"。我国国家标准对市售含氟牙膏的总氟浓度要求为 400～1500 mg/L，大家可以根据自身情况选择不同浓度的含氟牙膏。

作为日常用品，牙膏包装上都清晰地标出了成分，这些成分各有什么功能呢？牙膏的主要组成成分及其功能见表 3-3。

表 3-3 牙膏的主要组成成分及其功能

主要组成成分	功　　能
摩擦剂	牙膏的主要功能成分，通过摩擦达到清洁作用
保湿剂	使膏体具有光泽，防止牙膏在软管中固化变硬
表面活性剂	产生泡沫，使膏体及香味等在口腔迅速扩散或透发
定型剂（增稠剂）	形成三维网状结构，增加对摩擦剂等的黏结作用以定型
防腐剂	抑制细菌，保证产品在有效期内的可用性
增味剂	主要是香精和甜味剂，目的是使人在嗅觉和味觉上感到愉悦和喜爱，一般没有清洁或治疗作用
其他功效添加剂——防龋	使用氟化物，减少龋齿的产生
其他功效添加剂——脱敏	使用锶盐、磷硅酸钠钙等，降低牙齿对外界刺激的敏感度

下面是四种不同品牌牙膏的成分：

牙膏 1

成分：水、滑石粉、水合硅石、山梨醇、月桂醇硫酸酯钠、纤维素胶、磷酸三钠、香精（薄荷脑）、椰油酰胺丙基甜菜碱、卡波姆、氟化钠、糖精钠、羟苯甲酯、羟苯丙酯、CI77891

牙膏 2

成分：山梨醇、水合硅石、去离子水、聚乙二醇、甘油、月桂醇硫酸酯钠、香精、纤维素胶、焦磷酸四钠、糖精钠、苯甲酸钠、薄荷脑、CI77019、CI77891、CI15510 糖精钠、羟苯甲酯、羟苯丙酯、CI77891

牙膏 3

成分：二水合磷酸氢钙、去离子水、山梨醇、甘油、水合硅石、月桂醇硫酸酯钠、云南白药提取物、食用香精、纤维素胶、黄原胶、焦磷酸钠、糖精钠、苯甲酸钠、氨甲环酸

牙膏 4

成分：甘油、聚乙二醇－8、水合硅石、磷硅酸钠钙、椰油酰胺丙基甜菜碱、甲基椰油酰基牛磺酸钠、香精、CI77891、卡波姆、糖精钠、氟化钠（0.145％）

市售牙膏绝大部分为功效牙膏，这是消费者选择时注意的重点。功效牙膏一般要添加具有不同功效的添加剂，以增强美白、防龋、脱敏等功能。

牙膏中含有浓度超过 500 mg/L 的氟，即有一定的防龋功效。其防龋机理为：①通过在牙齿表面形成氟化物，降低牙釉质对酸的敏感性。牙釉质的主要成分为碱式磷酸钙（含量超过 90％，又称为羟基磷灰石），其与氟离子的反应方程式为 $Ca_{10}(OH)_2(PO_4)_6 + 2F^- \rightarrow Ca_{10}(PO_4)_6F_2 + 2OH^-$。碱式盐对酸是敏感的，而氟化后成为非碱式盐，对酸的敏感性就降低了。②氟化物可以在牙菌斑中富集，抑制细菌的进一步生成。③氟化物可以抑制某些酶或细菌的作用，减少引起龋齿的酸的产生。

最主要的防龋添加剂就是氟化合物，常用的有单氟磷酸钠、氟化钠及氟化亚锡。通常，牙膏的包装上会清楚标识氟含量，以 0.098％～0.145％的浓度较为常见，那我们是否有必要选用含氟牙膏呢？若有必要，又应选用含氟量为多少的牙膏呢？

在回答这个问题前，我们先了解一个基本知识。自然界中有机氟化物极少，但这并不意味着我们生活的环境中氟元素含量很少。氟元素在

地壳中的含量在所有元素中位列第 13 位，是极为丰富的卤族元素，其主要以萤石（CaF_2）、冰晶石（Na_3AlF_6）、氟磷灰石［$Ca_{10}(PO_4)_6F_2$］等形式存在。在不考虑含氟牙膏的情况下，饮用水是人体摄入氟的重要来源。

我国各地的氟含量情况差别较大，在二十多个省市有点状零散分布的高氟地区（大家可通过网络查询具体分布），存在高氟含量问题的地区主要是使用井水或地下水的原因。我国自来水中没有额外添加氟（港澳台除外），其含有的氟都是天然含量，且要求氟含量<1 mg/L。各地自来水的氟含量可通过当地的自来水公司官网查询。

以成都地区为例，查询方式为：

（1）进入成都市自来水公司官网。

（2）找到首页中的"水质公告"。

（3）点击进入"水质公告"栏目，可以在其中看到常规 9 项日检、

管网水常规 7 项半月检、出厂水和管网水常规 42 项月检、出厂水和管网水 106 项全分析半年检的水质指标的公示。氟含量不在常规 9 项日检、管网水常规 7 项半月检监测中，而在常规 42 项月检和 106 项全分析半年检的分析中。

（4）选择常规 42 项月检或 106 项全分析半年检，查看氟含量。例如，选择常规 42 项月检，点击查看最新数据。

高新区管网水 2020 年 6 月

发布时间：2020-7-3 阅读次数：481人次

生 活 饮 用 水 水 质 检 验 报 告 表

（常规指标）

评判标准：GB5749-2006

序号	项目	单位	标准限值	检验方法	检测结果
			1. 微生物指标		
1	大肠埃希氏菌	MPN/100 mL	不得检出	GB/T 5750.12-2006 (4.2)	未检出
2	总大肠菌群	MPN/100 mL	不得检出	GB/T 5750.12-2006 (2.2)	未检出
3	耐热大肠菌群	MPN/100 mL	不得检出	GB/T 5750.12-2006 (3.2)	未检出
4	菌落总数	CFU/mL	≤100	GB/T 5750.12-2006 (1.1)	0
			2. 毒理指标		
1	三氯甲烷	mg/L	≤0.06	GB/T 5750.10-2006 (1.2)	0.026
2	亚氯酸盐	mg/L	≤0.7	GB/T 5750.10-2006 (13.2)	<0.003
3	四氯化碳	mg/L	≤0.002	GB/T 5750.8-2006 (1.2)	$<1.5 \times 10^{-5}$
4	氟化物	mg/L	≤1.0	GB/T 5750.5-2006 (3.2)	0.10

我们可以在生活饮用水水质检验报告表的最后一行数据看到，氟含

量为 0.10 mg/L。需要注意的是，最好查看几年里不同季节的数据，这样得出的一个地区的氟含量范围就是较为准确的。总体上，成都属于低氟地区，可以放心使用含氟牙膏，但不要误吞。

你可以马上动手查询一下，看看自己生活的地方自来水的氟含量是多少。图 3-16 所示是某地区自来水检测报告，其中氟化物含量为 0.971 mg/L。

样 品 来 源	水厂水源水	送 样 人	
样 品 数 量	1000 ml×1 桶、250 ml×1 瓶	主要仪器	原子吸收
检 测 依 据	GB5750-2006	供水类型	集中式

检测结果

监测指标	结 果	限值
色度（铂钴色度单位）	<5	15
浑浊度（散射浑浊度单位）/NTU	0.90	1
臭和味	无	无异臭、异味
肉眼可见物	未见	无
pH	7.48	不小于6.5不大于8.5
铁/（mg/L）	<0.3	0.3
锰/（mg/L）	<0.1	0.1
氯化物/（mg/L）	140.6	250
硫酸盐/（mg/L）	29.8	250
溶解性总固体/（mg/L）	804	1000
总硬度（以 $CaCO_3$ 计）/（mg/L）	318.4	450
耗氧量/（mg/L）	0.90	3
氨氮/（mg/L）	<0.02	0.5
氟化物/（mg/L）	0.971	1
砷/（mg/L）	<0.01	0.01
硝酸盐（以 N 计）/（mg/L）	<0.5	10
菌落总数/（CFU/mL）	9	100
总大肠菌群/（MPN/100 mL）	未检出	不得检出
耐热大肠菌群/（MPN/100 mL）		不得检出

（以下空白）

图 3-16 某地区自来水检测报告

值得注意的是，并不是高氟地区的人就一定不会有龋齿。近年来，关于氟中毒、氟斑牙的情况调查分析较多[36-39]。2020 年，陕西省地方病防治研究所地方性氟砷中毒防研室选择了 6 个县区水氟含量不同的村的所有 8～12 周岁共计 1021 名儿童进行氟斑牙和龋齿检查，调查结果见表 3-4[40]。

表 3-4　陕西省水氟含量不同的区域 8～12 岁儿童氟斑牙和龋齿患病情况

水氟含量 / (mg·L^{-1})	调查 人数/人	氟斑牙		龋齿	
		检出人数/人	检出率/%	检出人数/人	检出率/%
<0.5	182	17	9.34	65	35.71
[0.5, 1.0)	297	47	15.82	63	21.21
[1.0, 1.2)	116	37	31.90	18	15.52
[1.2, 2.0)	224	120	53.57	16	7.14
[2.0, 3.0)	178	132	74.16	26	14.61
≥3.0	24	19	79.17	10	41.67

思　考

· ·

从上述调查数据中，你可以分析出什么信息？得出什么推论？

　　上述调查结果表明，水氟含量与氟斑牙检出比例正相关，说明自来水中的氟是人体重要的摄入来源，但不是唯一来源，因为水氟含量小于 0.5 mg/L 的地方也有接近 10% 的氟斑牙检出率。比如，茶叶就是人体摄入氟的另一来源，茶叶中的氟含量远高于其他植物[41]。需要注意的是，不同茶叶的氟含量差异较大[42]。此外，随着水氟含量的升高，龋齿检出率先降低后升高，这表明一定量氟的有助于预防龋齿，但龋齿的产生还与饮食习惯、口腔清洁习惯等相关，不能简仅仅依靠氟来预防。这也是表 3-4 中水氟含量在 1.2～2.0 mg/L 的地方仍有 7.14% 的龋齿检出率的一个原因。

　　前文中曾提出一个问题：普通人在日常生活中会接触到氟吗？需要关注氟吗？看到这里，我相信你已经有答案了。简单总结一下，我们需要关注以下情况：了解当地氟含量，根据情况选择不用含氟牙膏，或者间歇性或长期性地选用一定量的含氟牙膏；在使用不粘锅时，注意硬物和温度；使用含氟药物时，关注使用注意事项（其实对任何药物都应该如此）；长期大量饮茶要关注牙齿的变化。

参考文献

[1] 蔡善钰. 元素周期表的创立及其三次重要拓展——纪念门捷列夫周期表发表 150 周年 [J]. 物理，2019，48 (10)：625-632.

[2] 李淑妮，翟全国，蒋育澄，等. 元素周期表与化学教育——纪念门捷列夫元素周期表发表 150 周年 [J]. 大学化学，2019，34 (12)：2-7.

[3] Ball P. Extreme chemistry：experiments at the edge of the periodic table [J]. Nature，2019，565 (7741)：552-555.

[4] Springer Nature Limited. Anniversary celebrations are due for Mendeleev's periodic table [J]. Nature，2019，565 (7741)：535.

[5] Raeder S, Ackermann D, Backe H, et al. Probing Sizes and Shapes of Nobelium Isotopes by Laser Spectroscopy [J]. Physical Review Letters，2018，120 (23)：140-145.

[6] The office website of the Nobel Prize. The Nobel Prize [EB/OL]. [2020-12-21]. https：//www. nobelprize. org/prizes/chemistry/1906/moissan/facts/.

[7] Balz G，Schiemann G. Aromatic fluorine compounds. I. A new method for their preparation [J]. Chemische Berichet，1927，60：1186-1190.

[8] Banks R E, Tatlow J C. Synthesis of C⫫F bonds：the pioneering years，1835—1940 [J]. Journal of Fluorine Chemistry，1986，33 (1-4)：71-108.

[9] The office website of the Nobel Prize. The Nobel Prize [EB/OL]. [2020-12-21]. https：//www. nobelprize. org/prizes/chemistry/1958/sanger/biographical/.

[10] 康菊清，王溢. DNA 的桑格测序法简介 [J]. 中学生物教学，2016 (0)：48-51.

[11] 吴志强. 造就诺贝尔奖神话的科学巨人：弗雷德里克·桑格 [J]. 生命世界，2015 (9)：86-93.

[12] 谢兆辉. 生物化学大师——弗雷德里克·桑格 [J]. 生物学通报，2008，

43（10）：61-62.

[13] Walker J. Frederick Sanger (1918—2013)［J］. Nature，2014，505 (7481)：27.

[14] 一个蛋白质的合成——50 年前中国科学家完成的一项震动世界的"诺奖级"工作［N］. 文汇报，2015-09-13 (7).

[15] 黄维垣. 中国有机氟化学研究［M］. 上海：上海科学技术出版社，1996.

[16] 王海，程文海，周涛涛，等. 含氟低介电常数有机材料研究进展［J］. 有机氟工业，2020 (2)：30-34.

[17] Monde K，Miura N，Hashimoto M，et al. Conformational analysis of chiral helical perfluoroalkyl chains by VCD［J］. Journal of the American Chemical Society，2006，128 (18)：6000-6001.

[18] Fournier J A，Bohn R K，Montgomery J A，et al. Helical C_2 structure of perfluoropentane and the C_{2v} structure of perfluoropropane［J］. The Journal of Physical Chemistry A，2010，114 (2)：1118-1122.

[19] Harano K，Takenaga S，Okada S，et al. Conformational analysis of single perfluoroalkyl chains by single-molecule real-time transmission electron microscopic imaging［J］. Journal of The American Chemical Society，2014，136 (1)：466-473.

[20] Jang S S，Blanco M，Goddard W A，et al. The source of helicity in perfluorinated N-Alkanes［J］. Macromolecules，2003，36 (14)：5331-5341.

[21] 鹄洪，黄兆和，柴正祺，等. 超共轭与立体电子效应［J］. 大学化学，2017，32 (1)：84-105.

[22] Wu J I C，Schleyer P R. Hyperconjugation in hydrocarbons：not just a "mild sort of conjugation"［J］. Pure and Applied Chemistry，2013，85 (5)：921-940.

[23] Dou J H，Zheng Y Q，Yao Z F，et al. Field-Effect Transistors：A cofacially stacked electron-deficient small molecule with a high electron mobility of over 10 cm^2 $V^{-1}s^{-1}$ in air［J］. Advanced Materials，2015，27 (48)：8051-8055.

[24] Schwarze M，Tress W，Beyer B，et al. Band structure engineering in organic

semiconductors [J]. Science，2016，352 (6292)：1446-1449.

[25] Li Z K，Jiang K，Yang G，et al. Donor polymer design enables efficient non-fullerene organic solar cells [J]. Nature Communications，2016，7：13094.

[26] Wang J L，Liu K K，Yan J，et al. Series of multifluorine substituted oligomers for organic solar cells with efficiency over 9% and fill factor of 0.77 by combination thermal and solvent vapor annealing [J]. Journal of the American Society，2016，138 (24)：7687-7697.

[27] 黄萍. ETFE 薄膜与膜结构建筑 [J]. 国外塑料，2008，36 (6)：24-28.

[28] Fried J，Sabo E F. 9α-fluoro derivatives of cortisone and hydrocortisone [J]. Journal of the American Chemical Society，1954，76 (5)：1455-1456.

[29] Mullard A. 2018 FDA drug approvals [J]. Nature Review Drug Discovery，2019，18 (2)：85-89.

[30] Pan Y. The Dark Side of Fluorine [J]. ACS Medicinal Chemistry Letters，2019，10 (7)：1016-1019.

[31] 程月发. 全身用氟防龋的危害性研究进展 [J]. 西安医科大学学报，1995，16 (1)：85-88.

[32] Lee G H，Pang H N，McGrath C，et al. Oral health of Hong Kong children：a historical and epidemiological perspective [J]. Medical Journal，2016，22 (4)：372-381.

[33] Twetman S，Axelsson S，Dahlgren H，et al. Caries-preventive effect of fluoride toothpaste：a systematic review [J]. Acta Odontol Scand，2003，61 (6)：347-355.

[34] Singh A，Purohit B M. Caries preventive effects of high-fluoride vs standard-fluoride toothpastes-a systematic review and meta-analysis [J]. Oral Health & Preventive Dentistry，2018，16 (4)：307-314.

[35] 中华人民共和国国家卫生计划生育委员会. 使用含氟牙膏防龋是安全、有效和经济的方法 [EB/OL]. [2021-12-21]. http：//www.nhc.gov.cn/wsb/pwsyw/200804/26017.shtml.

[36] 李秉政，王正辉，尉红，等. 2018 年山西省饮水型地方性氟中毒监测分析 [J]. 疾病预防控制通报，2019，34（4）：33-35，49.

[37] 董璐，姚培杰，李平，等. 2018 年西安市饮水型氟中毒病区防治现状及儿童氟斑牙病情调查 [J]. 中华地方病学杂志，2020（1）：42-46.

[38] 向杰，涂青云，覃玉，等. 地方性氟中毒病区儿童总摄氟量调查分析 [J]. 中国临床研究，2020，33（5）：690-692，696.

[39] 闫雪，伊哲. 高氟饮水与学龄期儿童青少年氟斑牙发病的相关性 [J]. 中国卫生工程学，2020，19（3）：347-349.

[40] 范中学，李晓茜，李跃，等. 陕西省饮水氟含量与儿童氟斑牙和龋齿关系的调查 [J]. 中华地方病学杂志，2020（5）：344-346.

[41] 张勇，徐平，王岳飞. 茶叶氟富集与控制研究进展 [J]. 中国茶叶加工，2014（1）：40-45.

[42] 李张伟，高润芝. 5 种茶类茶叶中氟含量及茶氟浸出规律的试验研究 [J]. 江苏农业科学，2011，39（6）：510-512.

第四讲

发丝中的化学世界：二硫键的打开与重构

头发，个人形象与气质的窗口

"乌云巧挽盘龙髻"！一位婀娜多姿的美丽女子的形象跃然纸面。

自古以来，头发就对人们的形象至关重要。水润亮泽的头发是健康与美的标志之一，具有独特的社会心理功能。毛发是哺乳动物的重要特征，具有保护、温度调节等功能。其主要成分是蛋白质，占毛发质量的65％～95％。

往事越千年，除文字、图画、骨骼外，我们也可以通过对古人头发的检测，回溯湮灭在历史长河中的细节。骨骼可以存放非常久，原因是其主要由无机物组成，对于这一点大家都没有任何疑问。但主要成分是有机物的头发，又为何拥有极稳定的物理、化学性质呢？

让我们先从熟悉的蛋白质——胰岛素说起吧。胰岛素是人类探索生命奥秘的敲门砖。围绕胰岛素的研究工作，如它的发现、结构研究、医疗作用研究、生理功能研究等，每次都震动全世界，并由此诞生了多项诺贝尔奖。例如，桑格便因于 1955 年解析出了胰岛素的分子结构而荣膺 1958 年的诺贝尔化学奖（见第三讲）。胰岛素是由 A、B 两条肽链构成的蛋白质，桑格确认了 A 链的 21 个氨基酸及 B 链的 30 个氨基酸的组成序列，以及 A、B 两条链间的两个 S—S 键和 A 链上一个 S—S 键的位置（图 4-1 链间线段部分）。

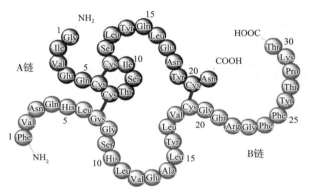

图 4-1　胰岛素的一级结构

其实，桑格的研究工作也是站在前人的肩膀上完成的，因为那时人们已经明确了各种氨基酸的结构。美国生物化学家文森特·迪维尼奥（Vincent du Vigneaud，1901—1978，图 4-2），就是"前人"之一。他对生物体中的含硫化合物特别感兴趣，其博士论文就是关于胰岛素中的硫的研究。1928 年，他从结晶胰岛素中分离出了一种纯的含硫氨基酸——胱氨酸（图 4-3）。此后，他开展了很多含硫生物分子的研究（包括谷胱甘肽的合成），还合成了一种含 8 个氨基酸的多肽——催产素。因为在重要的含硫生

图 4-2　文森特·迪维尼奥

物化合物方面的杰出工作，以及首次实现催产素的人工合成，文森特获得了 1955 年的诺贝尔化学奖[1]。

　　硫是构成生物体必不可少的元素，在组成蛋白质的 20 种 α-氨基酸中，含硫氨基酸有半胱氨酸和蛋氨酸（图 4-3）。胱氨酸是由两个半胱氨酸构成的，其中的 S—S 键对生物体特别重要。S—S 键也称二硫键，是 2 个半胱氨酸的巯基（—SH）被氧化后形成的键。很多功能化合物中都有二硫键，如大家熟悉的大蒜素（图 4-3）。有生活常识的人都知道，生吃新鲜大蒜的话，最好先进行物理破碎，这样大蒜中的蒜氨酸才能在空气中氧气的帮助下生成具有广谱抑菌作用的大蒜素。S—S 键存在于许多蛋白质中，如我们已经提到过很多次的胰岛素，对蛋白质的立体结构和生物活性起着重要作用。头发中蛋白质含量高，且含硫氨基酸半胱氨酸含量较高，故头发与身体其他组织和器官中的蛋白质有显著差别，这与 S—S 键有重要关系。

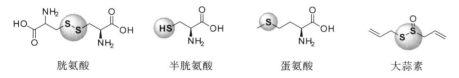

胱氨酸　　　　　半胱氨酸　　　　　蛋氨酸　　　　　大蒜素

图 4-3　胱氨酸、半胱氨酸、蛋氨酸和大蒜素的结构式

　　对人类而言，头发是健康与美的标志之一。拥有一头柔顺光泽的秀发是无数人向往的，倘若能进一步拥有适合自己的头发颜色和形状，将极大地提升自身形象和气质。若想做到这一点，则不仅需要对头发结构、功能有正确认识，也需要对自身头发特点有正确判断，还需要对洗发、护发等所用化学品的成分有足够了解，对其功能、功效有合理预期。只有将三者结合起来，才能从科学的角度对洗发、护发等产品做出理性的选择，从而获得最佳使用效果。

令人叹为观止的毛发结构

　　毛发分为皮肤外的毛干与皮肤内的毛根两大部分。毛干由外到里分别为毛表皮、毛皮质、毛髓质（图4-4）。

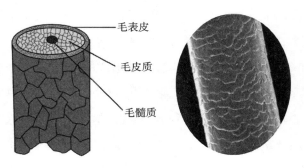

图4-4　毛干结构示意图及毛干表面鳞片结构

毛表皮

毛表皮的外观呈鱼鳞片状（图4-4），包裹着毛发内部的结构。它由5～10层硬质扁平角质细胞交错重叠而成。每层角质细胞就是一个鳞片，厚度为 0.5～1 μm，其约1/6的面积是裸露在毛干表面的。每层角质细胞间是细胞膜复合体（Cell Membrane Complex，CMC），它是相邻细胞的细胞膜原生质和细胞间质所组成的整体。CMC的中间富含蛋白质和多糖，周围含脂质，其中最常见的是18-甲基二十酸（其结构式如图4-5中的长链脂肪酸所示）。

毛表皮中的每一层角质细胞又分为三层[2-7]：A层、外表皮层和内表皮层（图4-5）。A层最外面是脂肪酸分子的单分子层，主要为18-甲基二十酸（约70%），其通过酯键或硫酯键连接到A层中的蛋白质上。18-甲基二十酸与CMC周边脂质相同，能很好粘结在一起，且共同构成头发表面疏水脂质部分，是头发表面保持润滑及光泽的重要成分。A层中与最外层疏水脂质相连的蛋白质具有非常致密的结构。蛋白质是由肽链构成的，肽是氨基酸分子间通过—NH_2和—COOH脱水所形成的酰胺键（—CONH—，常称作肽键）相连而成的一类化合物。2个氨基酸脱去一分子水形成的酰胺称为二肽，3个氨基酸形成的肽称为三肽，不超过 10 个氨基酸形成的肽称为寡肽（或低聚肽），10 个以上氨基酸形成的肽称为多肽。A 层中半胱氨酸的含量约为 30％，外表皮层中半胱氨酸的含量约为 15％，而内表皮层中半胱氨酸的含量（约为 3％）则进一步减少，但含有可以和钙离子结合的蛋白质 S100A3[8]。由于半胱氨酸间可形成 S—S 键，因此半胱氨酸含量高的 A 层和外表皮层中的肽链间可通过 S—S 键进行交联（图 4-5），使得蛋白质刚性和稳定性大大提高。而内表皮层中半胱氨酸的含量较低，S—S 键的密度低，故能保留蛋白质的柔性。这样的结构使得角质细胞不但具有良好的刚性与稳定性，而且具有一定的柔韧性。

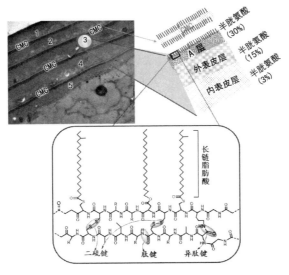

图 4-5　具有五层角质细胞的头发毛表皮横截面（层间为 CMC，
每层角质细胞都包含一个 A 层、外表皮层和内表皮层）

除二硫键外，蛋白质还可以通过异肽键（图 4-5）交联。在 20 种 α-氨基酸中，大部分分子都只含有一个 —NH₂ 和一个 —COOH，但还有少数氨基酸分子有两个 —NH₂（如赖氨酸和精氨酸）或 —COOH（如谷氨酸和天门冬氨酸）（图 4-6）。而这类含有两个 —NH₂ 或 —COOH

的氨基酸除能通过酰胺键（肽键）形成蛋白质的主链结构外，还可以通过在肽链间形成酰胺键（异肽键）来获得交联。由于在 A 层蛋白质中，谷氨酸、精氨酸等氨基酸的含量显著高于普通蛋白质，故 A 层蛋白质还能在一定程度上通过异肽键获得交联，这同样能加强蛋白质的刚性和稳定性。

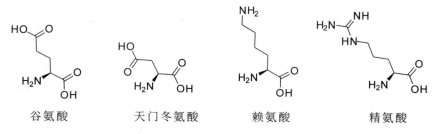

图 4-6　谷氨酸、天门冬氨酸、赖氨酸、精氨酸的结构式

　　基于毛发的独特结构，尽管毛表皮很薄，总厚度为 $2.5 \sim 10~\mu m$，仅占整个头发厚度的 10%～15%，但其仍具有优良的刚性、稳定性和一定的柔性。2020 年，剑桥大学的科学家使用原子力显微镜-红外光谱（Atomic Force Microscopy-Infrared Spectroscopy，AFM-IR）研究了人类毛鳞片的纳米级形貌和化学结构[9]。AFM-IR 将原子力显微镜与可调谐的红外激光相结合，规避了传统红外光谱的衍射极限，有助于以高分辨率进行表面光谱分析。利用这种技术，人们探测出了单个表皮细胞层内的蛋白质二级结构和脂质含量，以及特定的氨基酸残基（如胱氨酸的）。该研究在不破坏头发样品的情况下，直接观察到了头发每一层中的蛋白质、脂质和胱氨酸组成的变化，以及每一层的尺寸，实证了之前关于毛表皮具有"一层又一层"结构的研究结论。

　　毛表皮优良的稳定性主要来自其高密度的二硫键和一定量的异肽键所构成的蛋白质交联网络。此外，氢键、离子键等非共价键分子间的作用也对形成稳定的网状蛋白质结构具有一定贡献。稳定、刚性、致密的蛋白质网络可以削弱常见外界环境对头发的影响。

　　毛表皮中游离或键合的脂质会影响毛发外观，含量过少会使头发干枯、打结等，而这正是可以使用化学品进行改善的地方。

毛皮质

　　毛皮质约占毛发成分的 80％，是头发的主要组成部分。其基本结构是皮质基元，皮质基元由大纤维构成，大纤维由小纤维构成，而小纤维则由细小的原纤维集成（图 4-7）。这些大小纤维均呈螺旋状排列，原纤维中含微纤维蛋白和基质蛋白，微纤维中半胱氨酸含量约为 6％，基质蛋白中半胱氨酸含量约为 21％。整体而言，毛皮质中半胱氨酸含量为 16％～18％，而普通蛋白中半胱氨酸仅含 2％～4％。故毛皮质同样能在肽链间形成 S—S 键，从而增强蛋白质刚性，保证头发具有一定的抗张强度。原纤维的细胞间同样含有 CMC，因此毛发中间也含有一定量的脂质。

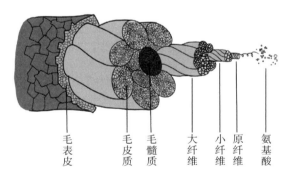

毛表皮　　毛皮质　毛髓质　　大纤维　小纤维　原纤维　氨基酸

图 4-7　毛皮质纤维结构

　　此外，纤维质细胞中含有黑色素体[3]，其中的麦拉宁色素（melanin）决定了头发的颜色。中国人的头发为黑色，是因为真黑色素（eumelanin）较多；欧洲、美洲白人的头发为棕色，则是真黑色素较少的缘故。还有人的头发为黄色或红棕色，是因含有较多褐黑素（pheomelanin）。

整体而言，毛皮质决定了你头发的颜色、粗细和弯直，而依靠科学手段，头发的颜色和弯直都可以根据你的需要进行改变。

毛髓质

毛髓质位于头发的中心，呈蜂窝状排列。它内部有无数个气孔，这些洞孔具有隔热、降低头发重量的作用，但一般认为其对头发机械性能的贡献微不足道。某些纤细的毛发可能没有毛髓质结构，毛髓质与毛皮质一起决定了头发的粗细。

思 考

有机材料的稳定性是否一定不好？毛发的结构对材料设计有什么借鉴意义？

毛根

毛发在皮肤内的部分称为毛根。毛根旁有立毛肌，当身体感到寒冷时，立毛肌收缩，产生"鸡皮疙瘩"。毛根旁还有皮脂腺，皮脂腺的数量及其分泌量在很大程度上决定了皮肤和毛发的干或油。毛根下部是毛囊，是毛发生长最重要的部分。毛囊由毛乳头、毛基质、毛球组成[10-11]，与周边复杂的毛细血管网紧密相连（图4-8），并由毛细血管提供营养，让毛发不断生长。因

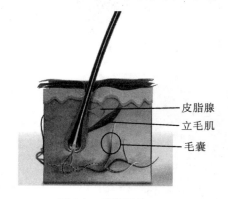

皮脂腺
立毛肌
毛囊

图 4-8　毛根结构

此，头发生长与身体健康状况密切相关。

毛发的生长具有一定周期，大致可分为成长期、静止期和退化期（图 4-9）。退化期中，毛发脱落有两种情况：①毛发脱落后，毛乳头、毛基质部分仍有活性，形成新的毛球，并开始新一轮的毛发生长，是毛发正常的新陈代谢。一般地，人体头发的数量为 10～15 万根，一天自然脱落 50～100 根是正常的，同时有等量头发再生。②毛发脱落后，毛乳头、毛基质部分活性消失，毛发不再生长。

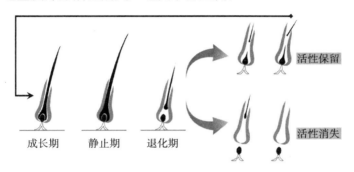

活性保留

活性消失

成长期　　　静止期　　　退化期

图 4-9　毛发生长周期

由于年龄的增长或者压力等因素，头发脱落后不再生长的情况时有发生，最终导致头发稀疏，甚至秃顶，这成为困扰很多人的问题。但科学界对此还没有足够的认识。2019 年，耶鲁大学的研究者发表的文章称可诱导毛囊生长[12]，有可能为这一问题的解决带来曙光。

毛囊的生成一般分为基板、毛胚芽、毛索、成熟毛囊四个时期：真皮细胞中一部分细胞凝结形成基板，然后诱导真皮细胞向下生长，形成毛胚芽（图 4-10）[3]。真皮凝结部分被更多生长的真皮细胞包裹，成为毛乳头，形成毛索，并由毛乳头开始毛发的生长。耶鲁大学的研究者就是揭示了真皮凝结的可能诱导形成途径。

整体而言，除主要成分蛋白质外，毛发还含有一定量的脂质、色素、水分和少量的微量元素。脂质和水分的含量决定了头发的润滑与光泽程度；色素的种类和含量决定了头发的颜色；微量元素的存在可以方便地鉴别人体曾经的物质摄入情况。

　　每个人的头发都有其特点，如头发数量、粗细、颜色、弯直、润枯等，这些特点主要与遗传因素有关，其中颜色和弯直可以根据自己的喜好进行改变，干枯问题也可以通过护理得到改善。

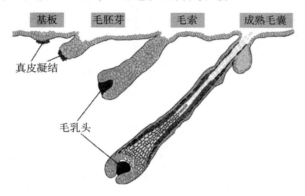

图 4-10　毛囊生成示意图

　　发用化学品很多，人们日常生活中常用的有以下几类：①洗发用化学品，能清洁头发，并留下美观舒适的感觉；②护发产品，能调理头发，改善其外观与感觉；③染发、烫发化学品，可改变头发颜色和造型。为让大家对这些化学品有更多了解，下面将进行逐一介绍。

飞扬的青丝：如何无"屑"可击

　　头发表面的脂质分为内源性脂质和外源性脂质（图 4-11）。内源性脂质是毛发结构本身含有的脂质，如毛表皮的 A 层，就含有以 18-甲基二十酸为主的脂肪酸脂质。外源性脂质是来自头皮皮脂腺的分泌物，含有角鲨烯、甘油三酯、脂肪酸等，当然也可能是护发产品带来的油脂。

　　除多余的脂质外，头发还会附有汗垢、脱落的头皮屑、空气中的灰尘等（图4-11），因而毛发需要定期清洁。头发的清洁频率需要根据个人情况来确定，除头发、头皮本身的性质外，也跟环境、运动等因素有关。笔者曾在学生中做过一次关于洗头发频率的调查（图4-12），当听到有人回答一周一次时，就有人不厚道地笑了，估计这些同学心里会想：怎么还有这么不讲个人卫生的人！当时我曾笑言，只要外观是清洁的，个人没有不适感，就可以不用清洗。油脂的异味、头皮屑的过快产生，大多都是因为细菌[13-14]。所以从某种角度来看，一周只需洗一次头发的其实比经常洗的干净，同时其发质也大概率比经常洗的同学的好。霎时，先前略带"嫌弃"的眼神变成了羡慕的目光！

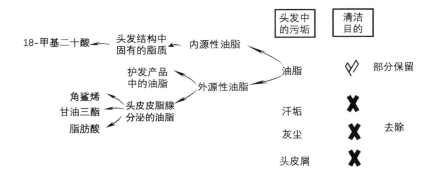

图 4-11　头发中的污垢及清洁目的

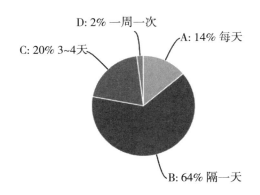

图 4-12　洗头发频率的调查结果

　　理想的头发清洁产品应具有良好的起泡性，适度的去污能力（过分脱脂并不利于保护头发），对皮肤和眼睛刺激性小，使洗后的头发干爽润泽、易于梳理等特点。根据需求还可以有去屑、止痒等功效。

　　洗发香波（又名洗发水）的主要成分有表面活性剂、增稠剂、螯合剂、赋脂剂、防腐剂、香精、色素及某些功能性成分（图 4-13）。表面活性剂、螯合剂是为清洁服务的；增稠剂、香精、色素是为外观服务的；赋脂剂，顾名思义，是给头发增加一定量的油脂。

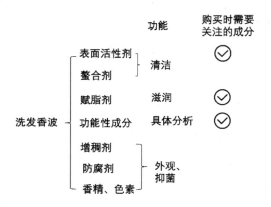

图 4-13　洗发香波的主要成分、功能及购买时需要关注的成分

　　关于表面活性剂的知识已经在第二讲中详细介绍过。赋脂剂是各类油脂。功能性成分则根据功效各有不同。以下仅以比较普遍存在的头皮屑问题为例，简要介绍洗发水中的去屑成分。

　　常用的去屑成分有：

◇ 吡硫鎓锌

◇ 吡罗克酮乙醇胺盐

◇ 氯咪巴唑

◇ 水杨酸

洗发水 1

成分：水、月桂醇聚醚硫酸酯钠、椰油基甜菜碱、乙二醇二硬脂酸酯、氯化钠、香精、CI14700、CI42090、PPG-5-鲸蜡醇聚醚-20、吡罗克酮乙醇胺盐、氢氧化钠、辛基十二醇、卡波姆、己基肉桂醛、瓜尔胶羟丙基三甲基氯化铵、透明质酸钠、苯甲酸钠、水杨酸、水杨酸苄酯、柠檬酸、芳樟醇、苯甲醇、CI169428

洗发水 1 的成分如框中所示，如果大家还记得第二讲中关于表面活性剂的介绍，可以很轻松地发现，这里有四种表面活性剂成分：月桂醇聚醚硫酸酯钠、椰油基甜菜碱、PPG-5-鲸蜡醇聚醚-20、瓜尔胶羟丙基三甲基氯化铵。前两种主要为清洁功能服务，后两种主要为调理功能服务。关注一下这里的功效成分：吡罗克酮乙醇胺盐、水杨酸。这是两种去屑成分。此外，我们可以看到此款洗发水里没有赋脂剂。因此，这是一款具有去屑功能、适合油性发质的洗发水。

洗发水 2

成分：水、月桂醇聚醚硫酸酯钠、椰油基甜菜碱、聚二甲基硅氧烷醇、吡硫鎓锌、丙二醇、聚二甲基硅氧烷、瓜尔胶羟丙基三甲基氯化铵、赖氨酸、HCl、甘油、薄荷醇、氯咪巴唑、人参提取物、互生叶白千层（茶树）叶提取物

洗发水 2 与洗发水 1 的表面活性剂成分基本是一致的，但去屑成分为吡硫鎓锌和氯咪巴唑，与洗发水 1 完全不同。如果你使用某种去屑洗发水效用不佳，可以在购买时关注下成分，换用去屑功效成分不同的洗发水。稍微提醒下，这款洗发水中含有聚二甲基硅氧烷醇、聚二甲基硅氧烷，即我们熟知的硅油，因而这是一款具有去屑、滋润功能的洗发水。

市场上洗发用的产品种类繁多，各种组合都有，通过成分比较，你可以更为快速地挑选到适合自己的洗发水。如果这些去屑产品还不能满

足你的需求，你可以尝试去药品店，购买具有去屑功能的药用洗发水，如"复方酮康唑发用洗剂""二硫化硒洗剂"等。但请记住，药用洗发水具有一定副作用，仅适合短期使用。

洗发水 3

成分：水、椰油酰甲基牛磺酸钠、月桂醇聚醚硫酸酯钠、椰油基甜菜碱、乙二醇二硬脂酸钠、丙二醇月桂酸酯、瓜尔胶羟丙基三甲基氯化铵、聚季铵盐-10、母菊花提取物、迷迭香叶提取物、双丙甘醇、山梨醇、柠檬酸、月桂酸、EDTA 二钠、丁二醇、苯甲酸钠、苯氧乙醇、香精

洗发水 3 的表面活性剂组合与前面略有不同。大家可以在购买洗发水时留意表面活性剂成分，看看与自己使用的是否有差异。如果没有，恭喜你，不用特别关注洗发水中的清洁成分啦。

整体而言，洗发水根据发质情况，分类越来越细。比如，针对头发油、头皮干，或头发油、头皮油，或头发干、头皮油，或头发干、头皮干，以及是否有头皮屑等情况均有相应的洗发水产品可以选用。但遗憾的是，大多数购买者还缺乏相关知识，因而在购买中难以做到科学合理的选择。

当窗理云鬓：秀发的护理

理想中，一头乌黑闪亮的秀发自然地披落下来，像锦缎——光滑、柔软。

现实里，一把长发只能扎起来，像枯草——黯淡、打结。

头发在理想与现实中的落差（图 4-14），常使人心生感叹！想要缩小二者间的差距，则先要了解毛发的受损原因。在科学的指导下，护理头发可事半功倍尔！

图 4-14　正常毛发（左）与受损毛发（右）

长发是需要进行护理的。

因为长期的日晒、洗涤和梳理[15-18]，均会不可避免地使头发受到损伤，所以如果不进行额外的护理，长发的发梢较发根部分发质明显要差些。如果还进行了直发、烫发、染发等处理，发质会进一步变差，特别是在润泽度方面。

闭上眼，回想一下头发的结构。如果想不起来，也没有关系，返回去看一下，清楚了再接着往下看。

在弄清了头发的结构的基础上，我们可以把头发损伤简单分为：①毛表皮（毛鳞片）掀起或缺损，致使头发表面粗糙度增加，容易缠绕；②毛发水分、油脂、蛋白质流失，致使头发暗淡无光泽，易毛躁。

头发毛躁与哪些因素有关？可如何改善呢？

头发的主要成分是蛋白质。前面我们提到头发蛋白质的一个特点是半胱氨酸含量高，所以头发性能稳定。相比其他组织或器官的蛋白质，头发蛋白质还有一个特点是酸性氨基酸（图 4-6）含量相对较高。

氨基酸分子中含有呈酸性的羧基（－COOH），呈碱性的氨基

（—NH₂），其存在多种可能的离子形式（图 4-15）：偶极离子、阴离子和阳离子。对酸性氨基酸来说，其在毛发正常 pH 下，主要以阴离子形式存在。若毛发蛋白质被破坏[19]，游离酸性氨基酸的数量增加，负电荷的密度随之增加，对应的排斥随之增强，自然就使头发毛躁。大家有兴趣的时候，可以玩玩静电球，看看极端情况下（超高电荷密度）头发间的排斥现象（图 4-16）。

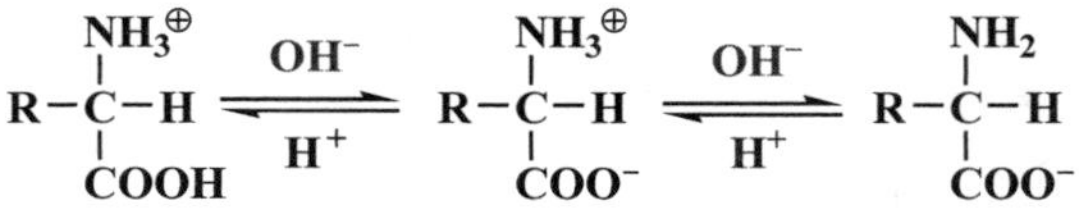

$$R-\underset{\underset{COOH}{|}}{\overset{\overset{NH_3^\oplus}{|}}{C}}-H \underset{H^+}{\overset{OH^-}{\rightleftharpoons}} R-\underset{\underset{COO^-}{|}}{\overset{\overset{NH_3^\oplus}{|}}{C}}-H \underset{H^+}{\overset{OH^-}{\rightleftharpoons}} R-\underset{\underset{COO^-}{|}}{\overset{\overset{NH_2}{|}}{C}}-H$$

阳离子　　　　偶极离子　　　　阴离子

图 4-15　氨基酸的离子形式

要解决这一问题，你可能会很容易想到利用正负电荷相吸引的基本原理。没错，就是利用阳离子表面活性剂。一方面，阳离子可以中和头发中的负电荷；另一方面，其结构中的长链烷烃可以降低头发表面的摩擦。所以，在护发素中，阳

图 4-16　静电球的威力

离子表面活性剂是非常重要的部分，可以削弱静电排斥并使头发润泽。

市场上有普通洗发香波，有洗护二合一洗发香波，还有护发素，应该如何选择呢？如果你的头发本身比较完美，可以仅使用普通洗发香波；如果是略有受损的短发，可以使用洗护二合一洗发香波；如果是受损长发，建议依次使用普通洗发香波和护发素。细心的你可能会发现，在所有护发素包装的使用说明上都有这样一段文字：避开发根，涂抹于发根中段直至发梢……为什么呢？这和护发素的成分相关。某护发素成分如下：

> **护发素**
>
> 　　成分：水、鲸蜡硬脂醇、山嵛基三甲基氯化铵、合成鲸蜡、野大豆油、香精、异丙醇、甘油、辛甘醇、苯甲酸钠、柠檬酸、季戊四醇四（双-叔丁基羟基氢化肉桂酸）酯、芳樟醇、己基肉桂醛、水杨酸苄酯、苯甲醇、棕榈酸异丙酯、肉桂酸异丙酯、水杨酸、透明质酸钠、库拉索芦荟提取物

　　护发素含阳离子表面活性剂、增稠剂、润滑剂、紫外吸收剂、保湿剂等。除1%～2%的季铵型阳离子表面活性剂外，护发素中含有相当数量的油脂成分，以补充头发流失的脂质。但发根及头皮是不需要这些油脂的，如果将护发素涂抹到发根和头皮上，反而会带来额外的困扰。示例护发素成分中的透明质酸钠和库拉索芦荟提取物均为保湿剂，将在第五讲皮肤保湿部分中具体讲解其原理与作用。

　　对受损较严重的头发，仅靠护发素是不够的，还可以使用精油补充头发油脂[20-21]，或使用水解蛋白、多糖、氨基酸或泛醇等能补充蛋白质或增加纤维强度和保持水分的深度护理产品。某润发精油成分如下：

> **润发精油**
>
> 　　成分：环五聚二甲基硅氧烷、聚二甲基硅氧烷、氢化聚异丁烯、棕榈油、香精、生育酚（维生素E）、红没药醇、棘阿干树仁油、蜂蜜、水、丁二醇、泛醇、丙二醇、蜂蜜提取物、甘油、椰油基葡萄糖苷、角蛋白、水解蜂蜜蛋白

　　与上述传统的补充型护发原理不同，埃里克·普雷斯利和克雷格·霍克受"点击化学"（Click Chemistry）的启发，于2014年发明了一种全新的护发方式[22]。"点击化学"是2001年诺贝尔化学奖得主卡尔·巴里·夏普利斯（Karl Barry Sharpless，1941—）提出的一种合成化学概念，象征反应的简单、高效和专一。"click"一词来源于汽车驾驶中深入人心的语言"Click it，or ticket it（不系安全带就吃罚单）"——汽车后排安全带搭扣有对应的接口，中间的不能扣到侧面安全带的接口

（专一），一旦对准，咔嗒一声，就可以牢固连接（简单、高效）。夏普利斯在 2019 年普利斯特里奖章颁奖典礼上的演讲中说，克雷格·霍克曾写信给他，说这一专利发明的灵感正是来自他 2002 年在悉尼关于点击化学的演讲。夏普利斯高度评价了利用—SH 与双键进行反应以修复头发这一点击化学引人入胜的应用。其原理是利用头发中游离的—SH 与专利中的双-氨基丙基二甘醇二马来酸酯化合物中的双键发生高效、专一的反应，降低游离的—SH 存在（图 4-17）。该专利认为其因游离的—SH 存在而引发的发质受损，特别是烫发、染发后的发质损伤，具有优良的修复作用。

图 4-17　全新护发原理：—SH 与双键间进行的点击化学反应

延伸阅读

2001 年的诺贝尔化学奖得主卡尔·巴里·夏普利斯在 2019 年普利斯特里奖章颁奖典礼上的演讲 "A simple life—finding function and making connections"（《简单的一生——寻找分子功能和链接》）。

烫发：二硫键的打开与重构

人类头发的几何形状与遗传基因密切相关，亚洲人的头发大多是直的，非洲人的头发大多是卷曲的，而欧洲、美洲人的头发则各种情况都有（图 4-18）。

图 4-18 不同人的头发先天卷曲程度不同

就像围城外的人想进城、围城里的人想出城一样，头发直的人想把头发变成卷曲的，头发卷的人想把头发变成直的，或者改变其卷曲程度。从古至今，爱美的人对头发的"折腾"就一直没有间断过。

早在古埃及时代，人们就尝试将潮湿的头发卷在木棒上，用黏土固定，然后在日光下晒干，这种烫发方法被称为黏土烫或水烫。后来，又出现用加热后的金属钳子烫发的方法，被称为火烫。对头发的热烫法就这样流传了千年，直到进入 20 世纪。1941 年，麦克多诺提出了新型烫发的专利，开启了冷烫剂烫发时代。

烫发制品是将天然直发或卷发改变为所期望发型的化妆品。

头发的弯直与蛋白质分子间的作用有关。蛋白质分子间的作用有氢键、离子键、范德华力、二硫键、异肽键等。前三者属于非共价键，作用力比较弱，如水烫就是利用这些作用力，其缺点是造型维持时间短，再遇水发型消失；二硫键、异肽键属于共价键，作用力比较强，造型维持时间长。

现有烫发剂之所以能获得永久定型，是因为其原理是利用了属于共价键的二硫键的打开与重构。

相比 C—C、C—N、C—O 键，S—S 键的键长更长，键能更小，因而是蛋白质分子间中共价键里比较弱的键，容易被还原成－SH。而－SH 又容易被氧化，恢复成 S—S 键。

烫发制品里用的还原剂常为巯基乙酸和巯基甘油[23]，氧化剂常为双氧水（过氧化氢）。这是两个不同的反应过程（图 4-19），所以烫发过程通常要使用两种药水（Ⅰ剂和Ⅱ剂），分两步进行：Ⅰ剂，也称软化剂，用于破坏头发中的部分 S—S 键；Ⅱ剂，也称定型剂，用于把游离的－SH 重新连接起来。

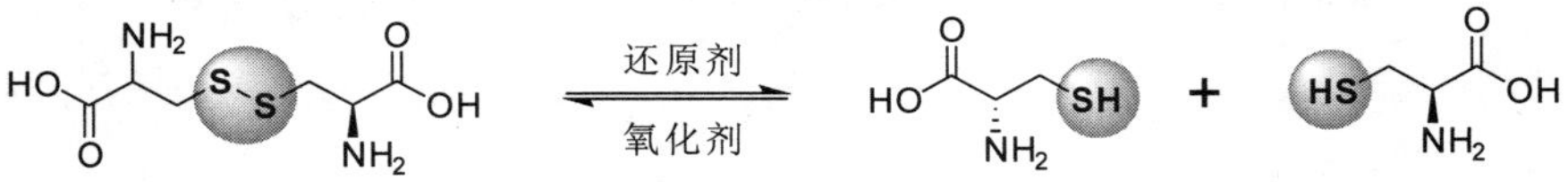

图 4-19　烫发时二硫键的打开和重构的反应原理

让我们先来看一看烫发剂的软化剂成分：

烫发剂的软化剂

成分：水、乙醇胺、鲸蜡硬脂醇、巯基乙酸、矿油、PPG-5-鲸蜡醇聚醚-20、碳酸氢铵、聚季铵盐-6、二硫代二甘醇酸二铵、二鲸蜡醇磷酸酯、香精、鲸蜡醇聚醚-10 磷酸酯、乙二胺四乙酸、刺阿干树仁油、2-油酰胺基-1，3-十八烷二醇、月见草油、油茶籽油、氢氧化铵

功能成分：巯基乙酸（图 4-20），可打破 S—S 键。配方中还有一种含硫化合物二硫代二甘醇酸二铵（图 4-20），这种化合物是巯基乙酸在打断 S—S 键后会形成的一种化合物。在配方中提前添加二硫代二甘醇酸二铵，可以延缓初始反应速度，延长烫发操作窗口。巯基乙酸及其盐在普通烫发剂（消费者可自行使用的）中的最大允许浓度为 8%，在专业用烫发剂（美发店等可使用的）中的最大允许浓度为 11%。

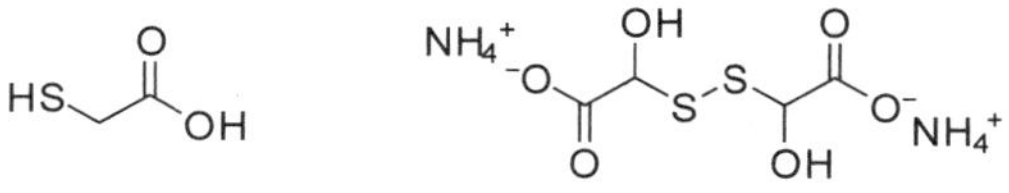

巯基乙酸　　　　　　二硫代二甘醇酸二铵

图 4-20　烫发剂中的含硫化合物

pH 调节剂：乙醇胺、碳酸氢铵、氢氧化铵是用来调节 pH 的。pH 环境会直接影响头发的溶胀，从而影响功能成分的渗入。有研究表明，在 27 ℃，pH≤8 时，巯基乙酸渗入头发的时间需要约 100 分钟；而当 pH 提高至 10 时，其渗入头发的时间仅需约 10 分钟[24]。因此，一般烫发剂的 pH 控制在 7.0～9.5。

头发调理剂：示例烫发剂中有大量油脂类化合物，如鲸蜡硬脂醇、矿油、刺阿干树仁油、2-油酰胺基-1，3-十八烷二醇、月见草油、油茶籽油等，它们可弥补烫发过程对头发的损伤。

要长久改变头发的形状，仅打破原有的 S—S 键是不够的，还需要将其固定下来。因此还需要有第二步：S—S 键的重构。如图 4-21 所示，在烫发过程中，首先需要把头发卷曲起来，使其"软化"，即打破 S—S 键，清洗后，再进行第二步"定型"，即重构 S—S 键。因为外力使头发卷曲，重构的 S—S 键与最初的 S—S 键相比，相对应的氨基酸不同，是错位相连（图 4-21），所以可永久地改变头发的形状。这个形状与卷曲的工具相关，可以产生不同程度的弯曲效果，对形象有不同影响。

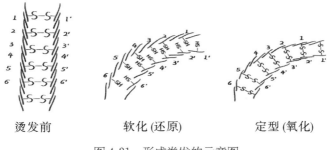

烫发前　　　　　软化 (还原)　　　　　定型 (氧化)

图 4-21　形成卷发的示意图

我们再来看一看烫发剂的定型剂成分：

> 烫发剂的定型剂
>
> 成分：水、过氧化氢、椰油胺氧化物、磷酸、聚季铵盐-6、西曲氯铵、羟苯甲酯、香精、芳樟醇、己基肉桂醛、苧烯、香茅醇

相对软化剂，定型剂成分比较简单，主要功能成分是过氧化氢，其作为氧化剂，使游离的－SH再互相连接成S—S键。此外，相对其他产品而言，定型剂中含有较多的香精，以期遮盖软化剂中残留的巯基乙酸及胺类化合物的气味。

了解了烫发剂的成分，回到大家都关心的问题：可以烫发吗？会牺牲健康吗？

在目前的科学认知中，烫发产品对人体的健康性和安全性是有相当保证的，但也并不是绝对的。主要的问题在巯基乙酸上。巯基乙酸是无色有刺激性气味的液体，化合物（在纯化合物情况下）对老鼠的口服急性毒性数据 LD_{50} 为 250 mg/kg，是有毒性物质，易经皮肤吸收造成皮肤损伤、过敏等症状并影响机体代谢，在烫发剂中的添加量不得超过11％。北京市药品检验所曾对市售48批烫发类产品的巯基乙酸进行检查，产品中最高含量为 10.8％[25]，表明其含量均符合要求。

在选用合格产品且规范使用的情况下，目前并没有烫发产品与某些疾病直接关联的证据。在实际选用时，要注意以下两点：

首先，一定要选用合格产品，注意在正规渠道购买。国家药品监督管理局网站上会不定期公布抽查的不合格产品，如2020年3月17日发布了一批不合格化妆品的通告，我们可以看到不合格的染发、烫发产品赫然在列。大家在购买这类产品前一定要多加了解，在正规渠道购买。

国家药监局关于34批次不合格化妆品的通告（2020年 第21号）

在国家化妆品监督抽检工作中，经新疆维吾尔自治区食品药品检验所等单位检验，标示为广州贝嘉欣化妆品有限公司等13家企业生产的贝嘉欣染发膏（红色系）（蜂蜜茶 N5-43）等19批次染发类产品，广州市晨红达精细化工有限公司等6家企业生产的晨红达烫发液（热敷型）（欧贝国际健康动感魔幻裂花烫）等12批次烫发类产品，广州埃露尔化妆品有限公司生产的HIGHFREETM 茜芙蓝芦荟茶保湿洁面乳,1批次护肤类产品，广州陶涂生物科技有限公司等2家企业生产的JOYAN 娇妍物语 益母草黑姬撤撤面贴膜等2批次面膜类产品不合格（见附件）。

上述不合格产品相关企业均违反了《化妆品卫生监督条例》等相关法规规定。国家药品监督管理部门要求北京市、上海市、广东省药品监督管理部门按实际依法督促相关生产企业对已上市销售的有关产品及时采取召回等措施，立案调查，依法严肃处理；要求河北、山西、内蒙古、浙江、安徽、江西、河南、广东、广西、四川、甘肃、青海、新疆（省、自治区）药品监督管理部门责令相关经营单位立即采取下架等退城控制风险，对发现的违法行为，依法予以查处。上述省级药品监督管理部门自通告发布之日起3个月内公开对相关企业或单位的处理结果，调查处理情况及时在国家化妆品抽检信息系统中填报。

其次，一定要规范使用。如果你从来没有使用过这类产品，一定要注意按照包装上的使用说明先进行过敏性测试。如果过敏，一定不能使用。但遗憾的是，大家对这一点重视不够，媒体报道的烫发安全问题中有不少属于过敏问题。现在，过敏人群比例较以往明显升高，因此一定要对此高度重视。令人不解的是，曾有新闻报道，有人明知自己对烫发剂过敏还去烫发，这是对自己非常不负责任的行为。

烫发产品可能产生的危害主要是其经过皮肤吸收后进入人体内所产生的。因此，减少皮肤接触是提高烫发安全性的重要措施。需要提醒的是，如果皮肤有任何破损、红肿情况，不要进行烫发。虽然皮肤本身有相当强的化学屏障功能，可以减少经过皮肤吸收化合物，但在红肿状态下，这种屏障功能被大大削弱，而在破损的情况下，化合物甚至可以直接进入血液系统，导致危险性大大提升。

由此可知，规范的使用是以不过敏、皮肤正常为前提，使用过程中尽量少接触头皮。

看到这里，你可能已经明白了烫发对人体健康和安全方面所能造成的影响，它们是可以避免的。但有一个危害则是很难避免的，就是烫发对发质有一定损害[26]。碱性条件下的烫发过程，对蛋白质结构的破坏是难以避免的，严重的甚至会出现蛋白质的流失，因而毛鳞片通常会出现破损或空洞，使头发出现干枯等问题。

要减少对发质的损害，对头发的折腾要有度。俗话说："病来如山倒，病去如抽丝。"烫发对头发的损害，就好比生病一样快而猛；而通过护理来弥补烫发对发质的损害，则好似病愈一样十分缓慢。

好消息是，近年来新型烫发剂的研发已经有些进展，比如，发现了使用半胱氨酸为功效成分的烫发剂。半胱氨酸是人体本身就有的氨基酸，因此其产品的健康性与安全性比巯基乙酸产品有明显改善，但其稳定性和卷曲能力目前尚不如巯基乙酸产品。此外，也有研究结果显示，可通过产品配方的优化，减少烫发对发质产生的不利影响。前述新型护发原理的产品也已经进入市场，相当多的用户是认可其对因烫染而受损的头发的修护能力。

随着科学的发展，相信未来一定会有更健康、更安全、更可靠的，同时对发质影响也较小的烫发产品被研发出来，让我们可以更放心地用其来改变个人形象。

染发：头发颜色的重塑

古代的波斯人、希腊人、罗马人、中国人、印度人都曾利用染发剂改变头发颜色。古埃及人曾利用散沫花染发，罗马人曾用乙酸铅染出棕色或棕黑色头发，中国人则开发出了大量天然中药染发方剂[27]。

1874 年，施罗特利用过氧化氢使头发颜色变浅。1883 年，法国莫奈公司利用过氧化氢和对苯二胺混合物来染黑头发。这为现代染发剂的发展铺平了道路。

现今，市场上销售的染发剂种类繁多。从消费群体来看，其消费者主要分为两类：一是以老年人为主的银发消费群；二是以年轻人为主的黑发消费群。前者主要是使用染发剂将白发或花白发染为黑色，为传统染发；后者是使用染发剂将黑发漂染成棕色、金色、红色等流行色，为时尚染发。

　　根据染发后头发颜色耐受洗发的次数，将染发分为三类：暂时性染发、半永久性染发和永久性染发。

　　暂时性染发剂是一种只需要用洗发香波洗涤一次就可以除去头发上着色的染发剂。它一般使用分子量大的染料，其分子不能透过毛鳞片进入毛皮质，只能在毛表皮上形成着色覆盖层（图 4-22），从而易于清除。

　　半永久性染发剂一般指耐受 6～12 次（也有认定为 4～6 次的）洗发香波洗涤，且使用时不需要过氧化氢的染发剂。其使用的染料能部分透过毛表皮进入毛皮质（图 4-22）。

　　永久性染发剂可改变头发天然色泽，对普通洗发香波性质稳定，但不能改变新生头发颜色。其原理是使染料的前体材料（通常为苯胺和苯酚类小分子量化合物）进入毛皮质，随后在过氧化氢作用下发生氧化聚合，所生成的有颜色的染料分子，分子量较大，故不容易透过毛鳞片逸出，从而永久固定在毛发内（图 4-22）。

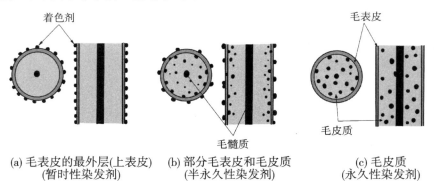

(a) 毛表皮的最外层(上表皮)　　(b) 部分毛表皮和毛皮质　　　(c) 毛皮质
　　　　(暂时性染发剂)　　　　　　　(半永久性染发剂)　　　　　(永久性染发剂)

图 4-22　不同类型染发剂作用在毛发不同部位

　　市场上销售的染发剂以永久性染发剂为主。以时尚染发为例，其间同时发生了两类反应：一是利用过氧化氢把头发原有的黑色变浅；二是在毛发内，苯酚、苯胺类化合物在过氧化氢作用下，原位进行氧化反应生成新的染料大分子，给头发染上新的颜色。所以市场上销售的染发剂通常包含两部分：染膏（苯酚、苯胺类染料单体）和显色剂（过氧化氢部分）。为使这些功能成分进入头发，染发剂和烫发剂一样，需要在碱性条件下使用。

尽管染发剂包含两部分，但染发通常仅需一步就可完成，不像烫发要分为两步。这是因为漂白原有颜色和氧化生成染料是可以同时进行的。

染发的安全性如何呢？

我们以一些永久性染发剂染料基质配方为例[24]，通过表 4-1 中的成分来介绍。

表 4-1　永久性染发剂染料基质配方示例

成分	各颜色染发基质的质量分数/%			
	深棕色	浅棕色	红色	黑色
50％的十二烷基苯磺酸盐	14	14	14	14
椰油基二乙醇酰胺	9	9	9	9
C9～C11 烷醇聚醚-3	6	6	6	6
25％的氢氧化铵	6	6	6	6
亚硫酸钠	0.3	0.3	0.3	0.3
对苯二胺	0.4	—	—	0.4
邻氨基苯酚	0.3	—	—	0.3
对氨基苯酚	—	—	—	—
对甲氨基苯酚	—	0.4	0.4	—
间氨基苯酚	—	—	0.4	0.2
去离子水	64.0	63.9	63.9	63.9

染发剂的安全问题主要来自苯胺、苯酚类化合物。由表 4-1 可知，该染发剂使用到的主要化合物有对苯二胺、邻氨基苯酚、对氨基苯酚、

间氨基苯酚（图 4-23），其对应的大鼠口服急性毒性数据 LD_{50} 值分别为 80 mg/kg、951 mg/kg、375 mg/kg、1000 mg/kg，对甲氨基苯酚目前暂无毒理学数据。

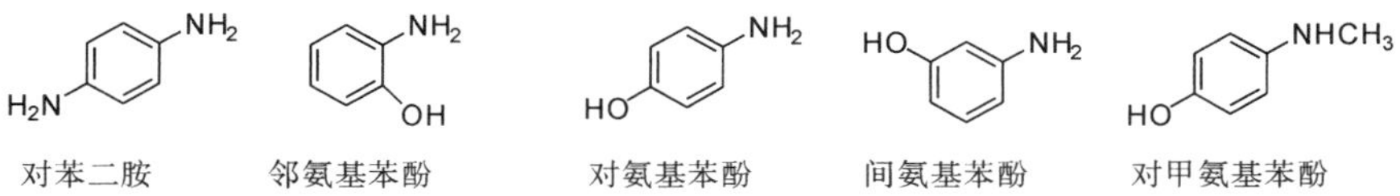

对苯二胺　　邻氨基苯酚　　对氨基苯酚　　间氨基苯酚　　对甲氨基苯酚

图 4-23　染发剂中常见染料单体的结构式

以其中毒性最大的对苯二胺为例，进一步的毒性数据为：人经皮，250 mg（24 h），轻度刺激；G3，对人及动物致癌性证据不足。在世界卫生组织的分类中，G3 属于三类致癌物，属于现有证据无法分级的化合物。请注意，这些是对苯二胺这一化合物本身的毒性数据。

由表 4-1 可知，苯胺、苯酚类化合物在染发剂中含量不高。从 20 世纪 80 年代起，人们就对染发剂的安全性开展了很多研究，结果发现细菌接触染发剂和过氧化氢等后会有变异发生，但给动物涂抹并未见致癌性。有研究调查了 176107 个病例（即用过染发剂的）和 379385 个对照（即没用过染发剂的），中国人和外国人都有，统计出的比值比（Odds Ratio，OR）为 1.01：1。也就是说，用过染发剂的和没用过染发剂的成年人，他们得白血病的可能性是一样大的（可以认为是 1.01：1，没有统计学差异）[28]。也有研究抽检了 12 种染发剂和烫发剂，分别采用家兔和豚鼠进行急性皮肤刺激性试验和皮肤变态反应性试验，结果均为阴性[29]。

因此，目前国际癌症研究机构把染发剂归入三类致癌物，与日常饮用的咖啡为同一分级。

请注意三类致癌物是"现有证据无法进行分类的物质"，因此使用时仍应遵循跟烫发剂一样的原则：购买合格产品，且规范使用。

从认识表面活性分子结构，到开发不同类型、不同结构表面活性剂应用于洗发护发，从认识生物体内的 S—S 键，到开发烫发产品以改变个人形象，直至新原理护发产品的应用，利用诺贝尔化学奖而开发的相关化学品的发展和应用极大地方便和改善了我们的生活。如今，科学探索仍然在路上。获得 2010 年诺贝尔奖的石墨烯属于功能强大的"明星"化合物，2018 年有报道称使用改性后的石墨烯可进行有效的头发染色，且没有发质损害[30]。让我们期待科学在未来给人类带来更美好、更自由的生活！

参考文献

[1] The office website of the Nobel Prize. The Nobel Prize [EB/OL]. [2020-12-21]. https：//www. nobelprize. org/prizes/chemistry/1955/vigneaud/facts/.

[2] Rogers G，Koike K. Laser capture microscopy in a study of expression of structural proteins in the cuticle cells of human hair [J]. Experimental Dermatology，2009，18 (6)：541-547.

[3] Cruz C，Costa C，Gomes A，et al. Human hair and the impact of cosmetic procedures：A review on cleansing and shape-modulating cosmetics [J]. Cosmetics，2016，3 (3)：26.

[4] Rogers G E. Known and unknown features of hair cuticle structure：A brief review [J]. Cosmetics，2019，6 (2)：32.

[5] Takahashi T. A highly resistant structure between the cuticle and the cortex of human hair. II. CARB，a penetration barrier [J]. International Journal of Cosmetic Science，2019，41 (1)：28-35.

[6] Morganti P，Li H Y. Innovation in cosmetic and medical science. The role of chitin nanofibrils composites [J]. Journal of Applied Cosmetology，2015，33 (1-2)：9-24.

[7] Smith J R，Tsibouklis J，Nevell T G，et al. AFM friction and adhesion mapping of the substructures of human hair cuticles [J]. Applied Surface

Science，2013，285，Part B：638-644.

［8］ Kizawa K，Takahara H，Troxler H，et al. Specific citrullination causes assembly of a globular S100A3 homotetramer-A putative Ca^{2+} modulator matures human hair cuticle ［J］. Journal of Biological Chemistry，2008，283（8）：5004-5013.

［9］ Fellows A P，Casford M，Davies P. EXPRESS：Nanoscale molecular characterisation of hair cuticle cells using integrated atomic force microscopy and infrared laser spectroscopy（AFM-IR）　［J］. Applied spectroscopy，2020：3702820933942-3702820933942.

［10］Schneider M R，Schmidt-Ullrich R，Paus R. The hair follicle as a dynamic miniorgan ［J］. Current Biology，2009，19（3）：R132-R142.

［11］Paus R，Cotsarelis G. The biology of hair follicles ［J］. The New England Journal of Medicine，1999，341（7）：491-497.

［12］Gupta K，Levinsohn J，Linderman G，et al. Single-cell analysis reveals a hair follicle dermal niche molecular differentiation trajectory that begins prior to morphogenesis ［J］. Developmental Cell，2019，48（1）：17-31. e6.

［13］金瑞涛，吴庆辉，李建树. 头皮生态与头发健康的相关性研究进展 ［J］. 中国医学创新，2019，16（5）：168-172.

［14］Kim J I，Son S K. Stable antimicrobial activity achieved via immobilization of quaternary ammonium chloride on hair ［J］. Biocontrol Science，2018，23（2）：71-76.

［15］Marsh J M，Mamak M，Wireko F，et al. Multimodal evidence of mesostructured calcium fatty acid deposits in human hair and their role on hair properties ［J］. ACS Applied Bio Materials，2018，1（4）：1174-1183.

［16］Takahashi T，Mamada A，Kizawa K，et al. Age-dependent damage of hair cuticle：Contribution of S100A3 protein and its citrullination ［J］. Journal of Cosmetic Dermatology，2016，15（3）：211-218.

［17］Richena M，Rezende C A：Morphological degradation of human hair cuticle due to simulated sunlight irradiation and washing [J]. Journal Photochemistry and Photobology B: Biology, 2016, 161: 430-440.

[18] Takahashi T, Mamada A, Breakspear S, et al. Age-dependent changes in damage processes of hair cuticle [J]. Journal of Cosmetic Dermatology, 2015, 14 (1): 2-8.

[19] Agarwal V, Panicker A G, Indrakumar S, et al. Comparative study of keratin extraction from human hair [J]. International Journal of Biology Macromolecules, 2019, 133: 382-390.

[20] 梁新宇, 赵文忠, 徐志远. 一种椰子油/硅油乳液对头发护理性能的研究 [J]. 日用化学品科学, 2020, 43 (6): 26-30, 42.

[21] Chang C L, Ho T H, Fang T H. Material characteristics of hair cuticles after hair oil treatment [J]. Sensors and Materials, 2017, 29 (11): 1589-1597.

[22] Pressly E D, Hawker C J. Methods for fixing hair and skin: AU2016202542 [P]. 20160512.

[23] Kuzuhara A. Internal structural changes in keratin fibres resulting from combined hair waving and stress relaxation treatments: A raman spectroscopic investigation [J]. International Journal of Cosmetic Science, 2016, 38 (2): 201-209.

[24] 裘炳毅, 高志红. 现代化妆品科学与技术 [M]. 北京: 中国轻工业出版社, 2016.

[25] 齐刘, 杨玲, 刘成浩, 等. 特殊烫发类产品中的巯基乙酸含量检测分析 [J]. 日用化学工业, 2019, 49 (7): 476-450.

[26] 冯晓. 烫发对女性头发损伤程度评价方法的研究 [D]. 上海: 复旦大学, 2013.

[27] 肖子英. 中国染发化妆品的发展趋势 [J]. 日用化学品科学, 2000, 23 (4): 15-18.

[28] 嵇红, 朴松林, 蓝绍颖. 染发剂的使用与成人白血病关系的 Meta 分析 [J]. 现代预防医学, 2008, 35 (15): 2844-2846.

［29］庄宛，黄宏南，王鹭骁，等．进口染发剂烫发剂的皮肤刺激和变态反应及联合作用研究［J］．海峡预防医学杂志，2011，17（3）：50-51．

［30］Luo C，Zhou L Y，Chiou K，et al. Multifunctional graphene hair dye［J］．Chem，2018，4（4）：784-794．

第五讲

人体肌肤的锁水密钥：从水通道蛋白谈起

细胞膜水通道之谜

水，是生命的源泉，是生命体不可或缺的组成部分。每时每刻，生命体内都在发生无数的反应，它们基本都在水介质中完成。生命体内，细胞膜把细胞隔出内外两片天地。长期以来，科学家就知道细胞膜能够帮助细胞完成内外物质的交换。

司空见惯的水，肯定能在细胞膜上进进出出。曾经，人们普遍认为，水分子是通过简单扩散进出细胞膜的，直到一位科学家的发现纠正了这一延续多年的错误。

这位科学家就是 2003 年的诺贝尔化学奖获得者——美国分子生物学教授彼得·阿格雷（Peter Agre，1949—，图 5-1)[1]。他本科阶段在奥格斯堡学院攻读化学，本科毕业后到约翰斯·霍普金斯大学攻读医学。

当时，人们普遍认为水是以简单扩散的方式通过细胞膜的，但逐渐有研究发现某些细胞在低

图 5-1　彼得·阿格雷

渗溶液中对水的通透性很高，可以吸水膨胀至"炸裂"。由于这很难用简单扩散来解释，因此，人们推测水分子进入细胞膜还存在某种特殊的机制。随着科学观察不断取得新的进展，人们逐渐相信在细胞膜上存在一种水的快速通道，且 Hg^{2+} 可以抑制这种水通道的作用。

这种通道是什么？它是如何实现水的快速转运的？Hg^{2+} 又是如何抑制其作用的？当时的科学界对此一无所知。

1988 年，阿格雷在分离纯化红细胞膜上的 Rh 血型抗原时，偶然得到了一种含量丰富的微小膜蛋白，并将其命名为 CHIP28。此后，他和助手测定了其氨基酸序列。又有测序！还记得第三讲的桑格吗？正是他利用氟化物开启了生物大分子测序的时代。

后来，阿格雷及其助手发现肾细胞膜上也有这种蛋白质。考虑到肾与水代谢关系密切，他们猜想，也许这种蛋白质与水的转运有关。

为了证明这一猜测，他们把这种蛋白表达到了非洲爪蟾的卵细胞里。在低渗溶液中，有 CHIP28 的卵细胞迅速膨胀，并在 5 分钟内破裂，而没有 CHIP28 的卵细胞则没有任何变化（图 5-2）。这一令人惊喜的发现，促使他们进一步把 CHIP28 置入脂质体上，同样发现其可以在低渗溶液中吸水膨胀。当他们在溶液中加入 Hg^{2+} 时，细胞吸水膨胀现象会被抑制。上述种种实验，有力地证明了 CHIP28 就是传说中的水通道，阿格雷将之命名为"aquaporin（AQP）"，意为水孔[2]。

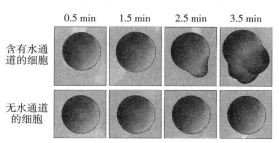

图 5-2　在低渗溶液中含/不含 CHIP28 表达的细胞变化情况示意图

这一发现迅速点燃了科学界的研究热情。随后的大量研究表明，水通道蛋白不仅在人类及其他哺乳类动物的各种组织中广泛分布，而且在昆虫、植物、细菌中也以复杂多样的形式存在着。迄今为止，在哺乳动物体内发现的水通道蛋白已有 13 种（AQP0～AQP12）[3-4]，其共同特点是都能在细胞膜上快速地转运水分子，有的还能转运甘油和某些小分子单糖。据此，可以把它们分为两大类：①只转运水分子的；②除水分子外还转运甘油等其他分子的。

CHIP28 蛋白即 AQP1，是第一个被证明的水通道蛋白。阿格雷因此与离子通道的研究者罗德里克·麦金农（Roderick MacKinnon，1956—）共享了 2003 年的诺贝尔化学奖。

这些嵌在细胞膜上的蛋白质，就好比安装在墙上的水管，可以让水分子快速通过。这一过程是如何实现的？为什么可以精妙到只允许水分子通过（H_2O），却不允许其他分子和离子通过，甚至水分子和氢离子形成的水合质子（H_3O^+）都无法通过呢？这些蛋白质是什么结构？为什么有的还可以同时允许甘油等分子通过？

这些问题，我们目前还不能完全回答。但基于阿格雷团队的持续研究，尤其是他们在 2000 年获得的 AQP1 蛋白高解析度的三维结构[2]，我们可以回答上面的部分问题。

我们暂且抛开多个氨基酸肽链的复杂空间构建，以尽可能简单的模式来描述这一转运水分子的过程。AQP1 就好比一个双向的沙漏（图 5-3），可以根据不同的刺激，向某一方向快速转运水分子。沙漏中部最为关键的部分是长度大约 2 nm（氢原子的半径约为 0.032 nm）的狭窄通道，这段通道上下方直径宽约为 0.8 nm，中间最细的地方直径宽0.28 nm。如图 5-3 所示，在通道直径约为 0.8 nm 处，有一个特别的氨基酸——精氨酸，它带有固定的正电荷，在这里就可以依靠尺寸限制体积过大的分子通过，同时依靠静电作用排斥体积小但带正电荷的离子，如水合质子（H_3O^+）。再往下，通道直径进一步缩减至仅有 0.28 nm，只允许单个水分子通过。在这个通道中，单个水分子不能与其他水分子形成氢键，而是与通道中的氨基酸片段内的羰基（C＝O）形成氢键，使水分子在通道中有一定的取向。同时，这种氢键弱于水分子间的氢键，通道又相对疏水。这样，水分子相当于在非常光滑的通道中运动，因而可以快速通过。有趣的是，由于通道极性问题，水分子在通过时会发生翻转。比如，水分子以氧原子朝下的形态进入窄通道，出来时氧原子部分会是朝上的（图 5-3）。

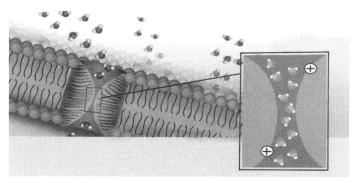

图 5-3　AQP1 水通道示意图

那 Hg^{2+} 的抑制作用是怎么形成的呢？很简单！在这个通道中有一个半胱氨酸。还记得半胱氨酸吗？我们在第四讲中隆重介绍过它，其分子结构中有一个巯基（－SH），可以与 Hg^{2+} 结合，于是通道就被堵塞了。

如果上面的描述过于关注细节，我们可以将其简化为：水分子排成单一纵队，以统一的身姿（固定取向）进入弯曲狭窄的通道，顺次翻转 $180°$，以优美的身姿快速滑出，通过速度达每秒 30 亿个水分子。

这是多么流畅、高效的系统！

微观世界的精妙真是让人叹为观止！

道法自然，我们还有很多路要走！

天然的锁水屏障

皮肤是人体与外部世界接触的表面，是人体最大的器官，对于人体正常代谢与循环具有重要的屏障作用，故健康的皮肤对我们的身体具有重要意义。此外，对于皮肤，人们往往还有美观的需求。

要做好个人皮肤管理，需要对皮肤结构、护肤产品及自身皮肤特点有一定了解。

皮肤由表皮、真皮和皮下组织构成。图 5-4 是正常皮肤的染色图[5]，通过它可以直观感知皮肤各层厚度。

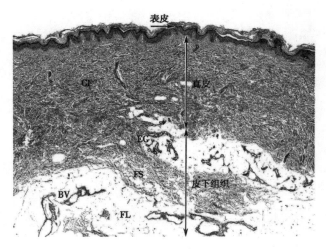

BV—血管；EG—外泌汗腺；FL—脂肪小叶；FS—脂肪间隔；CF—胶原纤维

图 5-4　正常皮肤的染色图

表皮位于皮肤的最外层，直接体现皮肤的外观、质感和健康状态，同时参与皮肤的保湿和肤色的形成，是皮肤日常美容的重要载体。

表皮的主要组成物是角质细胞，占表皮细胞的 90％～95％。根据角质细胞的不同发展阶段，可将表皮由外向内分为五层：角质层、透明层、颗粒层、棘层及基底层（图 5-5[5]）。

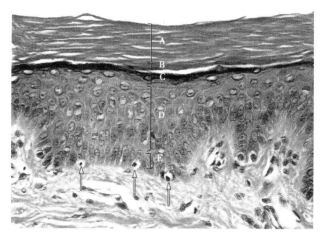

图 5-5　正常表皮 A、B、C、D、E 分别代表角质层、透明层、颗粒层、

棘层及基底层（箭头表示黑素细胞）

　　角质层是皮肤的最外层，与皮肤美容关系最密切，由 5～15 层角质
细胞及细胞间质以"砖墙"（砖块＋灰浆）结构组成（图 5-6）。角质层
厚度一般为 10～40 μm。身体部位不同，角质层厚度可能也不同。一般

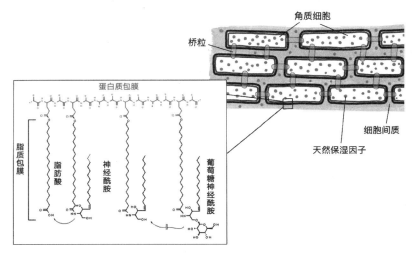

图 5-6　角质层结构示意图

地，需要与外界接触、摩擦的部位，角质层比较厚，如脚后跟就是人体角质层最厚的部位。

"砖块"——角质细胞

角质细胞内含角蛋白与天然保湿因子（Natural Moisturizing Factor，NMF）。天然保湿因子是能和水结合的低分子量的物质的总称，占角质层干重的 20％～30％，其主要成分是来自蛋白质水解的各种游离氨基酸，如组氨酸、谷氨酸、精氨酸、瓜氨酸、吡咯烷酮羧酸，来自汗腺的乳酸盐、尿素，来自神经酰胺的糖类、电解质等，具体见表 5-1[7]。

角质细胞有两层包膜：蛋白质包膜和脂质包膜（图 5-6）。蛋白质包膜为氨基酸形成的肽链，包裹着内部的蛋白质与天然保湿因子等。脂质包膜为神经酰胺类化合物，其疏水长链平均含碳数为 24，而普通脂肪酸类化合物疏水长链典型含碳数为 16～18，这表明角质层脂质结构独特，更亲油，即更疏水[6]。因此，脂质包膜能够阻挡角质细胞内的水和游离氨基酸的流失，也可以抑制细胞外的水的摄入，从而成为水通透性屏障。

表 5-1　天然保湿因子（NMF）的主要成分

主要成分	所占比例/％
游离氨基酸	40
吡咯烷酮羧酸	12
乳酸盐	12
尿素	7
尿刊酸	3
离子（钠、钙离子，磷酸根，氯离子等）	18
糖、多肽化合物等	8

"灰浆"——细胞间质

细胞间质主要由脂质构成，还含有少量天然保湿因子。脂质的主要构成物是约50％的神经酰胺、约25％的胆固醇、约15％的游离脂肪酸。细胞间质的脂质和角质细胞的脂质包膜有良好的相容性，从而起到优良的"灰浆"作用。

除了脂质，角质细胞间还以桥粒相连，好比细胞间手拉手、脚连脚形成网状结构，从而增强角质的支持作用，能更好地抵御外界压力。

过去，人们普遍认为角质层是"死"的，是无功能的组织。但近年来的实验证实，角质层中存在着能改变膜活性的酶，对脂质的新陈代谢有很大影响。

正常情况下，角质层的含水量为10％～20％。当角质层含水量低于10％时，皮肤会干燥、脱屑。因此，防止水分流失是角质层的重要功能。对此，皮肤筑起了三道保湿防线：除了前文讲到的角质细胞内的天然保湿因子、细胞外的脂质（细胞间质和脂质包膜），在皮肤最外层还有一层皮脂膜（图5-7）。皮脂膜的主要成分为甘油三酯、蜡酯、角鲨烯、游离脂肪酸等。这些化合物都是疏水的，它们在皮肤表面形成的皮脂膜是人体最后一道锁水屏障。

皮脂膜
脂质
天然保湿因子

图 5-7　皮肤保湿三道防线

即便角质层含水量仅10％～20％，远低于水在整个人体中70％左右的含量，但也已经远高于空气中的含水量。因此，尽管有道道防线保湿，经表皮的水分流失还是难以避免的，且环境越干燥，角质层的水分越易流失。

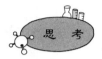

皮肤角质层的含水量与哪些因素有关？如何观察自己皮肤的失水情况？为什么在秋冬季节，皮肤容易干燥甚至开裂呢？

你戴过一次性的透明塑料手套吗？就是那种在成都街头啃猪蹄、兔头，吃小龙虾时，店员会给你的那种手套。你可以戴上它，再用橡皮筋箍在手腕那里以达到密封效果。1小时后，你通过观察手套里面的水珠大小和数量，就可以了解自己皮肤的失水情况。如果有朋友一起实验就更好了，你有可能看到皮肤的失水差异比你想象的还要大。

初中物理知识告诉我们，水分的蒸发与温度、表面积和空气湿度相关。所以，季节、气候对我们的皮肤表皮含水量是有影响的。曾经有小朋友告诉我，水要到100 ℃才汽化，因此20 ℃时水是不会减少的。对小朋友来说，蒸发真的是一个复杂的问题。幸好，我可以问他：冬天洗的衣服会干吗？

既然皮肤的水分流失不可避免，而一定的含水量又对保持皮肤的功能非常重要，那么皮肤又是如何解决这个问题的呢？

除角质层外，表皮还有透明层、颗粒层、棘层及基底层，它们的区别仅在于其角质细胞处于不同的发展阶段。这里我们不再赘述，只介绍一个和我们皮肤含水量特别相关的结构——AQP3。

AQP3是水通道蛋白家族中的一员。在表皮中，它表达于最内的基底层的角质细胞上，是一个完整的跨膜蛋白通道。这个通道，不仅可以快速转运水，还可以转运甘油和尿素[3,8-10]。最近，还有研究表明其可以转运过氧化氢（H_2O_2）[11]，负责皮肤免疫反应的调控。

有研究对 AQP3 进行荧光标记，从图 5-8[12] 可以明显看出，荧光标记主要出现在基底层。这表明 AQP3 在基底层最多，在角质层已经消失。

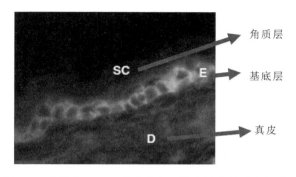

图 5-8　皮肤中 AQP3 荧光着色（基底层中的浅色部分）

体内的水通过 AQP3 到达表皮，保证表皮的正常含水量，维持细胞水平衡，是促进角质层水合作用的关键因素。此外，AQP3 还可转运甘油，而甘油可以参与细胞和皮脂腺中甘油三酯的合成。缺乏甘油，脂质的合成也会相应地减少。因此，AQP3 可影响皮肤含水量及皮肤弹性，也参与细胞迁移、分化、脂质代谢和皮肤屏障的形成。随着紫外线伤害或者年龄的增加，AQP3 的表达可能下调[13]，导致皮肤干燥。

皮肤干燥，会导致角质层中酶的生理活性降低，不利于角质细胞间桥粒的崩解，从而不利于其脱落。从皮肤上脱落的皮屑就是崩解不彻底产生的，一般见于干燥部位。水分充足的部位，角质层崩解彻底，会形成肉眼不能见的微粒，就感觉不到皮屑的产生。

你会洗脸吗

致密坚韧的角质层是皮肤的第一道防线，可帮助皮肤抵御外力冲击，形成化学、微生物屏障，并可实现保湿、渗透等生理功能。

皮肤，尤其是暴露在空气中的面部、手部皮肤，会附着空气中飘浮的污物、灰尘、细菌，而皮肤自身的新陈代谢也会不断产生油脂、皮屑等，若不能及时清走，则会影响皮肤正常功能的发挥，甚至引起皮肤感染。因而皮肤清洁对实现肌肤健康，充分发挥皮肤正常的屏障功能十分重要。

清洁不到位，皮肤要出问题；清洁过度，皮肤同样要出问题。

那么，你会洗脸吗？

要找到正确的洗脸方式，需要先了解自身皮肤情况，同时也要了解清洁产品的清洁能力。皮肤类型不用，对清洁产品的需求也不同。一般而言，针对油性肌肤，可选择清洁力略强的洁肤产品；针对干性肌肤，则应选择更温和的洁肤产品。下面是两种洁肤产品的成分示例。

洁肤产品 1

成分：水、肉豆蔻酸、甘油、山嵛酸、氢氧化钾、甲基椰油酰基牛磺酸钠、月桂酸、硬脂酸、蒙脱土、香精、PEG-3 二硬脂酸酯、EDTA 二钠、PCA 钠、尿素、丁羟甲苯、咖啡因、锯叶棕果实提取物、聚季铵盐-7、苯氧乙醇、透明质酸钠、硝酸镁、酵母菌溶胞提取物、海藻糖、聚季铵盐-51、丁二醇、甘草酸二钾、酵母提取物、石榴果汁、生育酚乙酸酯、肌酸、甲基异氯噻唑啉酮、狭叶越桔果提取物、大果越桔果提取物、稻糠提取物、CI19140、CI14700

洁肤产品 2

成分：水、椰油酰胺丙基甜菜碱、椰油酰谷氨酸钠、月桂基葡萄糖苷、月桂酰两性基乙酸钠、丁二醇、柠檬酸、库拉索芦荟叶提取物、羟苯甲酯、香精、EDTA 二钠

洁肤产品 1 成分复杂，一般护肤产品才会加入众多提取物成分，而洁肤产品的主要功能是清洁，因此，我们主要关心其表面活性剂成分。成分中的肉豆蔻酸、山嵛酸、月桂酸、硬脂酸都不是我们曾经讲过的表

面活性剂，但成分中还有氢氧化钾，它和这些酸一反应就成为对应的羧酸钾盐，变成表面活性剂，与肥皂的表面活性剂类型相同。因此，该产品可被称为皂基型洗面奶，属于清洁力强、泡沫多的洗面奶。

洁肤产品2成分简单，所含表面活性剂有：椰油酰胺丙基甜菜碱、椰油酰谷氨酸钠、月桂基葡萄糖苷、月桂酰两性基乙酸钠。其中，椰油酰胺丙基甜菜碱、月桂酰两性基乙酸钠均属于性质温和、刺激性小的两性离子表面活性剂；椰油酰谷氨酸钠虽也属于阴离子表面活性剂，但不属于皂基型，而是氨基酸类表面活性剂，对皮肤亲和性好、刺激性小；月桂基葡萄糖苷属于非离子型表面活性剂，同样性质温和。从表面活性剂配伍看，该产品属于可以给儿童使用的性质温和、刺激性小的洁肤产品。

究竟怎样才是正确的洁肤行为，关键看你的皮肤有什么特点。角质过厚的油性皮肤，当然要认真清洁，甚至对异常厚的角质还需要不定期使用磨砂膏等清除；角质薄的敏感肌肤就更要小心清洁了。不同部位的皮肤情况可能也不同。所以，你需要先认真了解自己皮肤的特点，然后把握清洁的度。清洁的目的主要是去除皮肤表面附着的污物和因新陈代谢脱落的角质和过多的油脂。请注意，是去除皮肤上"过多的"油脂。清洁的度是否合适，可以这样简单判断：如果清洁后的皮肤有明显的紧绷感，则表明油脂清除过度。

正确地清洁皮肤并不是一件简单的事情！

延伸阅读

四川大学华西医院微信公众号有一篇关于皮肤清洁的文章——《脸越洗越敏感？毛孔越洗越大？华西皮肤专家说，那是因为你的脸，洗！多！了!》。

保湿的秘诀

水在皮肤中起着重要作用，影响皮肤弹性、机械强度、屏障功能和外观。

角质层的含水量受三种因素控制：①由下表皮转运到角质层的水量，这与水通道蛋白 AQP3 的表达量相关；②角质细胞内保水的能力，这与天然保湿因子的含量相关；③皮肤表面蒸发损失的水，这既与皮肤的结构相关，也与环境温度、湿度相关。在秋冬季节寒冷、干燥的气候下，皮肤会明显变得干燥。

传统保湿化妆品主要是针对第三种因素而研发，目的是延缓皮肤表面水分的流失。其作用原理分为两种：吸湿和封闭。随着对皮肤结构的不断了解，目前已经存在添加有天然保湿因子的保湿化妆品，甚至还有号称可以增加 AQP3 表达的化妆品。大家可以根据自身皮肤情况，选择不同类型的保湿产品。对正常皮肤情况而言，使用传统保湿化妆品即可。但即便是传统保湿化妆品，成分不同，保湿能力也有明显的差异。

吸湿剂

吸湿，顾名思义，就是吸收水分。在这里，其主要是指相关成分和水之间发生氢键作用，从而延缓水分蒸发。我们都知道，氢键作用对水分子特别重要。很多和水分子相对分子质量相当，甚至大不少的化合物，如甲烷、乙烷、丙烷等，在常温常压下都是气态。而水在常温常压下却是液态，且沸点是 100 ℃，相对其相对分子质量仅 18 来说已经非常高了，这是因为氢键起了非常重要的作用。这就好比一个人可能容易被大风吹动，但很多人手拉手站在一起，就不容易被吹动。一般吸湿剂的作用原理也是这样，其结构中含多个羟基，可以与水以多个氢键结合，从而延缓其蒸发。此外，有一类吸湿剂是生物大分子，可以将水结合在其网状结构中，从而使水不易散失。

常用的小分子吸湿剂有甘油、山梨醇、蜂蜜、尿素、糖等，常用的生物大分子吸湿剂有玻尿酸（透明质酸）、硫酸软骨素等。

在小分子吸湿剂中，甘油也称丙三醇，结构式如图5-9所示，是无色透明的黏稠液体，沸点为290 ℃，可以与水以任意比例互溶。但甘油并不只是一种简单的保湿剂，还是生物体本身就具有的重要成分，能软化角质层，促进角质细胞桥粒的水解，可有效改善干裂的皮肤。因此，甘油被广泛用于保湿产品中，且在成分占比中一般排名靠前。

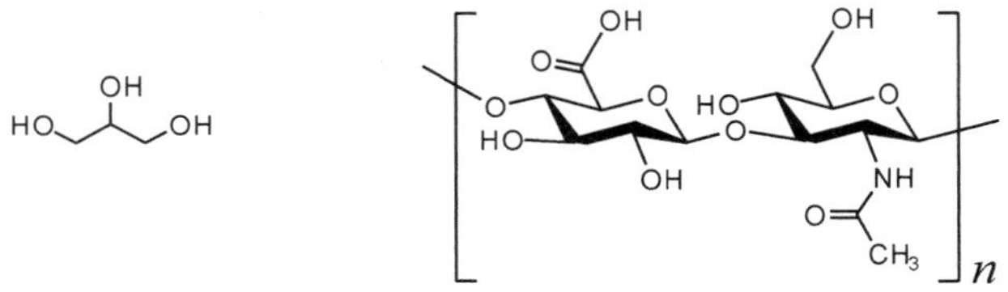

甘油　　　　　　　　　透明质酸

图5-9　甘油与透明质酸的结构式

在大分子吸湿剂中，玻尿酸也称透明质酸（其结构式如图 5-9 所示），属于黏多糖或葡糖氨基葡聚糖类高分子化合物，具有强大的吸水能力。玻尿酸广泛存在于结缔组织、上皮组织和神经组织中，是细胞外基质的重要成分，相对分子质量可高达百万。这是一个什么概念呢？图5-9 中显示的是其重复的最小结构单元，相对分子质量大约为 400，百万就意味着玻尿酸分子中约有 2500 个这样的重复单元。

对体重 75 kg 的人而言，体内玻尿酸约有 16 g，其中约三分之一每天被降解并重新合成。在皮肤的 pH 范围内，玻尿酸以相应的钠盐形式存在，赋予皮肤优异的水合特性，其生物活性随着相对分子质量的不同而有所不同。玻尿酸是相对分子质量很高的化合物，很难透过皮肤的角质层。因此，作为保湿化妆品成分，玻尿酸的主要功能就是在皮肤表面锁水。

　　玻尿酸是一种糖类高分子化合物。这里的糖，是含有多羟基醛酮类有机化合物的统称，不是日常生活中的糖。由于科学知识的普及，糖类化合物的"糖"也经常出现在日常生活中，但此"糖"非彼"糖"。比如在化妆品界，为了美白皮肤，近年来有一种"抗糖化"的说法，但一些人将其理解为少吃甜的糖，就犯了望文生义的错误。

延伸阅读

　　糖类化合物在早期被称为碳水化合物，因为最开始发现的蔗糖、葡萄糖、果糖、麦芽糖等化合物都只含有 C、H、O 三种元素，且 H、O 原子个数之比都是 2：1。但随着不符合这一比例的化合物被逐渐发现（如鼠李糖，$C_5H_{12}O_5$），碳水化合物这一名称逐渐不再使用，而是以"糖"表示这类多羟基醛酮化合物。它们的发现同样得益于许多科学家的贡献，比如现在糖类化合物普遍使用"费歇尔投影式""哈沃斯式"来表示其结构，而这两位科学家——赫尔曼・埃米尔・费歇尔（Hermann Emil Fisher，1852—1919）和沃尔特・诺曼・哈沃斯（Walter Norman Haworth，1883—1950）分别获得 1902 年、1937 年的诺贝尔化学奖（图 5-10）。作为多羟基化合物，糖是具有强大锁水功能的天然化合物。除了玻尿酸，近年来还发现乳糖酸是效果极佳的小分子保湿化合物，保湿能力超过"明星分子"甘油。早期研究糖的科学家们可能没有想到这些化合物的衍生发展会对皮肤的护理做出重要贡献吧！

赫尔曼·埃米尔·费歇尔　　　费歇尔投影式

 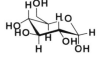

沃尔特·诺曼·哈沃斯　　　哈沃斯式

图 5-10　两位化学家及葡萄糖分子的费歇尔投影式、哈沃斯式

封闭剂

封闭剂指的是能在皮肤表面形成疏水性薄膜的化合物，其可阻止或延迟水分的蒸发和流失，促进由皮肤深层扩散而来的水分在角质层充分水和。其原理就是利用其结构中长碳链的疏水作用，把水"关"在皮肤里，这与皮肤中的脂质延缓失水的原理是相同的。

典型的封闭剂有凡士林、硅树脂衍生物、角鲨烷等。说到角鲨烷，就不得不提角鲨烯（图 5-11）。人体皮脂中本身就含有一定量的角鲨烯，最初的保湿产品也采用它。角鲨烯是 1906 年一位日本科学家从黑鲨鱼肝油中分离得到的，其含量随鱼种、鱼龄的不同而变化。后来，人们才在人体皮肤、皮下脂肪、肝脏、脑等组织和器官中发现它。角鲨烯最初是从鲨鱼肝脏中提取的，因而极为昂贵，后被禁止，现主要从橄榄油等植物油中提取（图 5-11）。在将角鲨烯用于化妆品的过程中，人们发现，角鲨烯因为双键的存在，在空气中的稳定性不够高。角鲨烯饱和后变为角鲨烷，后者是一种含 30 个碳原子的烷烃，具有极高的化学稳定性、极低的挥发性，同时无色、无味、无毒。角鲨烷对皮肤有优良的亲和性、高度的保湿性和滋润性，是优良的封闭型保湿剂。

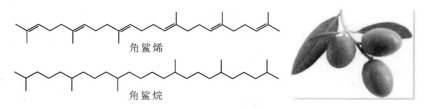

角鲨烯

角鲨烷

图 5-11　角鲨烯和角鲨烷的结构式以及橄榄果

看到角鲨烯的结构式，你也许会好奇它为什么有这么多甲基侧链呢，而且它们的位置分布好像还有点规律。要回答这个问题，需要走进专业的有机化学课堂。在那里，你会感受到甲基在这些位置所蕴含的作用，从而惊叹化学之美和大自然的神奇。科学原理处处放光芒！

除上述化合物制成的保湿剂和封闭剂外，化妆品中还常常使用很多其他天然提取物，它们均为混合物，成分复杂。其中用于保湿的有霍霍巴油、蜂蜜、芦荟等。

还有些油脂成分虽然保湿作用不如前述典型化合物，在延缓水分蒸发方面的作用也相对弱了些，但可以填充在干燥的角质细胞的裂隙间，使皮肤表面更光滑，因此它们往往也被归为保湿类成分。

仅含这些保湿剂和封闭剂的传统产品，功效仅限于皮肤表面。随着对皮肤结构的了解逐步深入，角质层中天然保湿因子的成分（表 5-1）也逐渐被加入保湿产品中了。在这些天然保湿因子中，所以各类氨基酸、吡咯烷酮羧酸、乳酸、糖等都广泛出现在厂家的产品宣传中。因为是天然保湿因子，所以这些成分似乎都戴上了光环。但有一种成分，同样是天然保湿因子，却从来没有被厂家大肆宣传过，以至于有人曾经问我：这个产品里竟然还有尿素（图5-12），是不是不行哦？

为什么天然保湿因子尿素会受到如此不同的待遇？

大概是大家对尿素的农用功效的印象太过深刻，打心底里就认为这是种便宜的肥料。

其实，尿素在有机化学史上占有极为重要的地位。

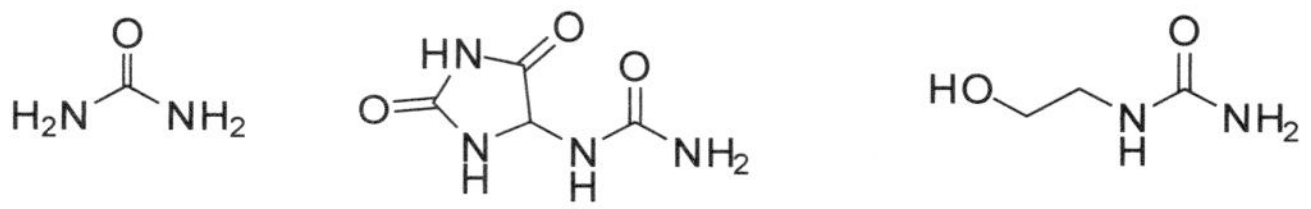

尿素　　　　　尿囊素　　　　　　羟乙基脲

图 5-12　尿素、尿囊素、羟乙基脲的结构式

在科学发展早期，人们得到的一些有机物和无机物，在组成和性质上都有显著区别。享有盛名的化学家永斯·雅各布·贝采利乌斯在1806年首先使用了"有机化学"这个名字。当时，把这两种化合物分开的另一个原因是，已知的有机物都是从生命体（动植物）内分离出来的，无机物都是从矿物之类无生命的物质中得到。贝采利乌斯认为，有机物里有一种特殊的力——"生命力"，因此不可能由无机物合成。这种思想一度牢固地统治着当时的化学界，阻碍了有机化学的发展。1828年，德国化学家弗里德里希·维勒发表了著名论文《论尿素的人工合成》，揭示无机化合物氰酸铵在受热后，可以很容易地转变为尿素（图5-13）。他说，这意味着尿素的制造可以不求助于肾脏，无论是人或犬的。但其重要性并没有立即得到科学界的承认。1845年柯尔柏合成了醋酸，1854年柏赛罗合成了油脂。科学实验的事实打破了只能从有生命的机体得到有机化合物的错误理念，使有机化学从此进入了合成时代。至此，生命力学说被彻底否定。

如今，许多生命物质如蛋白质、核酸及复杂有机化合物等也都能被成功地合成。迄今，已知的有机化合物已超过 2000 万种，其中绝大多数是通过有机合成获得的。

尿素，是最简单的有机化合物之一，也是人和动物体内蛋白质代谢分解的主要含氮产物，还是适合各种土壤和植物的中心肥料。在表面科学那一讲，我们详细介绍过改变世界的合成氨工业。尿素就是利用氨气和二氧化碳在一定条件下合成的。

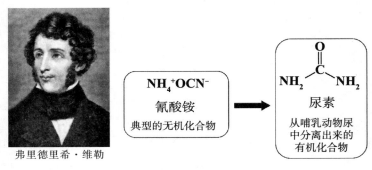

弗里德里希·维勒

图 5-13　德国化学家弗里德里希·维勒及尿素的人工合成

大多数人对尿素的印象就是"物美价廉的氮肥"和"人体代谢后的废物"。虽然尿素也是天然保湿因子之一，但无人将其广而告之。因此，对"怎么化妆品里竟然有尿素！"这种惊呼也就完全可以理解了。

作为天然保湿因子，尿素与水之间有良好的氢键作用。低浓度的尿素可以增强皮肤水合作用，软化皮肤角质层[14]；而高浓度的尿素（10％～40％）还对角质层有不同程度的溶解作用[15]。所以，对于皮肤角质较厚的手和脚底来说，尿素绝对是性价比超高的保湿成分，如专门的尿素霜，对老年人易出现的手脚皮肤干裂有明显改善效果。在临床上，尿素搭配乳酸，可以用于毛囊角化症、脂溢性皮炎、湿疹等皮肤问题的治疗。

不过，尿素有独特的气味，并有一定刺激性，这在一定程度上限制了其应用。

　　幸运的是，有科学家在牛的尿囊液中发现了一种尿素衍生物，即尿囊素（图5-12）。尿囊素同尿素一样，无色无毒，具有良好的保湿、滋润作用，还可以加快皮肤愈合，是祛疤产品中常用的成分。尿囊素较尿素有两个非常重要的优点：一是无味，二是对皮肤无刺激性。此外，尿囊素或许还有一个心理上的优点，即人们对尿囊素没有像尿素那样先入为主的印象，因此可以将其打造为有"高大上"光环加持的保湿成分！此外，羟基乙基脲（图5-12）也同样是无色无味的尿素衍生物，广泛用作保湿成分。

　　使用含上述保湿剂、封闭剂和天然保湿因子的化妆品已经可以满足大部分人的护肤需求。

　　前面我们提到紫外线和年龄的增长会降低水通道蛋白 AQP3 的表达，人们很自然地会想到能否通过调高 AQP3 的表达，来改善肌肤缺水的情况。目前，已经有公司声称其化妆品含有可提高皮肤 AQP3 表达的成分[16-17]，除保湿功能外，亦有抗皱、抗衰老等多种有益功效。

　　但 AQP3 的表达也与皮肤肿瘤之间有关联[18]。在 40 个不同的肿瘤样本中，均发现了强的 AQP3 表达。含 AQP3 表达增强成分的化妆品，其对表皮 AQP3 表达的上调能力与皮肤肿瘤发生之间的关系，都还有待进一步评估。选用含 AQP3 表达增强成分的化妆品需要审慎评估自己的皮肤情况。

　　了解了皮肤结构、保湿原理与成分，再结合自己皮肤的特点，就可以挑选适合自己的产品了。

　　有三种保湿产品的成分如下：

保湿产品 1

　　成分：水、硬脂酸、鲸蜡醇、单硬脂酸甘油酯、矿物油、三乙醇胺、卡波姆、芦荟、醋酸生育酚（维生素 E）、丙二醇、双咪唑烷基脲、碘代丙炔基氨基甲酸酯、DMDM 乙内酰脲、香料、CI1940、CI42090

保湿产品 2

成分：水、甘油、硬脂酸、肉豆蔻酸异丙酯、矿物油、硬脂酸甘油酯，硬脂酸乙二醇酯、聚二甲基硅氧烷、聚乙二醇硬脂酸酯、凡士林、鲸蜡醇、木薯淀粉、苯氧乙醇、硅酸铝镁、尼泊金甲酯、丙烯酸酯/C10-30 烷基丙烯酸酯、香料、尼泊金丙酯、EDTA 二钠、黄原胶、硬脂酰胺 AMP、芦荟叶汁粉、二氧化钛（CL77891）

保湿产品 3

成分：水、甘油、环己基硅氧烷、角鲨烷、双-PEG-18 甲基醚二甲基硅烷、蔗糖硬脂酸酯、硬脂醇、PEG-8 硬脂酸酯、尿素、肉豆蔻醇肉豆蔻酸酯、季戊四醇四（乙基己酸）酯、杏仁油、苯氧乙醇、鳄梨油、油橄榄果油、稻糠油、鲸蜡醇、硬脂酸甘油酯、白茅根提取物、硬脂酸丁酯、硬脂酸、羟苯甲酯、氯苯甘醚、EDTA 二钠、丙烯酸酯/C10-30 烷基丙烯酸酯、羟苯丙酯、卡波姆、三乙醇胺、甜扁桃油、黄原胶、氢氧化钠、生育酚（维生素 E）、假交替单胞菌发酵产物提取物、脱乙酰壳多糖、羟棕榈酰二氢鞘氨醇、软骨素硫酸钠、辛甘醇

从成分上看，在保湿产品 1 中，矿物油、芦荟、丙二醇、双咪唑烷基脲有封闭和锁水功能；硬脂酸、鲸蜡醇、单硬脂酸甘油酯为油脂成分，可滋润肌肤；维生素 E 有滋养皮肤功效。总体上，这是一款较清爽的保湿化妆品。

保湿产品 2 含有保湿产品 1 的大多保湿成分，但多了聚二甲基硅氧烷、聚乙二醇硬脂酸酯、凡士林等封闭成分，是较保温产品 1 略油的保湿化妆品，适合略干燥的皮肤。

保湿产品 3 含约 40 种成分，除必要的增稠剂、防腐剂、pH 调节剂、金属螯合剂外，绝大部分为锁水、封闭和油脂成分，其中还包含角鲨烷、尿素、假交替单胞菌发酵产物提取物、脱乙酰壳多糖、羟棕榈酰

二氢鞘氨醇、软骨素硫酸钠等天然保湿成分。这是一款具有强大保湿功能的化妆品，适合相当干燥的肌肤[19]，但对正常肌肤而言，就过于油腻了。

上述三种产品，从成分上看，其功效非常明确，就是保湿，但保湿能力完全不同。值得注意的是，并非保湿能力越强的产品越好！要结合自身皮肤的缺水情况进行选择。很多年轻健康的肌肤，因盲目选择具有强大保湿功能的产品，反而引起了脂肪粒或痘痘等皮肤问题。

适合自己的产品，就是最好的产品！

参考文献

[1] The office website of the Nobel Prize. The Nobel Prize [EB/OL]. [2020-12-21]. https：//www. nobelprize. org/prizes/chemistry/2003/agre/facts/.

[2] Agre P，Kozono D. Aquaporin water channels：molecular mechanisms for human diseases [J]. FEBS Letters，2003，555（1）：72-78.

[3] Sougrat R，Morand M，Gondran C，et al. Functional expression of AQP3 in human skin epidermis and reconstructed epidermis [J]. Journal of Investigative Dermatology，2002，118（4）：678-685.

[4] Boury-Jamot M，Daraspe J，Bonté F，et al. Skin aquaporins：function in hydration，wound healing，and skin epidermis homeostasis [J]. Handbook of Experimental Pharmacology，2009（190）：205-217.

[5] 高天文，廖文俊. 皮肤组织病理学入门 [M]. 2 版. 北京：人民卫生出版社，2018.

[6] Breiden B，Sandhoff K. The role of sphingolipid metabolism in cutaneous permeability barrier formation [J]. Biochimica et Biophysica Acta. Molecular and Cell Biology of Lipids，2014，1841（3）：441-452.

[7] 何黎. 美容皮肤科学 [M]. 2 版. 北京：人民卫生出版社，2011.

[8] 陈利琼，朱雪琼. 水通道蛋白 3 的研究进展 [J]. 医学研究杂志，2012，

41（6）：8-10.

[9] 黄树英，涂颖，何黎，等. 水通道蛋白 3 与皮肤屏障相关性研究进展 [J]. 中国医学文摘（皮肤科学），2017，34（4）：383-387.

[10] Bollag W B，Aitkens L，White J，et al. Aquaporin-3 in the epidermis：more than skin deep [J]. American Journal of Physiology，2020，318（6）：C1144-C1153.

[11] Hara-Chikuma M，Satooka H，Watanabe S，et al. Aquaporin-3-mediated hydrogen peroxide transport is required for NF-kappa B signalling in keratinocytes and development of psoriasis [J]. Nature Communications，2015，6：7454-7467.

[12] Hava-Chikuma M，Verkman. Roles of aquaporin-3 in the epidermis [J]. Journal of Investigative Derimatology，2008，128（9）：2145-2151.

[13] Ikarashi N，Kon R，Kaneko M，Mizukami N，et al. Relationship between Aging-Related Skin Dryness and Aquaporins [J]. Journal of Turbulence，2017，18（7）：1559-1568.

[14] 赵东坤. 尿素乳膏的制备工艺研究及其质量标准的建立 [D]. 济南：山东大学，2010.

[15] Parker J，Scharfbillig R，Jones S. Moisturisers for the treatment of foot xerosis：a systematic review [J]. Journal of Foot and Ankle Research，2017，10（1）：9.

[16] Hung C F，Hsiao C Y，Hsieh W H，et al. 18β-glycyrrhetinic acid derivative promotes proliferation，migration and aquaporin-3 expression in human dermal fibroblasts [J]. PLoS One，2017，12（8）：e0182981.

[17] 史云容，张峻岭，康元. 葡萄籽提取物原花青素对 UVA 照射 HaCaT 细胞表达 AQP3、Caspase-14 和 BH mRNA 的影响 [J]. 中国皮肤性病学杂志，2020，34（6）：640-643.

[18] Verkman A S. A cautionary note on cosmetics containing ingredients that increase aquaporin-3 expression [J]. Experimental Dermatology，2008，17

（10）：871-872.

[19] 李姗姗，聂舒，吕婷，等. 皮肤干燥症研究进展［J］. 中国皮肤性病学杂志，2019，33（5）：599-603.

第六讲

光之密语：抗紫外线材料解析

人类收到的最好的礼物：光

有了光，才有这个美好的世界。

聚光点火、烽火传信、小孔成像，人类很早就开始认识光，并巧妙利用其取暖、传递信息……

"天地玄黄，宇宙洪荒。日月盈昃，辰宿列张。"当你仰望星空的时候，你可曾意识到，在那一时刻，你的眼眸中同时收到了来自几年、几十年、几百年、几千年、几万年甚至几亿年前的光子（图 6-1）。

图 6-1　灿烂星空

光，是什么？

惠更斯认为光是波。

牛顿认为光是粒子。

德布罗意则认为光既是波，也是粒子。

在人类发展的历史长河中，正是对光孜孜不倦的探索和应用，人类文明熠熠生辉。仅有百来年历史的诺贝尔奖，就有近 30 次颁发给了与光学或光基技术相关的研究。

1901 年，颁给了 X 射线的发现；1908 年，颁给了彩色玻璃照相技术；1917 年，颁给了 X 射线的次级辐射现象的发现；1918 年，颁给了能量量子化学说；1921 年，颁给了光子学说对光电效应的解释……

如果说早期的与光相关的诺贝尔奖主要是颁给对光的认识的研究，那么进入 21 世纪以来，与光相关的诺贝尔奖则主要是颁给对光的应用的研究。

2005 年，颁给了对光相干量子理论和基于激光精密光谱学的贡献；2008 年，颁给了绿色荧光蛋白的发现和研究；2014 年，颁给了蓝光发光二极管的发明（物理学奖），以及超分辨率荧光显微镜的研制（化学奖）……

可以说，光是人类收到的最好的礼物。

在科学高度发展的今天，光和光学已经深入我们生活的方方面面。其中，光学和生物学的交叉是极为重要的一个方向。如利用光学相干，可以对疾病进行可视化诊断和诊疗。

对一个普通人而言，除了可以随时随地感受到光给生活带来的便利外，有时仅仅是沐浴在阳光中（图 6-2），就会感到心情愉快！尤其是在多日的阴雨之后！那种喜悦，就好比在经历荒芜的冬天后，初见"小草绿了"时的惊喜！

图 6-2　晴朗的天空

　　除心理学上的重要作用外，在生理学上，阳光也对人体有不少益处。阳光可以刺激血液循环，促进血红蛋白的形成，降低血压，更重要的是，它是人体合成维生素 D 的重要条件。

　　储存于皮肤的胆固醇类化合物可以在紫外线照射下，转化为人体无法直接合成的维生素 D。图 6-3 所示是重要的 D 族维生素 D_2、D_3 在紫外线照射下的合成原理。

7-去氢胆固醇　　　　　　　　　　　　维生素 D_3

麦角固醇　　　　　　　　　　　　　维生素 D_2

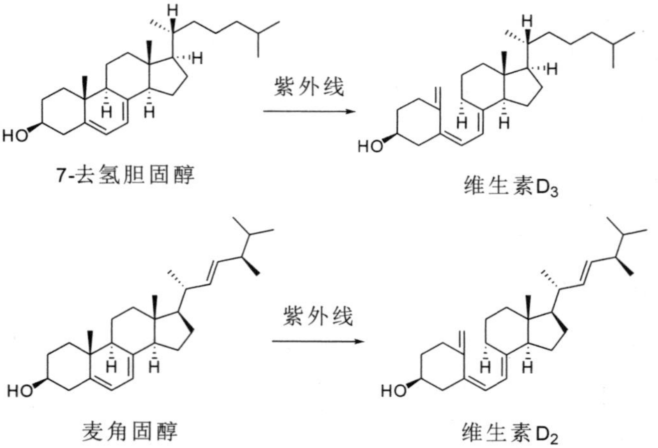

图 6-3　重要的 D 族维生素 D_2、D_3 在紫外线照射下的合成原理

　　维生素 D_2、D_3 本身没有明显生理活性，它们必须先在肝细胞内转

化为 25-羟基维生素 D，然后在肾小管内进行第二次羟基化反应，生成具有生理活性的 1,25-二羟基维生素 D，以促进体内钙、磷吸收，保持骨骼健康（图 6-4）。一般而言，在面部和双手臂暴露的情况下，根据光照强度的不同，晒 5～30 分钟的太阳就可以产生人体一日所需的维生素 D。但需要注意的是，要到室外晒太阳，隔着玻璃晒是无效的。

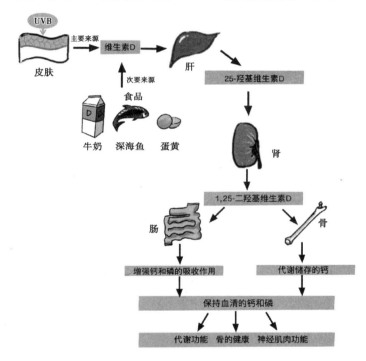

图 6-4　维生素 D 的代谢与生理功能

思　考

曾有有人在海边度假时晒出肾损伤，经询问，此人一直在大量补充维生素 D，度假期间也不曾中断。试分析：为什么平时补充维生素 D 没有问题？成天在充足阳光下活动的人，会维生素 D 中毒吗？

对人体而言，适量的紫外线是必要的，但过量的紫外线会激活皮肤表皮基底层的黑素细胞，生成黑色素，吸收紫外线。对追求美白的亚洲人而言，紫外线会触发皮肤自我保护的"黑化"，是不受欢迎的。

为什么人体要开启色素的合成，避免更多阳光的进入？

要回答这个问题，我们需要对太阳光的光谱（图 6-5）和人体内有机化合物的键能有一定了解。

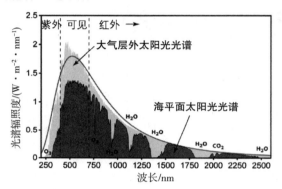

图 6-5　太阳光的光谱分布

从图 6-5 中，我们可以看到太阳光在不同波段的强度分布。由于空气中氧气、臭氧、二氧化碳、水等的作用，海平面太阳光光谱较大气层外太阳光光谱在各个波段的辐照度均有不同程度的削弱，甚至在红外区某些波段已经完全缺失了。

光，不仅是波，也是粒子，是有能量的。其能量与波长有关系。经换算，波长为 400 nm 的光，其能量约为 300 kJ/mol，波长为 300 nm 的光，其能量约为 400 kJ/mol；波长为 280 nm 的光，其能量约为 428 kJ/mol。

人体内除水外，主要是由碳、氢、氮、氧、硫等元素构成的有机化合物。元素间以共价键方式结合。通常以键能的大小表示共价键的牢固程度，键能越大，键的强度越大，破坏时需要的能量也越大。常见共价键的平均键能见表 6-1。

表 6-1　常见共价键的平均键能

化学键	键能/(kJ·mol⁻¹)	化学键	键能/(kJ·mol⁻¹)
C—H	413	S—S	251
C—C	347	S—H	347
C—N	305	N—H	389
C—O	359	O—H	464
C＝C	607	C≡C	828.8

从表 6-1 的键能数据看，键能低于 300 kJ/mol 的共价键还是很少的，因此波长大于 400 nm 的可见光和红外光对人体中的有机化合物的共价键来说影响有限。但波长为 300 nm 的光的能量约为 400 kJ/mol，波长为 280 nm 的光的能量约为 428 kJ/mol，已经可以破坏相当一部分共价键了。需要提醒的是，尽管 C＝C 键的键能高达 607 kJ/mol，但因为其一般不会被完全破坏，而是会生成 C—C 键，如果忽略结构中的细微变化，简化处理，把键能相减，可以看到破坏 C＝C 键所需的能量仅为 607－347＝260（kJ/mol），这是一个很低的能量。这也是平常我们说不饱和油脂不稳定的原因。

因此，过量的紫外线对人体是有害的，是引起皮肤老化、皱纹甚至病变的重要原因[1-5]。在紫外线强烈的地区，进行必要的防护，既是健康的需要，也是爱美的需要。高原、雪山、海滩或烈日下，都是我们熟知的紫外线强度高的地方，那日常生活中如何判断紫外线强度呢？

智能手机上的天气预报，一般都会在"舒适度"部分显示紫外线指数（图 6-6）。它指的是一天中，太阳在天空中的位置最高时（一般是在中午前后），到达地面的太阳光线中的紫外线辐射对人体皮肤的可能损伤程度。紫外线指数用数字 0～15 来表示。通常规定，夜间的紫外线指数为 0，在热带、高原地区，晴天无云时的紫外线指数为 15。紫外线指数为 0、1、2 时，紫外线强度小，对人体基本上没有影响；紫外线指数

为 3、4 时，紫外线强度也较低，对
人体影响也较小；紫外线指数为 5、6
时，紫外线强度中等，对人体皮肤可
能有伤害；紫外线指数为 7、8、9
时，紫外线强度较强，对人体存在影
响，可采取相应的防护措施；而当紫
外线指数大于 10 时，表示紫外线强
度很强，对人体有伤害，必须采取防
护措施。

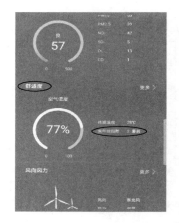

图 6-6　天气预报中的紫外线指数

"杀身成仁"的紫外线屏蔽剂

过量的紫外线对人体是有害的，且波长越短，危害越大。根据其危
害的程度，可将其分为三段：UVA，UVB，UVC。

UVA：波长为 320～400 nm，属于长波紫外线，对皮肤有较强穿
透性，可到达真皮层。

UVB：波长为 280～320 nm，属于中波紫外线，对皮肤穿透性差，
仅到达表皮层。

UVC：波长为 200～280 nm，属于短波紫外线，几乎被臭氧层完全
吸收，一般难于到达地表；如果到达地表，对人体皮肤危害大，将使皮
肤癌患者增加。

防晒是防止太阳辐射损害人体健康的有效措施之一。防晒化妆品是
可以利用光的吸收、反射或散射作用，减少或避免皮肤受特定紫外线伤
害的产品。防晒化妆品中起作用的主要是物理（紫外线反射、散射）和
化学（紫外线吸收）紫外线屏蔽剂，通常称为防晒剂。

我国《化妆品安全技术规范》（2015 年版，以下简称《技术规

范》[6]）中允许使用的防晒剂有 27 种，其中物理防晒剂 2 种，有机防晒剂 25 种。

物理防晒剂有二氧化钛和氧化锌两种[7]，均可反射和散射紫外线，从而达到保护皮肤的目的，其优点是安全性高、稳定性好。其屏蔽紫外线的能力与材料粉末粒径大小有关（图 6-7）。以二氧化钛为例，当其粉末平均粒径为 0.3 μm 时，对不同波长紫外线的透过率很接近，约为 60％；而当平均粒径降为 0.03 μm 时，对 UVB 的防护能力大大增加，透过率仅为 10％左右，即可以把 90％左右的 UVB 紫外线屏蔽掉。

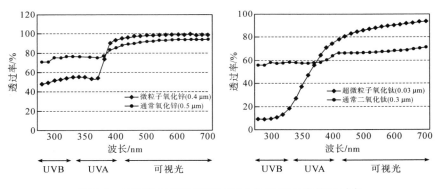

图 6-7 不同粒径氧化锌和二氧化钛粉末对光的透过率

有机防晒剂的主要原理是自身吸收紫外线，从而减少紫外线进入皮肤的机会，在某种程度上可以说是"杀身成仁"了。有机化合物有上千万种，有良好的紫外线吸收能力的有机化合物很多，为什么允许使用的有机防晒剂只有区区 25 种呢？这与化合物吸收光后的安全性有关。

化合物对光的吸收原理，将在第七讲详细介绍。化合物在正常情况下的状态称为基态，在吸收光子后变为激发态。基态就好比人的正常状态，激发态就好比人酒后的状态。正所谓酒壮怂人胆，人在这种状态下可能做出其在正常状态下做不出来的事情。与之类似，化合物在激发态的反应能力与基态相比大大增强，因而，从安全角度考虑，允许使用的防晒剂是极为有限的。

根据化合物的结构特点，有机防晒剂可以分为水杨酸类、肉桂酸类、对氨基苯甲酸类、二苯酮类、樟脑类、杂环类等。可能是为了方便读者看懂成分，《技术规范》[6] 中将有机化合物名称尽量简化，所采用的名称并不是相关化合物的标准命名，甚至从有机化合物命名规范角度讲有错误。为方便读者与实际商品中的成分对照，下文将采用《技术规范》中的命名。

水杨酸类

水杨酸类化合物是最早被用于防晒的有机化合物。1928 年，美国首次报道将水杨酸苯酯用于化妆品。我国《技术规范》中允许使用 2 种水杨酸类防晒剂——水杨酸乙基己酯和胡莫柳酯，这 2 种物质性质温和、稳定，有良好的安全性。这两种化合物的中英文名称[6]、结构式及紫外吸收光谱[8-9] 如下文所示。两种化合物的紫外吸收光谱相似，横坐标表明其以吸收 UVB 段紫外线为主，纵坐标表明其对紫外线的吸收能力一般。鉴于有些化合物的紫外吸收光谱相似，而篇幅有限，后文中各类化合物可能仅给出一种化合物的紫外吸收光谱作为示例。

中文名：水杨酸乙基己酯

英文名：2-Ethylhexyl Salicylate

最大允许使用浓度：5%

化合物结构式：

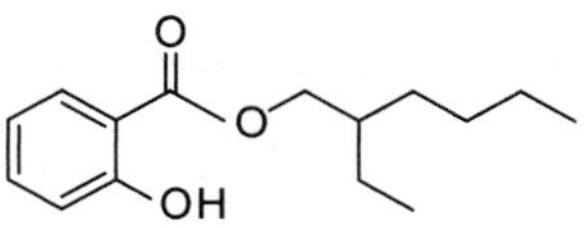

紫外吸收光谱：

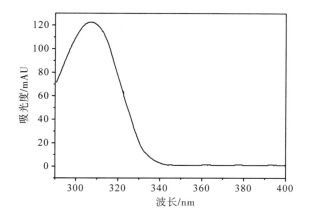

中文名：胡莫柳酯

英文名：Homosalate

最大允许使用浓度：10%

化合物结构式：

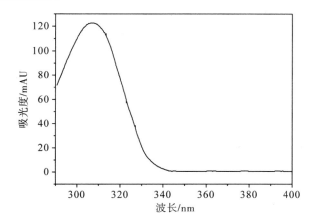

紫外吸收光谱：

肉桂酸类

肉桂酸类化合物是历史同样悠久的防晒剂。肉桂酸苯酯在 1928 年即被应用。我国《技术规范》中允许使用 4 种肉桂酸类防晒剂：甲氧基肉桂酸乙基己酯，对甲氧基肉桂酸异戊酯，奥克立林和聚硅氧烷-15。其中，甲氧基肉桂酸乙基己酯具有优良的安全性，是使用最广泛的有机防晒剂，超过一半的防晒化学品都添加了它。从其紫外吸收光谱来看，相较于水杨酸类化合物，其具有更高和更宽的紫外线吸收能力。

中文名：甲氧基肉桂酸乙基己酯

英文名：2-Ethylhexyl-4-methoxycinnamate

最大允许使用浓度：10％

化合物结构式：

紫外吸收光谱：

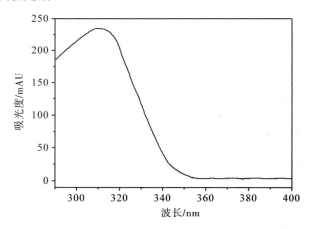

中文名：对甲氧基肉桂酸异戊酯

英文名：Isopentyl -4-methoxycinnamate

最大允许使用浓度：10％

化合物结构式：

中文名：奥克立林

英文名：Octocrylene

最大允许使用浓度：10％（以酸计）

化合物结构式：

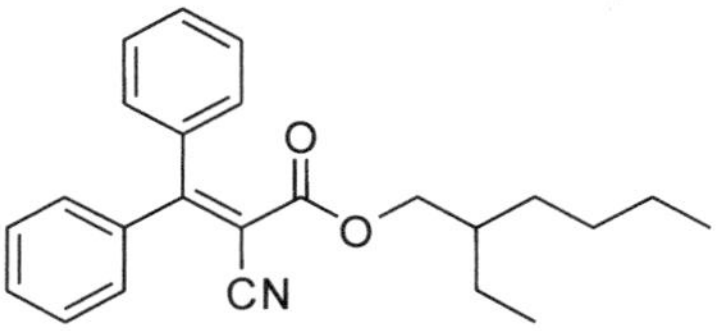

中文名：聚硅氧烷-15

英文名：Polysilicone-15

最大允许使用浓度：10％

化合物结构式：

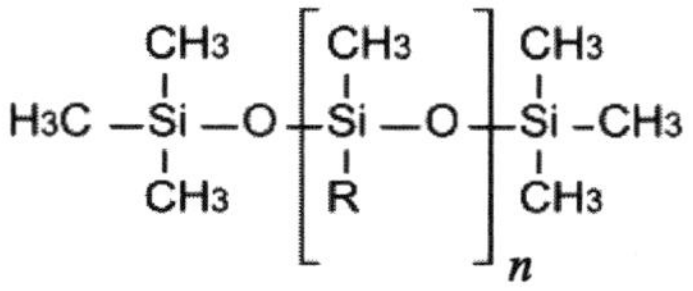

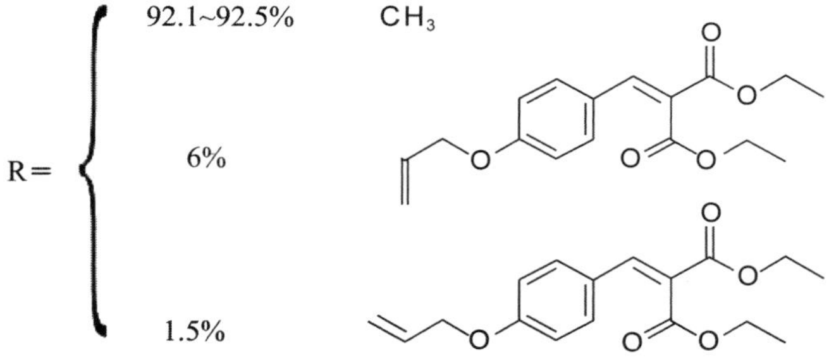

$n \approx 60$

对氨基苯甲酸类

我国《技术规范》中允许使用 2 种对氨基苯甲酸类防晒剂：
PEG-25 对氨基苯甲酸，二甲基 PABA 乙基己酯。

中文名：PEG-25 对氨基苯甲酸

英文名：PEG-25 PABA

最大允许使用浓度：10％

化合物结构式：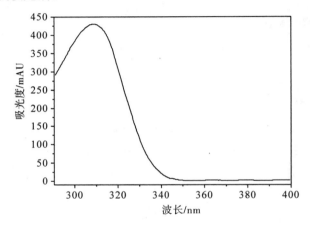

紫外吸收光谱：

中文名：二甲基 PABA 乙基己酯

英文名：Octyldimethyl p-aminobenzoic acid

最大允许使用浓度：8％

化合物结构式：

二苯酮类

我国《技术规范》中允许使用 4 种二苯酮类防晒剂：二苯酮-3，二苯酮-4、二苯酮-5（这两种算一种），丁基甲氧基二苯甲酰基甲烷，二乙氨羟苯甲酰基苯甲酸己酯。相比水杨酸、肉桂酸、对氨基苯甲酸类防晒剂主要吸收 UVB 段的紫外线，二苯酮类防晒剂则对 UVB 和 UVA 段紫外线均有相当强的吸收能力，但对 360 nm 以后的紫外线吸收能力较弱。

中文名：二苯酮-3

英文名：Oxybenzone

最大允许使用浓度：10%

化合物结构式：

紫外吸收光谱：

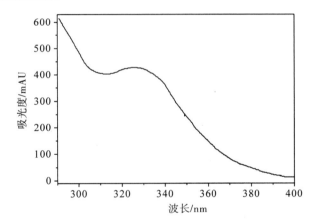

中文名：二苯酮-4 和二苯酮-5

英文名：Benzophenone-4 and Benzophenone-5

最大允许使用浓度：5%（二者总量）

化合物结构式：

Benzophenone-4   Benzophenone-5

中文名：二乙氨羟苯甲酰基苯甲酸己酯

英文名：Benzoic acid，2-[4-（diethylamino）-2-hydroxybenzoyl]-,
hexyl ester

最大允许使用浓度：10%

化合物结构式：

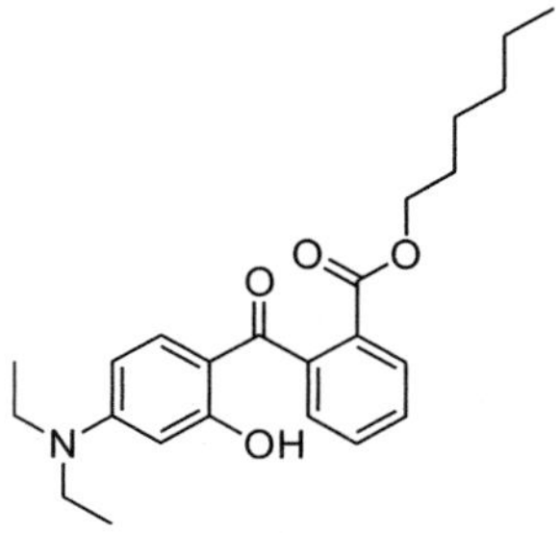

中文名：丁基甲氧基二苯甲酰基甲烷

英文名：Butyl methoxydibenzoylmethane

最大允许使用浓度：5%

化合物结构式：

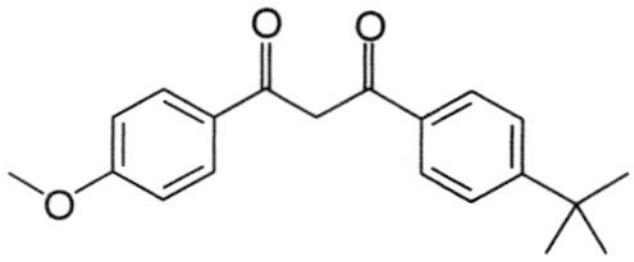

樟脑类

我国《技术规范》中允许使用 6 种樟脑类防晒剂：3-亚苄基樟脑，
4-甲基亚苄基樟脑，亚苄基樟脑磺酸及其盐类，对苯二亚甲基二樟脑磺
酸及其盐类，樟脑苯扎铵甲基硫酸盐，聚丙烯酰胺甲基亚苄基樟脑。这
类吸收剂中有仅吸收 UVB 段的化合物，也有能同时吸收 UVA、UVB
段的化合物。因这类化合物结构相对复杂，这里仅以对苯二亚甲基二樟
脑磺酸为例展示其结构式和紫外吸收光谱。

中文名：对苯二亚甲基二樟脑磺酸

英文名：3，3'-（1，4-Phenylenedimethylidene）-bis-（7，7-
dimethyl-2-oxo-bicyclo-（2，2，1）-heptane-1-methanesulfonic acid

最大允许使用浓度：10%

化合物结构式：

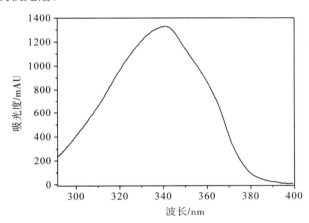

紫外吸收光谱：

杂环类

杂环类紫外线吸收剂是近年来发展起来的以氮原子为杂原子的新型吸收剂，主要为三嗪（六元环上有三个氮原子）、咪唑（五元环上有两个氮原子）、三唑（五元环上有三个氮原子）衍生物。我国《技术规范》中允许使用 7 种杂环类防晒剂：双乙基己氧基苯酚甲氧苯基三嗪，二乙基己基丁酰胺基三嗪酮，乙基己基三嗪酮，甲酚曲唑三硅氧烷，亚甲基双-苯并三唑基四甲基丁基酚，苯基二苯并咪唑四磺酸酯二钠，苯基苯并咪唑磺酸及其钾、钠和三乙醇胺盐。这类防晒剂通常具有广谱防晒效果，能同时吸收 UVB 和 UVA。这里仅以双乙基己氧基苯酚甲氧苯基三嗪和甲酚曲唑三硅氧烷为例展示其结构式和紫外吸收光谱。

中文名：双乙基己氧基苯酚甲氧苯基三嗪

英文名：Bis-ethylhexyloxyphenol methoxyphenyl triazine

最大允许使用浓度：10％

化合物结构式：

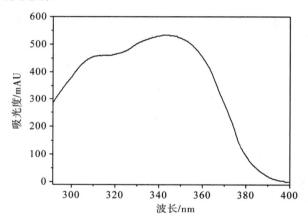

紫外吸收光谱：

中文名：甲酚曲唑三硅氧烷

英文名：Drometrizole trisiloxane

最大允许使用浓度：15％

化合物结构式：

紫外吸收光谱：

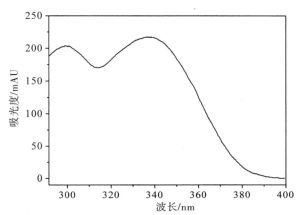

 思　考

为什么对防晒产品的管控严于普通化妆品？

"成人之美"的防晒产品

防晒产品被列为具有特殊用途的化妆品，因此，其包装上的编号和普通化妆品包装上的"卫妆准字"编号不同，而是由国家食品药品监督管理总局颁发的"国妆特字"编号。除防晒产品外，育发、染发、烫发、脱毛、美乳、健美、除臭、祛斑化妆品也属于特殊用途化妆品，其生产同样需要相关行政许可。

对防晒产品的防晒功效进行评价的指数为 SPF（防晒指数，Sun Protection Factor）和 PFA（UVA 防晒指数，Protection Factor of UVA）[6]。

SPF 值的测试方法可分为人体测试法和体外测试法。体外测试法主要通过仪器测试产品的光谱吸收或透过率，一般多在研发过程中使用。人体测试法是防晒产品 SPF 值的标准测试法。SPF 值的定义为：引起被防晒化妆品防护的皮肤产生红斑所需的 MED（最小红斑量，Minimal Erythema Dose）与未被防护的皮肤产生红斑所需的 MED 之比。MED 的定义为：引起皮肤产生清晰可见的红斑，其范围达到照射点大部分区域所需要的紫外线照射最低剂量（J/m^2）或最短时间（秒）。SPF 值的计算公式如下：

SPF＝使用防晒化妆品防护皮肤的 MED/未防护皮肤的 MED

SPF 值的常规测试流程为：选择 18～60 岁的皮肤无异常的健康人士，在规定光源下，对其后背涂覆或不涂覆防晒产品，进行照射后观察 MED，然后计算个体 SPF 值，再取 10～20 例有效受试者（每组淘汰例数不超过 5 例，故参与测试人数最多为 25 人/组）SPF 的平均值的整数作为该产品该次的 SPF 值。产品上标注的 SPF 值范围为 2～50，超过 50 的标注 50＋。

PFA 值的测试流程与 SPF 值的测试流程基本相同，区别主要有两点：滤掉了光源中波长短于 320 nm 和长于 400 nm 的部分，只保留 UVA 段部分；判断指征不是 MED，而是 MPPD（最小持续性黑化量，Minimal Persistent Pigment Darkening Dose）。PFA 值的计算公式如下：

PFA＝使用防晒化妆品防护皮肤的 MPPD/未防护皮肤的 MPPD

对 PFA 的平均值取整数后，按以下标准换算成等级在产品上标注：

PFA ＜2　　　　　无 UV-A 防护效果

PFA 2～3　　　　PA ＋

PFA 4～7　　　　PA ＋＋

PFA 8～15　　　　PA ＋＋＋

PFA ≥16　　　　PA ＋＋＋＋

不同地域，不同季节，紫外线强度差异很大。消费者可以根据自己的需求进行产品选择。在雪山、海边、高原等日照强的地方，建议平时没有防晒产品使用习惯的人也最好选择高倍数防晒产品对皮肤进行保护，以避免过量紫外线对身体的伤害。以下是三种防晒产品的成分示例：

防晒产品 1

防晒成分：氧化锌、二氧化钛

防晒产品 2

防晒成分：氧化锌、甲氧基肉桂酸乙基己酯、水杨酸乙基己酯

防晒产品 3

防晒成分：甲氧基肉桂酸乙基己酯、胡莫柳酯、水杨酸乙基己酯、丁基甲氧基二苯甲酰基甲烷、苯基苯并咪唑磺酸、奥克立林、双乙基己氧苯酚甲氧苯基三嗪

从防晒成分上看，防晒产品 1 是一款纯物理防晒霜；防晒产品 2 是物理和化学防晒相结合的产品，主要防护 UVB 段的紫外线；防晒产品 3 是纯化学防晒产品，其成分中的丁基甲氧基二苯甲酰基甲烷、双乙基己氧苯酚甲氧苯基三嗪对 UVA 段的紫外线具有良好的吸收作用，是兼具 UVA 和 UVB 段防护功能的产品。

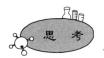

思　考

当你在炎炎夏日下活动时，应如何减少皮肤晒伤呢？有人发现，在烈日下使用高 SPF 和 FPA 值的防水防晒品，皮肤没有被晒伤，但仍明显被晒黑了，这是为什么呢？

提示：需要结合太阳光谱和防晒剂吸收光谱进行思考。

参考文献

［1］ Fisher G J，Kang S W，Varani J，et al. Mechanisms of photoaging and chronological skin aging ［J］. Archives of Dermatology，2002，138（11）：1462-1470.

［2］ Chung J H. Photoaging in Asians ［J］. Photodermatology，Photoimmunology & Photomedicine，2003，19（3）：109-121.

［3］ 李春雨，张丽宏，张宁，等. 紫外线诱导皮肤光老化的形成机制 ［J］. 中国美容医学，2009，18（3）：416-419.

［4］ Honeybrook A，Bernstein E. Oral isotretinoin and photoaging：A review ［J］. Journal of Cosmetic Dermatology，2020，19（7）：1548-1554.

［5］ 李鹏琴，张桂云，李雪. 皮肤光老化的研究进展 ［J］. 中国美容医学，2020，29（5）：174-177.

［6］ 国家食品药品监督管理总局. 化妆品安全技术规范（2015 年版）［EB/OL］. ［2020-12-31］. https：//www. nmpa. gov. cn/hzhp/hzhpggtg/hzhpqtgg/201512 23120001986. html

［7］ Schneider S L，Lim H W. A review of inorganic UV filters zinc oxide and titanium dioxide ［J］. Photodermatology，Photoimmunology & Photomedicine，2019，35（6）：442-446.

［8］ 姚孝元. 我国防晒化妆品中紫外线吸收剂分类和紫外吸收光谱 ［J］. 中国卫生检验杂志，2005，15（2）：236-241.

［9］ BASF 公司. UV Filter Spectra across the full UV Spectrum ［EB/OL］. https：// www. carecreations. basf. com.

第七讲

五光十色的世界：从光合作用到食用色素

色彩，不是物质，而是物质与光的缠绵纠葛。

本讲的主角是色素。毫无疑问，如果没有色素，那么世界将呈现为一片黑白。

可事情远非这么简单。我们星球上的植被接收太阳的能量，主要是靠色素吸收太阳光完成的。光能，乃是世界从无序变有序的主要驱动力，是使生命从一片混沌中走出来的主要动力源。

五光十色，不过是万事万物对光的映射。它们吸收光、折射光、反射光，呈现为赤橙黄绿青蓝紫，它们是红的花、绿的叶、橙色的果实、蓝蓝的天空……我们把它们做成色素、染料、墨汁、显示屏、感光元件、太阳能电池……我们用它们装点世界、传递信息、转化能量。

地球生物利用光的历史，远比人类发展的文明史要久远，它就是一部神奇自然的演化史。

讲起对光的利用，便不得不提目前还远超人类智慧的光合作用。

光合作用的主角——叶绿素

人和整个动物界，都需要植物界不断供应食物和氧气，离开植物，人和动物也活不下去。

绿色植物，几乎制造了地球上整个生物界所需的氧气和食物。只需要一缕阳光，它们就能完成当今世上最聪明最勤奋的有机化学家在最先进的实验室里也难以完成的事情：吸收二氧化碳，将无机物高效转化为有机物，释放新鲜氧气。

如果植物绝迹，地球表面的氧气储量将无源补充，留下令人和动物窒息的空气，地球也将会变回生命诞生前那个死气沉沉的星球。

光合作用是一个神奇的过程：绿色植物通过叶绿体，把光能存储为化学键能，把二氧化碳固定为有机物，并释放出氧气。诺贝尔奖委员会认为光合作用是"地球上最重要的化学反应"，是地球上一切生命生存和发展的基础，是万物生灵赖以生存的关键。

大自然用数亿年时间，演化出光合作用。人类努力了数百年，探寻出光合作用的机理。光合作用的发现史，已然不仅是关于知识发现与技术应用的科学史，更是一部宏大开阔的思想史，写满了人类探索科学问题的思想历程，但写不尽人类探索生命何去何从的永恒哲学。

本讲会提到 17 个诺贝尔化学奖，它们会带领我们一步一步走近光合作用的奥秘。17 个诺贝尔化学奖——17 个自然科学界的最高奖，也不足以表达人类对自然的敬畏之心。

比较，锁定问题的焦点

绿叶，是生命之源，净化着我们呼吸的空气。现在看来如此简单的事实，在当年曾是个困扰人类的大问题。

1771 年，英国化学家普利斯特里做了一个有名的实验：他先是将一只小老鼠和一支点燃的蜡烛放进一个玻璃罩里密封起来，很快，蜡烛就熄灭了，小老鼠也缓缓死去。接着，他对实验做出一点点调整，除了小老鼠和点燃的蜡烛，他还在密封玻璃罩内增加了一些薄荷枝叶。这一次，蜡烛竟久久没熄灭，小老鼠也没有被闷死，而是活蹦乱跳。就这样，普利斯特里发现了植物能提供维持蜡烛燃烧和老鼠呼吸的"生命空气"。

1773 年，瑞士日内瓦的一名牧师约翰·谢内别在自家书房里对着水培植物发呆。阳光下，碧绿的嫩枝周围密布着珍珠般的气泡。牧师很好奇，小心翼翼地收集起这些透明的气泡。利用带火星的木条遇氧气复燃的原理，他验证了那些气泡就是氧气。

由此，人们发现了植物之于生命的意义。可是，光是植物产生氧气的必要条件吗？

几年以后，荷兰生物学家英格豪斯给出了明确的回答。他发现：在光亮处，绿叶会使空气变清新；在黑暗处，绿叶会加速空气污浊。由此他得出，光照是绿叶发挥制氧功能的必要条件。

1864 年，德国科学家萨克斯做了这样一个实验：先把绿叶在暗处放置数小时，消耗掉叶片中的营养物质；然后，遮挡住叶片的一部分，将叶片放在光照下；几小时后，用碘蒸气熏叶片。结果是叶片被遮起来的那部分颜色无变化，而暴露在光照中的那部分则变成深蓝色。当时人们已经知道碘遇淀粉会变蓝。由此，萨克斯证明了绿叶见光才产生淀粉，也证明了光照是绿叶里发生化学反应的必要条件。

1880 年，德国科学家恩格尔曼利用显微镜观察好氧细菌发现：在黑暗环境中，好氧细菌并不喜欢附着在水绵上；若用极细的光束照射水绵，好氧细菌会集中到光照射的水绵附近。这说明在光照下水绵产生了氧气。

至此，人们知道了为人类提供氧气和食物（能量）的，不是什么神灵，而是绿叶。可是，绿叶里究竟是什么物质在起作用？是什么样的结构具有如此神奇的功能？人类能模仿这一功能，为自己制造食物和氧气吗？

现代物质科学对世界的认知，至今还建立在"结构—功能关系"基础上。科学界的共识是，要模拟天然功能，必先弄清自然物质的结构。然而，谁也没想到，叶绿素分子结构的发现史竟如此曲折漫长。

提纯，是科学研究的开始

叶绿素分子结构的成功研究就是从其提纯开始的。德国科学家里夏德·梅尔廷·维尔施泰特（Richard Martin Willstatter，1872—1942），22 岁时发现天然植物碱阿托品、可卡因等分子的结构，获博士学位。1905 年，他在苏黎世联邦理工学院任教授，开始了更有挑战性的植物色素研究。

他发现叶片中的绿色物质并不是一种纯净物，而是蓝蓝绿绿多种物质的混合物。前人的分离方法有严重缺陷——物质分离不彻底，提纯不充分。这是一直难以搞清楚叶绿素分子结构的主要原因。维尔施泰特根据他先前研究天然分子的经验，把当时最先进的色层法（现在叫层析法）用来分离提取绿叶中的绿色物质。经过 10 多年的努力，他终于从绿叶中分离出了具有神奇作用的绿色物质——叶绿素 A 和叶绿素 B。它们以大约 3∶1 的比例存在于绿叶细胞中，都是以镁为中心的卟啉配合物。初步弄清了叶绿素的组成和分子结构，为后来的结构—功能—合成研究打下坚实的基础。

层析法趣味实验

将吸水纸巾撕成长条，在距一端 2 cm 处滴上各种颜色的墨水、蔬菜汁或饮料。将这一端的前 1 cm 没于清水中，剩余部分挂在杯沿，观察水和各种颜色沿纸巾移动的速度。试试把几种颜色滴在同一处，看看用色层法能不能分开它们。

维尔施泰特的研究成果，以科学的力量驳斥了上帝造物说，驳斥了宗教谬论，为人类科学认知世界打开了一扇崭新的大门。他于 1915 年获得了诺贝尔化学奖。

结构，是揭秘功能的钥匙

众所周知，弄清楚完整的物质结构不仅是为了能够人工合成，还是为了揭开其功能，以更好地为人类利用。对叶绿素分子结构式的研究正是如此。德国生物学家汉斯·费歇尔（Hans Fischer，1881—1945）先后在德国马尔堡大学和慕尼黑工业大学获得了化学学士学位和医学博士学位，是典型的交叉创新型人才。当过一段时间医生的他，深深感到临床上对人工血液的迫切需求。1921 年，费歇尔在慕尼黑工业大学任有机化学教授，开始了对血红素的研究。他发现血红素是一种含铁的卟啉化合物，而卟啉是四个吡咯构成的大环。费歇尔用来自石油的简单化合物吡咯做原料，合成了原卟啉，再加入铁离子，就制得了人造血红素，并证明它和血红蛋白分解得到的产物一样，具有氧化态、还原态两种稳态，能够起到搬运氧气的作用。研究者用人造血红素乳化得到一种人工血液，并用老鼠做实验，证明人工血液可代替血红蛋白从肺向其他部位输送氧气。后来，人工血液在日本的一次医疗急救中被用于临床，成功挽救病人的命。这预示着这项成果可以代替血液，挽救无数人的生命。

为什么说具有氧化态和还原态两种稳态的化合物就能搬运氧气呢？
你能用化学方程式表示这一化学反应吗？

　　费歇尔在合成血红素时还发现，在中间产物原卟啉中不加铁离子，
改加镁离子，能得到绿色化合物，它的各种性质与叶绿素非常接近，但
又有些许差别。经过多年研究，费歇尔弄清了叶绿素 A 和叶绿素 B 在
卟啉大环上的细微差别，弄清了几个叶绿素分子的完整结构。经费歇尔
修订的叶绿素分子结构式一直沿用至今。

　　费歇尔的研究不仅解开了血液之所以红，植物叶之所以绿的秘密，
还揭示了叶绿素与血红素结构的相似性（图 7-1，图 7-2），为人类治疗
贫血和失血发现了新途径，更为合成叶绿素的复杂结构铺平了道路。由
于这些突出贡献，费歇尔于 1930 年荣获诺贝尔化学奖。

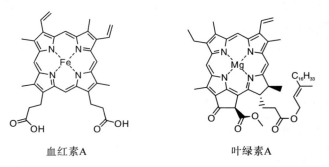

血红素A　　　　　　　　　　叶绿素A

图 7-1　血红素 A 的分子结构式　　图 7-2　叶绿素 A 的分子结构式

合成，是人造功能的基础

　　罗伯特·伯恩斯·伍德沃德（Robert Burns Woodward，1917—
1979）在包括叶绿素在内的一系列复杂的天然产物的"全合成"（全合

成是指以简单廉价化合物为起点，通过多个步骤，合成结构复杂的有机化合物）方面所取得的成就，使他成为公认的"有机合成之父"。经上百次提名，他终于在 1965 年捧走了诺贝尔化学奖。

伍德沃德出生在美国波士顿，孩童时代，就在自家车库捣鼓瓶瓶罐罐，并做完了《有机化学的实用方法》中的大部分实验。为了看一眼只发表在德国顶级期刊上的研究论文，11 岁的他竟找到德国领事馆。他后来回忆说，那时候他读到了有关双烯合成的规律，便学着把规律应用于合成，成为其后来研究的起点。

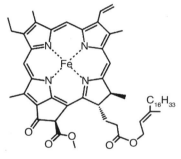

图 7-3　伍德沃德与叶绿素分子结构式

1933 年，16 岁的天才少年伍德沃德考入了全球数一数二的理工类学院——MIT（麻省理工学院），将所有精力投入化学，以至于"挂"掉了所有非化学的科目，因偏科被 MIT 开除。这可把化学系的教授们急坏了，他们联名给校长写信，希望学校能留下这个天赋异禀的学生。第二年，MIT 把 18 岁的伍德沃德作为"双特生"（具有特殊爱好、特殊专长的奇才、偏才和怪才）招回学校，单独安排培养方案和课程。1 年后，他拿到了学士学位；再 1 年后，时年 20 岁的伍德沃德被授予博士学位，并赴哈佛大学执教。

刚工作的伍德沃德研究和发展了基于紫外-可见-近红外吸收光谱和红外吸收光谱在混合物中快速鉴定目标有机分子是否存在的方法。他通过收集大量实验数据，总结出了后来被称为伍德沃德规律的公式。利用仪器分析来做结构鉴定是他研究生涯的一个特色。这种方法允许在提纯之前对混合物进行鉴定，可利用简单仪器"秒出"结果，甚至可在反应中实时监控产物，从而改变了沿用已久的先提纯、再鉴定的方法。在此之前，因为有机化学反应往往副反应众多，产物和未反应完的原料成分复杂，每个化合物的提纯条件需要逐一摸索，所以物质分离过程往往极其烦琐。这种方法大大缩短了全合成中每一步获得反馈的时间，使得不顺利的反应得以及时终止，数以倍计地加速了全合成。直到现在，这些观测混合物中是否有反应产物的方法仍是有机合成实验室最基本、最重要、最常用的方法。可以说，实验室操作人员如果不掌握这些操作，几乎难以完成任何具有挑战的反应。

思 考

鉴定纯净物是否为目标分子和在混合物中鉴定目标分子是否存在，二者难度一样吗？哪个更难，难在哪里？

战争让疟疾肆虐，奎宁变得稀缺。22 岁的伍德沃德做出了一个惊人的决定：他要挑战人工合成奎宁（图 7-4）。当时的有机化学界都惊呆了，像奎宁这么复杂的分子，在大家心目中是不可能人工合成的。伍德沃德静心思考，精心设计，经过 55 道程序，终于完成了奎宁的合成，其程序之复杂，操作之烦琐，即便暂时无法工业化量产，也足以问鼎化学合成领域。这也颠覆了同行的认知：有机合成作为一门科学，远不止于经验主义的实验科学，利用结构知识和反应原理，无论分子结构多么复杂，其全合成也可以被规划、被设计、被一步一步实现。这一认知为有机合成领域注入了巨大的信心，也为伍德沃德自己打了强心针：胆固醇、可的松、秋水仙碱、利血平……，他的实验室里诞生了一大批人们至今都必不可少的药物。而在此之前，它们都只能从动植物中提取，价格昂贵。

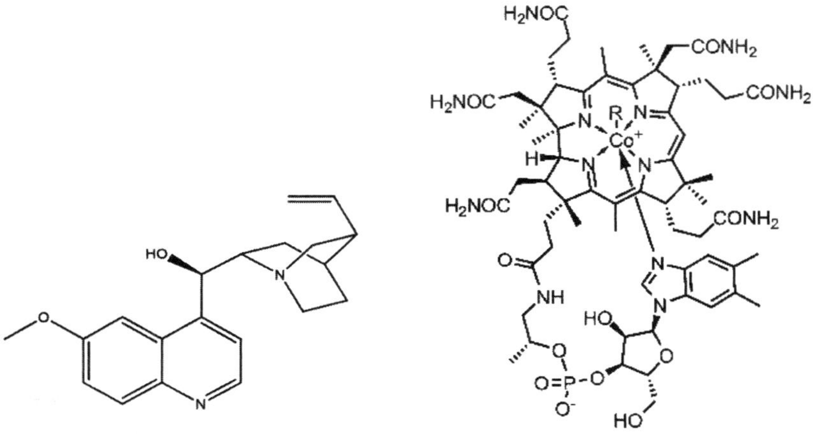

R—5′–deoxyadenosyl、Me、OH、–CN

图 7-4　奎宁分子（左）和维生素 B_{12} 分子（右）的结构式

初露锋芒的伍德沃德没有停下脚步，开始向更具挑战性的方向前进。这一次，他的目标是化学合成界的珠穆朗玛峰——叶绿素和维生素 B_{12}（图 7-4）。两种分子都由四个吡咯环构成大环结构，都不能经受强酸、强碱、高温、强氧化剂等，这使得有限的合成手段中很多都不适用，给合成造成了极大的困难。要想按照之前的方法，一步步地合成叶绿素和维生素 B_{12}，简直是天方夜谭。既然不能一步步合成，那拆分成若干部件，先用零件将一个一个部件搭建好，再组装起来，行不行呢？

在谋定了思路，设计好路线后，伍德沃德还发明了许多试剂来促成每一道工序。他小心地用零件搭建每一个部件，再精心地组装。每一步的中间产物，他都用简单快速的方法确认，正确后再推进，如此做了近千次实验，有条不紊，丝丝入扣。为预测周环反应中产物立体化学的规则，他提出并验证了"伍德沃德-霍夫曼规则"。伍德沃德过世后，霍夫曼和福井谦一因此获得了 1981 年的诺贝尔化学奖。

伍德沃德经过 4 年的奋斗，叶绿素终于在 1960 年被人工合成出来，它同从绿叶中提炼的叶绿素不但物理、化学性质相同，而且有同样的生物活性。更令人惊喜的是，叶绿素并非仅在细胞里才有人们想要的光反应，在溶液中也能进行类似光合作用的反应在光照条件下发生氧化还原反应；人工制备的叶绿素薄膜在光照下能产生光电位和光电流，还能催化某些氧化还原反应。这为人类制造太阳能电池打开了新天地，例如染料敏化太阳能电池以卟啉等染料为敏化剂，吸收日光，产生电。

此外，伍德沃德组织了 14 个国家的上百位化学家协同攻关，历时 11 年，终于完成了维生素 B_{12} 的合成工作，在化学合成史上树起一座里程碑。这种部件拼搭方法，已成为当今复杂有机化合物全合成的通用方法。这一成就向大自然强有力地宣布，人类足够谦卑，也足够聪明，只要有足够的策略研究，加上足够的努力，大自然演化数亿年的复杂分子，在实验室里也能得到！

正如伍德沃德所说：合成，是一门艺术！凭借着在有机化学合成上的成就，被提名了上百次的伍德沃德终于拿到了 1965 年的诺贝尔化学奖。

安装光合作用天线——类胡萝卜素

保罗·卡勒（Paul Karrer，1889—1971）因研究类胡萝卜素等物质的化学结构，于 1937 年获得诺贝尔化学奖。卡勒是研究类胡萝卜素、黄素和维生素 A、B 的先驱之一，他测定了维生素 A 及其主要前体的化学式，首次分离纯化了维生素 A，证明了类胡萝卜素在体内可以转化为维生素 A，对后来胡萝卜素在医药、美容、健康等方面的相关研究和应用产生了巨大影响。

之所以会提到类胡萝卜素这一橙色家族的色素，主要是因为在光合作用中，它扮演了重要角色。关于类胡萝卜素的故事，要从"光""色"的本质说起。

光是什么？

光是一种电磁波，是一"浪"一"浪"的；但光也是一种粒子，是一"份"一"份"的。

时隔百年，上述文字作为一般结论写在纸上，已然毫无争议。然而百年以前，光的"波粒二象性"引发了学术界数十名"最强大脑"的激烈争论。德布罗意于 1929 年因波粒二象性假设获得了诺贝尔物理学奖，汤姆孙和戴维孙因在实验中发现了电子通过晶体的衍射共享了 1937 年的诺贝尔物理学奖。1921 年，爱因斯坦因阐明光电效应原理而荣获诺贝尔物理学奖。光电效应，即光可以从金属表面打出特定能量的电子，是光的粒子性妥妥的证明；然而，光子可以绕着障碍物走，即发生衍射现象，又是光的波动性的铁证。把两种对立的科学论断统一起来，以此为标志，人类对科学的认知边界的哲学思考上升了一个层次。

这一"份"一"份"的光是有能量的。光的能量并不取决于光强。通俗地理解，光强指一下子来了多少个光子。按照光强不同，光有激光、脉冲光、太阳光或灯光。光的能量取决于波长，有

$$E = hc/\lambda$$

式中，E 是能量，λ 是波长，二者呈反比，即波长越长，能量越小；h 是普朗克常数，c 是光速，二者的乘积在空气中恒定。

分子大楼里的电子

分子可以构成物质，分子的能级有定数。

每个分子都由原子组成，原子又由原子核和核外电子组成。分子中的电子少则两三个，多则成千上万。

如果将一个分子比作一幢建筑，那么其中的电子是怎么住的呢？难道挤成一团？不，它们住在楼里。这座楼和茶楼有点儿像：有好几层，不同高度代表不同能级；每层都有茶座，一座一客，一桌两人，绝无第三者——称为"泡利不相容原理"（1945 年，泡利获得诺贝尔物理学奖）。电子比较"懒"，不想爬楼，但凡楼下有空位，绝不往楼上跑，我们称之为"能量最低原理"。

可以想见，整座分子大楼，底层（低能级）挤满了电子，实在没位置了，电子才上楼；最上面几层，电子们坐得稀疏一些。有电子的最高楼层，我们叫它"最高占据分子轨道（Highest Occupied Molecular Orbital，HOMO）"；没电子的最低楼层，我们叫它"最低未占分子轨道（Lowest Unoccupied Molecular Orbital，LUMO）"。这两层是相邻的，我们又把这两层叫作"前线轨道"，分子大楼里的电子与光之间的神奇故事，大都发生在这两层及其上下层。

分子如何吸收光？

分子大楼里没有"楼梯"，电子上楼全靠"跳"，我们称之为"跃迁"。跃迁需要能量，就好像马戏团里大象一脚踩在跷跷板上，提供了能量，可以把小丑弹起来，使其跳到更高的位置（图 7-5）。在分子中，提供能量的"大象"，可以是光，表现出光的粒子性；也可以是其他分子，如此便是化学反应，是另一个故事了，此处按下不表。

图 7-5　马戏团里的跷跷板

分子对光何以有选择

前线轨道的能级，对于特定分子而言是固定的，所以能级差也是固定的。比如某分子大楼，HOMO 和 LUMO 之间的层高（能级差）确定是"3.6 m"，那么即便有 10^{23} 个分子，它们的前线轨道能级差都统一是"3.6 m 高"，这个性质是由分子结构决定的。在 19 楼（HOMO，基态）的小丑（即电子）至少要跳到 20 楼（LUMO，激发态），如果大象那一脚踩得轻了一点，小丑弹起高度没有 3.6 m，就跳不到 20 楼，只能跌回 19 楼；如果那一脚踩得比较重，就算小丑弹起了 4 m，也还是只能落回 20 楼，把多余的能量浪费掉。大象只能一脚一脚地踩，如同光子能量包只能一"份"一"份"地传播，电子只能接住能量恰到好处的一包光子，跳上 20 楼。

让我们再设想大象胖一点，那一脚踩得更重一点，使小丑从 19 楼直接跳到更高的楼层，如 21 楼（LUMO＋1 轨道），也不是没有可能，特别是当 20 楼有"栏杆"（即"禁阻跃迁"），电子没法儿进入 20 楼时，这事常有发生。叶绿素分子大楼里就是这个状况。

你可能还会问，两只大象一起踩行不行？诺贝尔物理学奖得主、美国科学家玛丽亚·格佩特-梅耶 1931 年在她的博士论文中通过理论计算预测："行的"。这便是"双光子吸收"，虽然概率很小，但确实存在。德国科学家温弗里德·登科在 20 世纪 80 年代末利用这一原理发明了双光子激发共聚焦显微镜，能看到神经细胞，带领人类进入了更准确更精密的新世界。

跃迁到激发态的电子能永远待在"楼上"吗？

小丑（电子）跃迁到 20 楼（激发态），19 楼（基态）就留下了空座位，分子大楼就此违背了"能量最低原理"，成了"激发态"。分子大楼可没法儿长时间违背"能量最低原理"，即激发态很难长期稳定存在：一方面，"高处不胜寒"，20 楼的电子着急下来；另一方面，大家都盯着 19 楼的舒服空位。过不了多久，跳上去的电子摇摇晃晃"跃迁"回19 楼，把分子大楼恢复成稳稳当当的"基态"，把多余的能量以热能的形式散发出去，这就是"光热现象"。

光热现象在医学上具有广阔应用前景。例如，光照在皮肤上，可以穿透表皮层，直达真皮层。深色物质，如色斑、痘印、红血丝等，会"选择吸收"部分光。被吸收的光会转化为热量，产生"光热作用"。如果热量足够，的确能"烤熟"色素，使蛋白质变性失活，然后被代谢掉，这就是医学祛斑、去除痘印、红血丝的办法。

又如，两束激光聚焦在体内，可以烧热烧熟烧断血管，不用开膛剖腹，就能止血。如果这条血管向肿瘤供血，就可以卡住肿瘤的"脖子"，切断营养"饿死"它。如果用光导纤维经皮穿刺导入激光，45 ℃就可以把体内肿瘤烧死，这就是还在临床试验阶段的肿瘤新疗法——光热疗法。

为什么血红素对光会"选择吸收"？

前文提到，哪怕分子数量再多，分子大楼 HOMO 和 LUMO 之间的层高（能级差）是统一的，这是由分子结构决定的。

一分子一世界，绝不相同。即结构不同的分子，前线轨道的层高会不一样。

叶绿素有叶绿素的分子大楼，血红素有血红素的分子大楼，各有不同层高。黑色素麦拉宁（melanin）是混合物，高矮不同的房子组成了黑色素麦拉宁村，村里每栋房子的层高迥异。

黑色素麦拉宁对 300～700 nm 的光都吸收，吸收最多的是 300 nm 的紫外光。血液里的血红素，前线轨道 119 楼的电子跳到 120 楼有点儿障碍（禁阻跃迁），还更愿意跳到 121 楼，吸收 420 nm（蓝色）和 600 nm（橙色）两个波长的光，在吸收光谱上，呈现两个高高的峰。分子结构决定能级差，能级差决定吸收光的波长，每个分子都有自己的"特征吸收光谱"。

花儿为什么这样红？

物质选择性吸收一些波段的光，把剩余的光反射、折射出来，呈现互补色（图 7-6），这就是物质的特征颜色。

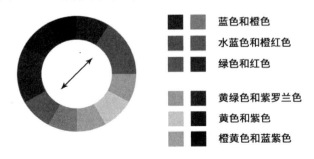

蓝色和橙色
水蓝色和橙红色
绿色和红色

黄绿色和紫罗兰色
黄色和紫色
橙黄色和蓝紫色

图 7-6　色相补色环

　　花青素吸收 580 nm 附近的黄偏绿光，使葡萄皮呈紫罗兰色（图 7-7）。

　　叶绿素特征吸收光谱分两段，分别吸收了 420 nm 附近的蓝光和 630 nm 的红光，使叶子显示没被吸收的绿色（图 7-7）。

　　番茄红素吸收 479 nm 附近的水蓝色光，使番茄呈橙红色（图 7-7）。

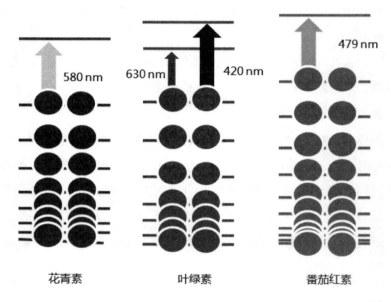

图 7-7　色素吸光显色示意图

　　胡萝卜里的胡萝卜素吸收了 400～500 nm 的蓝紫光和蓝色光，使胡萝卜显示橙色。

　　不仅纯天然的植物成分有特征吸收光谱并显示补色，各种矿石、金属、纺织品等都有特征吸收光谱，如翡翠吸收 630～690 nm 的橙光、红光，显示蓝、绿程度不同的颜色。

　　五彩缤纷的花瓣，无非是各种色素吸光显色而产生的。

　　对光的"选择吸收"，源自物质的本性，源自分子的结构。光与分子之间是如此"专一"，可以说，每一个分子，都有它专属的一缕（固定波长的）光，每一波长的光，都认得它的"命中分子"。伍德沃德能从混合物中追踪到目标分子的痕迹，靠的就是"特征吸收光谱"。

光子嫩肤是真的吗？

波长为 700 nm 的深红光透过皮肤，遇血红蛋白如遇空气，侧身让过，血红蛋白遇深红光也视若无睹，目不斜视。然而，深红光与黑色素麦拉宁却大有相见恨晚、相拥而泣之势。如果这束光能量足够强，产生的光热作用不能及时散发出去，黑色素麦拉宁可烧毁自己，也要照单全收，直至全部毁灭。皮肤、黑色素麦拉宁和血红蛋白的紫外-可见-近红外吸收光谱如图 7-8 所示。

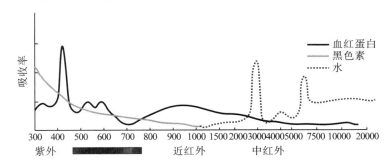

图 7-8 皮肤、黑色素麦拉宁和血红蛋白的紫外-可见吸收光谱

用于缓解红血丝问题的光子嫩肤仪器需要什么波段的光？

光合作用里，类胡萝卜素帮了什么忙？

叶绿素只吸收 420 nm 附近的蓝光和 630 nm 附近的红光，而占太阳光相当大比例的 400～500 nm 的绿光被叶绿素完美错过。光合作用的效率本来就不高，再浪费那么多能量，岂不可惜？大自然何其神奇，找来类胡萝卜素补位，把绿光吸收掉。

如果类胡萝卜素的作用只是补位，则其还担不起能量"天线"的美誉。

众所周知，提供能量让分子大楼里的电子跳起来的，可以是光，也可以是其他分子，确切地说，是其他分子里的"激发态"电子。类胡萝卜素就是个典型的例子。

类胡萝卜素分子大楼里低楼层（HOMO）的电子吸收了绿光，跳（跃迁）到高楼层（LUMO）后，由于在自家大楼跳回 HOMO 比较难（禁阻跃迁），因此便有那么几个特别爱串门的电子不直接回自家 HOMO，它们东张西望，看到叶绿素分子大楼在它的跳跃范围之内，一个漂亮的跑酷，就进入了叶绿素分子大楼里。它们落下时带来的那点儿能量，竟也像大象踩跷跷板一样，把叶绿素分子大楼里的电子弹起来。这个过程叫作"电子转移激发"。

美国科学家鲁道夫·A. 马库斯（Rudolph·A·Marcus，1923—）在 1960 年前后以模型清晰地阐述了电子转移过程。由于这一理论模型在以后 30 年对有机电子学、神经光子学等领域产生重要影响，指导着太阳能电池、彩色显示等改变人类生活的重要技术的不断改进，他于 1992 年获得了诺贝尔化学奖。

由此可知，类胡萝卜素吸收了叶绿素不要的绿光，把能量传递给叶绿素，为叶绿素当了能量"天线"。

不得不提的是，类胡萝卜素不仅能给叶绿素当能量"天线"，还有抗氧化延缓衰老的功效。高楼层（LUMO）躁动不安的电子们，看到来串门的邻居，都开心地跑过去握手，把能量传递给邻家好友。这些邻居中，有一类与它们尤其"臭味相投"，就是被称作"自由基"的活跃电子。"自由基"在人体内到处祸害正常组织，让人衰老生病。有了类胡萝卜素，"自由基"就能被封印，束手就擒，从此不再到处闯祸。这么一来，多吃点儿类胡萝卜素，便有了美容抗衰的功效。

1971 年，诺贝尔化学奖授予了加拿大物理化学家格哈德·赫茨伯格（Gerhard Herzberg，1904—1999），以表彰他在确定自由基的电子结构和几何知识方面的贡献。

> ### 小贴士
>
> 为什么自由基在体内有害？因为自由基能量较高，能将本来稳定的相邻分子激发为不稳定状态，从而破坏体内原有的健康分子。

幸运的是，能清除自由基的，远不止类胡萝卜素这一种物质，比如 1954 年的诺贝尔化学奖主角维生素 C、1978 年的诺贝尔化学奖主角辅酶 Q10、1996 年的诺贝尔化学奖主角富勒烯和迟早要登上诺贝尔奖神坛的石墨烯，它们都能捕获自由基，帮正常组织争取自我修复的时间——它们就是活跃在保健品、护肤品市场的"抗衰神药"，就是人们追寻千年的"不老仙丹"！

打通光合作用大道——揭秘能量传递过程

由前文提到的光合作用可知，物质吸收光后会发热。可除了发热，还能干点儿更有用的事吗？

有！更有用的事，是 20 楼的"激发态电子"不再摇摇晃晃"跃迁"回 19 楼，而是跳去了其他分子大楼，产生化学反应，将能量稳定存储在相邻分子反应后的物质结构中。换句话说，光能被转化为化学能！

这，就是光合作用的机理；这，就是地球生命起源中不可或缺的一环。

然而，说起来简单，证明起来很复杂。

碳怎么留下——卡尔文循环

让我们回顾一下植物光合作用的过程：光照下，植物吸收 CO_2，留下了碳，释放了氧气。碳，从 CO_2 那种缥缈的气态存在方式，经光合作用，留在植物体内，被固定到固体状态物质里，它经历了怎样神奇的历程啊！

思　考

"碳达峰、碳中和"进程中"CO_2 固定"有什么地位？除了多种植物，人类还有其他手段吗？

1940 年代，美国化学家梅尔文·埃利斯·卡尔文（Melvin Ellis Calvin，1911—1997）利用新发现的放射性同位素 C-14 标记的 CO_2 示踪，结合纸层析新技术，找到了植物光合作用中 CO_2 固化的第一的产物，此后又顺藤摸瓜，找到在绿叶中牵手 CO_2 的反应中心——核酮糖-1,5-二磷酸，还证明碳固化的过程需要消耗 ATP（腺嘌呤核苷三磷酸）与 NADPH（还原型辅酶Ⅱ）。经过 10 年，他终于弄清了光合碳循环——被称为"卡尔文循环"，他也因此被授予 1961 年的诺贝尔化学奖。

两个世界怎么交互——细胞膜的秘密

叶绿素在细胞里面，CO_2 在细胞外面，看来细胞膜一定有什么办法传递信息、搬运关键物质。

英国生物化学家彼得·丹尼斯·米切尔（Peter Dennis Mitchell，1920—1992）把目光锁定在细胞膜上。细胞膜由两层脂质组成，电子、离子和分子不能随便穿过细胞膜，膜两边物质浓度不同，可以跨膜形成"渗透压"，这就是著名的"化学渗透理论"。

正是渗透压，让细胞感知环境。在膜外表面接收信号，在细胞内释放信号的，正是膜蛋白。

正是渗透压，驱动物质跨膜运输。在光合作用中，电子和质子通过定制款"小门"穿膜而过，所产生的膜电位驱动了 ATP 的合成，营养素的摄取，废物和蛋白质的输出。

揭秘细胞膜跨膜传递信号、搬运物质，让米切尔摘得 1978 年的诺贝尔化学奖。

能量怎么留下——蛋白质晶体结构

虽然知道叶绿素怎么吸收光，也知道碳怎么进入在植物体内，但叶绿素把激发态电子的能量给了谁？作为反应中心的膜蛋白长什么样子？为什么具有这么神奇的功能？科学家一致认为，只有了解了其晶体结构，才能让真相大白！

但是，晶体结构是一个让化学家又爱又怕的名词。靠 X 射线收集晶体的衍射点来推断晶体结构，如果碰到氯化钠那样的晶体——原子种类少、排列规整，晶体容易培养大，衍射点整整齐齐，这就像用 X 射线给原子拍照，清清楚楚，明明白白。然而，遇到原子种类多、结构复杂、结晶难度大的有机分子，即便今天有了强大的软件加持，也不容易完成。细胞内光合作用的反应中心是膜蛋白，不容易结晶不说，即便结晶到足够大的尺寸，其原子数量动辄上万，靠 X 射线收集衍射点来推断结构，如同雾里看花，道阻且长。

三位德国生物化学家约翰·戴森霍弗尔（Johann Deisenhofer，1943—）、罗伯特·胡贝尔（Robert Huber，1937—）、哈特穆特·米歇尔（Hartmut Michel，1948—）想了很多办法，合力攻关多年，不仅分离提纯了含有蛋白质的膜蛋白大分子复合体，而且培养了可供 X 射线衍射测定尺寸的晶体。他们收集了几十万个衍射数据，在原子水平上测定了光合作用反应中心"膜蛋白-色素复合物"的三维空间结构，揭示了这种蛋白质结构的全部细节，弄清了电子的传递和能量的转移，在光合作用机理研究中迈出了关键一步。因此，他们共同获得了 1988 年的诺贝尔化学奖。

至此，人类了解了叶绿素的结构，弄清了叶绿素怎么吸收光，还知道了光激发起来的电子跳到哪个蛋白反应中心，又是怎么把能量转移到 ATP 上，驱动 CO_2 和碳循环里反应中心的牵手，而后如何释放氧气，生成淀粉等碳水化合物。这么一部庞大、复杂而精密的机器年复一年、日复一日地运转着，不仅要随着环境的改变而演化出结构不同、特征光谱不同的光反应中心——叶绿素 A～E，还要随着春去秋来，年复一年更新着其中最脆弱的光反应中心——叶绿素。这一切，让人类了解越多，越感觉自己的无知和局限；研究越深入，对大自然越感到敬畏。

人类发展的驱动力，除了好奇心，还有掌控命运的欲望。

像绿叶一样，向阳光要能量，是多年来众多科学家与工程师的共同使命。

食用色素自辩

人们对光的研究，很快转化为对色素的利用。色素已和人类的衣食住行高度融合，带给我们五彩的世界。

为了增添食物的吸引力，提高消费者的食欲和购买欲，商家常常选用食用色素对食品进行染色。提起色素，很多人是心生畏惧，唯恐避之不及。见诸报端的"苏丹红""染色馒头"等发酵成公共安全事件，甚至引发全民关于"什么能吃"的恐慌，使广大消费者谈"色"色变，反感食品加工中添加色素，误以为添加色素的食物一定会危害健康。诚如菲利普·鲍尔所著的《分子》中所言：化学之善，被看作天经地义；而化学之恶，却会长久印在人们脑海中。

色素果真如此可怕吗？

鲜艳的一定有毒吗？

联想到毒蘑菇的判断标准之一是颜色鲜艳，人们就笃定：色彩鲜艳的物质毒性大。

如果不怕纸短，这里可以举出成千上万个例子，说明毒性与色彩毫无关系。

赫赫有名的千古毒物砒霜（As_2O_3），是白色粉末。

藏在蘑菇里的鹅膏毒肽比砒霜毒性强 50 倍，只需 20 mg 就可以毒死体重 50 kg 的人，而鹅膏毒肽也是白色的。并且，这种"最毒"蘑菇的颜色一点儿也不鲜艳。

鲜艳的色素，不仅不一定有毒，还可能有助健康：鲜黄色的姜黄素、橙色的虾青素、鲜红的番茄红素、紫色的花青素，它们是效果相当不错的抗氧化剂。

类胡萝卜素家族包括 α-胡萝卜素、β-胡萝卜素、玉米黄素、隐黄质等 700 多种色素，广泛存在于胡萝卜、甘薯、玉米、葡萄中，甚至谷物喂养的母鸡下的蛋中也有玉米黄素。之所以说它们是一类，并非因其都是鲜艳的黄橙色，是因为它们的分子结构式中都有一连串共轭双键（如图 7-9 所示，像减号那样的是单键，像等号那样的是双键，双键单键相间排列，叫共轭双键），是上好的还原剂，或者爱美人士所说的抗氧化剂。它们中，有的还具有一定的保健功效，因此被国家批准为食用色素，广泛用于调味品、烟草、糕点、糖果和多种饲料加工中。

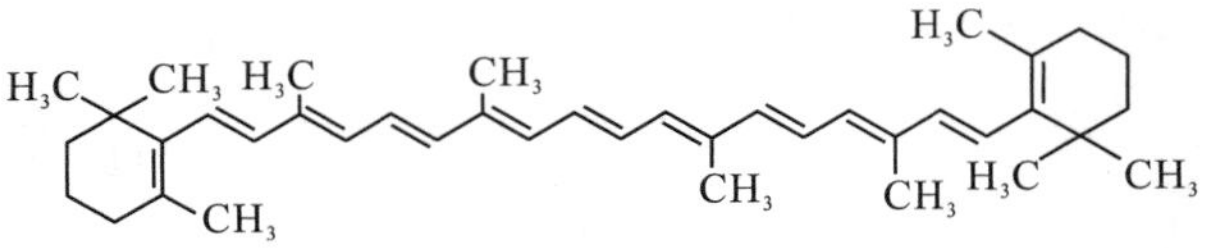

图 7-9　β-胡萝卜素分子结构式

必须强调的是，"共轭"这一结构特征，既是色素颜色鲜艳的原因，又是分子具有还原性、抗氧化性、有助健康的原因。有时，鲜艳不仅不代表有毒，反而代表健康。

小 贴 士

用油泡，就能鉴定苏丹红？

苏丹红染制"红心鸭蛋"，一经曝光，人心惶惶。色素用丙酮、氯仿，甚至食用油搅一搅、泡一泡，变红的就是苏丹红，言下之意，用溶解性可以鉴定色素有毒与否、批准与否，天下有毒色素都是油溶性的，而批准的食用色素都是水溶性的。

苏丹红确实是油溶性的。

但是，还有一大批国家批准的食用色素也是油溶性的，其中鲜红色的有辣椒红、番茄红素、紫草红等。

油溶性与否，不是判断色素有毒与否的标志。用油泡一泡，不能鉴定是不是高毒性的非食用色素。

色素的毒性是怎么算的？

"色素有没有毒性"这个问题本身就不科学。科学的问法是，摄入多少色素有毒？国家标准中，对每一种色素的最大使用量做了明确规定，例如，《食品添加剂使用卫生标准》（2014 年版）明确规定日落黄在汽水、糖果等食品中的最大使用量是 0.1 g/kg。

根据联合国粮食及农业组织和世界卫生组织的食品添加剂联合专家委员会的实验评价，日落黄的每千克体重每日摄入量不超过 2.5 mg 是安全的，即体重为 50 kg 的人每日摄入日落黄最多不能超过 2.5 mg/kg ×50 kg＝125 mg＝0.125 g。

根据上述两个数据，我们可以得出结论：饮用或食用含有日落黄的汽水、糖果等食品，长期每天摄入超过 0.125 g/（0.1 g/kg）＝1.25 kg，可能要中毒。

前面已经介绍过，毒性是用 LD_{50} 这个参数来表示的。鹅膏毒肽的 LD_{50} 是 0.4 mg/kg，说明每千克体重每天摄入 0.4 mg 以上就要中毒。LD_{50} 是个与剂量和体重有关的比值，值越小，说明毒性越大。

脱离剂量谈毒性，都是没有任何意义的。

现行食用色素管理制度能保证食品安全吗？

大约在公元前 1500 年，埃及的糖果商就已开始用天然提取物和葡萄酒来改善糖果的色泽，以追求更高的利润。早年，由于技术与认知的局限，广泛用于食物的色素都未进行过毒理学评价。近年，随着人类对健康问题越来越重视，以及科学技术手段越来越普及，再加上公共安全事件频发，各国管理者开始重视并开展食用色素的安全性评价工作，对于使用食用色素制定了严格的管理要求。

色素的毒性取决于分子结构，故对天然色素的安全性评价规定：如果工业生产的色素分子结构式与已经批准使用的天然提取色素完全一致，且使用量不超过天然提取色素时，不需要进行毒理学评价。其他的都需要进行严格的毒理学评价。

我国现行的《食品安全国家标准　食品添加剂使用标准》（GB 2760—2014）就是根据上述规定，经研究人员的毒理实验，参考了国际和发达国家的标准法规，编写而成的食用色素添加剂使用准则，明确规定了食品色素的种类、使用范围、最大使用量等。

随着人们对食用色素认识的不断加深，有关于食用色素的使用准则也不断更新。现行《食品安全国家标准　食品添加剂使用标准》（GB 2760—2014）相对于过去使用的 2011 年版，就撤销了 17 种食用色素添加剂的使用[4]，批准使用的天然色素有 60 多种，包括虫胶红、红花黄、越橘红、萝卜红、甜菜红、焦糖色、可可壳色、β-胡萝卜素、菊花黄浸膏、黑豆红、高粱红、辣椒红、红曲红等；批准使用的合成食用色素有 6 种，包括苋菜红、胭脂红、柠檬黄、日落黄、亮蓝、靛蓝。至今已有 16 个增补文件。

食用色素引发公共安全事件，是化学的错吗？

食用色素引发的公共安全事件和全民焦虑，错在商家对化学知识掌握不够充分、罔顾消费者健康、无视国家法规而盲目逐利；错在市场监管机制不健全，监管工具不够快速、高效、方便。"苏丹红""染色馒头"等色素引发的公共安全事件，并不是被批准的食用色素本身安全性低，而是糊涂商家不懂化学，或者黑心商家有法不依。

要防止这些问题的再次出现，市场监管机制和工具的升级换代固然重要，对商家进行科学知识和法律常识的普及才是根本解决之道。

延伸阅读 ···

太阳能电池的发展史

自从科学家弄清了光合作用中叶绿素把光转化为能量的细节，加上马库斯提出的电子转移理论，人类也雄心壮志地效仿大自然，要人造绿叶。1930 年，朗格首次提出用"光电效应"制造"太阳能电池"，梦想着把随处可得的日光转化为电能，以便脱离对相对固定的电网系统的依赖，摆脱对传统且有限能源的依赖。太阳能电池迄今已经发展了四代。

1883 年，世界上第一块硒太阳能电池由查尔斯·费里茨制备，光电转化效率只有 1%。

1954 年，美国贝尔实验室制造出第一块具有实用价值的硅太阳能电池，光电转化效率为 6%，标志着太阳能电池技术的时代终于到来。20 世纪 50 年代末，人造卫星上徐徐展开的太阳能电池板，成为人类探索太空的翅膀。1973 年石油危机迫使人们开始关注太阳能电池的民生用途。在各国高额政策补贴和技术进步推动下，太阳能光电系统装机容量迅速攀升。在中国，太阳能发电产业亦得到政府的大力鼓励和资助。2009 年，财政部宣布拟对大型太阳能工程进行补贴。

太阳能电池主要分为晶硅太阳能电池、薄膜太阳能电池、染料敏化太阳能电池、有机太阳能电池和钙钛矿太阳能电池等几类。

晶硅太阳能电池以硅吸收光，利用晶硅半导体性质，让电子吸收光能后传到外电路，产生电流。现在，晶硅太阳能电池的光电转化效率是所有太阳能电池中最高的，2020 年 NREL 认证的实验室测试值（通常测试的是 0.3 cm×0.3 cm 的小电池）已高达 47.1%。

从蝇头小的电池发展到 10 cm×10 cm 具有实用价值的电池，并不那么容易，不仅需要把光生电子顺顺利利传输出去，而不是"陷"在电池里；还需要电池能经受日光暴晒、风吹雨淋的考验而维持几年，且光电转化效率不明显衰减。工业化大片电池方面，阿特斯、隆基、汉能和天合等几家中国的行业龙头企业在工业化大片电池的光电转化效率争相刷新着 24% 左右的世界纪录。2019 年，晶硅太阳能电池是太阳能电池的主导产品，产量占太阳能电池的 95.37%。

但是，晶硅太阳能电池缺点很多，除在室外使用条件下容易产生裂缝，效率不保外，生产晶硅本身是个高耗能产业，随着其成本越来越大，开发新一代电池的呼声越来越高。

第二代太阳能电池主要指薄膜太阳能电池，用无机物碲化镉（CdTe）、铜铟镓硒（CIGS）等半导体来吸收光并将光能转化为电能。中国的汉能创造了砷化镓（GaAs）电池效率 29.1％的世界纪录，和 CIGS 柔性电池效率 20.56％的世界最高水平。薄膜太阳能电池产业化产量占全球太阳能电池产量的 4.63％，因成本高昂，且环境友好性和生物相容性不够好，常常用于不计成本的航空、航天等领域。

染料敏化太阳电池的光敏剂是多吡啶钌或卟啉等有机配合物，光敏剂吸收光后将光能转化成电能。染料敏化太阳电池的实验室最高转换效率为 14％（2020 年 NREL 认证），但稳定性成为产业化的障碍。

中国在有机太阳电池研究方面持续保持国际领先。中国国家纳米科学中心的学者创造了光电转化效率 18.69％的世界纪录。

近年来，钙钛矿太阳电池（Perovskite Solar Cells，PSCs）异军突起，作为一种问世仅十来年的新型太阳电池，其实验室最高转换效率已达 25.5％（钙钛矿/晶硅叠层电池效率达 29.15％），发展速度远远超过其他电池，已经成为光伏电池研究领域最闪亮的明星。

荧光始末

让我们重新看一眼马戏团里的跷跷板这张图（图 7-5），大象一脚踩下去，这一大包光子能量包通过跷跷板传递给小丑电子，小丑电子获得能量，高高跳起来，落在分子大楼楼层高一点儿的高能级空轨道上，此时电子处于激发态，激发态不稳定，那么小丑电子接下来去哪里呢？

路径 1：自己走楼梯下来。慢慢悠悠，释放些热量，这就是上文提及的"光热作用"。

路径 2：自己找楼层跳下。小丑电子低头看了看脚下，分子大楼里低一点儿的楼层看着合适，就跳下来，释放能量，发出璀璨的光，这就是荧光。

路径 3：找别人家的楼层跳下。叶绿素分子大楼激发态的小丑电子往下，发现低一点儿的楼层都装着栏杆（禁阻跃迁），跳不进去，只好环顾左右，好不容易发现旁边的蛋白质大楼高度合适、也没装栏杆，于是一转身，跳到蛋白质大楼里，这就将光的能量变成了化学能，传输了出去。

路径 4：人类帮它找个台阶下。人类在雄心壮志地效仿绿叶利用光能的探索中发现，用其他物质（如便宜的二氧化钛）代替蛋白质，从光敏分子上接过激发态的小丑电子，把光能变成电路里的电子，输出能量，这就是太阳能电池。

在这一讲，我们看到了路径 1 光热作用的医疗应用，也领略了路径 3 令人荡气回肠的光合作用，还感受到了人类利用路径 4 创造太阳能电池的努力，接下来，我们将介绍路径 2 荧光。

荧荧鬼火，是荧光吗

最初，人们发现自然界的有些动植物在黑夜里会发出"鬼火"。

荧光小菇（mycena chlorophos）是目前已知的最为古老的发光菌类，19 世纪，研究人员首次在日本小笠原群岛发现了它，早期的北美洲居民称为"jack-o-lantern"或者"foxfire"，意即"鬼火"或者"狐火"，日本人则称"夜光茸（green-pepe）"，在八丈岛的凤凰木或者小笠原群岛的竹林中出现，在多雨的季节，小笠原群岛甚至推出"夜光茸夜晚之旅"，颇受好评。现在已知荧光蘑菇有 71 种之多。

这些荧光，并非"光致荧光"。蘑菇分子大楼里的电子的确走了路径 2，从高楼层（激发态）跳下来，跳到了蘑菇分子本楼的低楼层（基态），但高楼层却并非大象光能把小丑电子激发上去的，这是一种生物荧光，即小丑电子是通过其他路径走上的高楼层（激发态）。但幸运的是，蘑菇里提炼出来的分子，用光来激发，也能产生荧光。

荧光成为科学研究的主角

荧光成为科学研究的主角，这很大部分是叶绿素的功劳。1852 年，剑桥大学数学家、光学和流体力学专家乔治·加布里埃尔·斯托克斯在观察叶绿素和奎宁的荧光时，观察到荧光波长比入射光波长稍长些。

这里，我们要补充一点，小丑电子经路径 2 回到基态，并非原路返回，为了找到没有栏杆的楼层，小丑电子从激发态高能级上弯弯绕绕地下了两级台阶，才跳下来，损失了一点点入射光能量，看起来，散发出的璀璨光芒颜色会比入射光"红"一点儿。

斯托克斯是怎么发现入射光和荧光波长有区别的呢？作为光物理学家，他借助了常用科学仪器——棱镜，可以把白光折射成赤橙黄绿青蓝紫，组装成分光光度计。用波长已知的蓝色光照射叶绿素，发现叶绿素会散发出绿色的光。如果是漫反射，波长不该变，颜色变化证明这是叶绿素吸收蓝光后重新发射出的蓝偏绿色光。

荧光科学的建立，和众多的前沿科学领域一样，一是利用了科学仪器，扩大了认知的手段，突破了肉眼的局限，用数量（波长数值）来精确描述"蓝色""偏绿"等含糊的概念；二是利用分析比较等科学方法处理数据，分辨出了波长相差仅 15 nm 的蓝光与蓝偏绿光。斯托克斯建立了荧光的概念，提出了荧光波长位移理论，到现在为止，荧光研究中最重要的参数"斯托克斯位移"，仍用他的名字命名。

顺便提及，他这一生的主要成就是曲面积分的"斯托克斯公式"和流体动力学的"斯托克斯定理"，扎实的数学基础让他水到渠成的在光学领域拓宽了人类认知的边界，也在科学界刻下了自己的名字。

荧光技术的应用

科学和技术的不同在于：科学探明大自然的奥秘，掌握事物存在和变化的规律。比如荧光的本质，是有些物质可以转变入射光和发射光的波长，比如可以吸收紫外光，发射蓝光。而技术是要把科学研究为人所用，去改变事物。

利用这一点，人们可以制作荧光剂，把泛黄的物质变白。泛黄的纸张、白衣服常常因为其中物质发黄，根据光谱，我们知道所谓显黄，是吸收了补色蓝光，于是，我们用荧光物质补充发射一些蓝光，白纸和白衣服便不再泛黄。

荧光技术不仅广泛用于日常用品，还常用于生物观察和医疗诊断。现在在医院里检查眼底疾病，可以用荧光素钠注射入体内，让血管显示出清晰的荧光，通过瞳孔，用照相机拍摄血管照片，发现眼底血管异常。检查精子质量，则利用了精子本身自带的绿色荧光，在荧光显微镜下观察数量和活力。前沿研究还发现了不少可以专门让细胞膜、细胞核、细胞质等显色的荧光试剂，有的荧光试剂仅在病变的细胞内显色，有的荧光试剂在活体内并没有很强毒性，这些性质特别的荧光分子给未来的生物医学研究与诊断治疗描绘了丰富的想象空间。

其中一个突出的例子就是绿色荧光蛋白（Green Fluorescent Protein，GFP）。1962 年，日本科学家下村修等最早在维多利亚多管发光水母中发现了野生型绿色萤光蛋白，它由约 238 个氨基酸组成，紫外光 395 nm 和蓝光 475 nm 都能激发这栋分子大楼里的小丑电子，发出 509 nm 的绿色荧光。绿色荧光蛋白（GFP）基因常用作报告基因（reporter gene），在生物样本中扮演"显示灯"角色：人们利用基因工程技术，将绿色荧光蛋白基因转进不同物种的基因组，使其在后代中持续表达。现在，绿色荧光蛋白基因已被导入并表达在许多物种，包括细菌、酵母和其他真菌、鱼（如斑马鱼）、植物、苍蝇，甚至人等哺乳动物的细胞，因而大大推动了细胞生物学与分子生物学的发展。2008 年，日本科学家下村修、美国科学家马丁·查尔菲和钱永健因为发现和改造绿色荧光蛋白而获得了诺贝尔化学奖。

参考文献

[1] 刘钟栋，刘学军. 食品添加剂 [M]. 郑州：郑州大学出版社，2015.

[2] 李安平，郑仕宏. 食品添加剂原理与安全使用 [M]. 长沙：国防科技大学出版社，2011.

[3] 郝利平. 食品添加剂 [M]. 北京：中国农业大学出版社，2016.

[4] 孙凌. 消除食品添加剂恐慌——访中国工程院院士孙宝国教授 [J]. 食品指南，2012 (5)：8-11.

[5] 成黎. 天然食用色素的特性、应用、安全性评价及安全控制 [J]. 食品科学，2012，33 (23)：399-404.

[6] 汪丰云，吴凤兮，程红梅. 从百年诺贝尔科学奖看有机合成的发展 [J]. 化学教育（中英文），2019，40 (2)：89-96.

[7] 邹宗柏. 有机合成的能工巧匠罗伯特·伯恩斯·伍德沃德 [J]. 化工时刊，1990 (8)：43.

[8] 胡志强，李壳，张永林. 色素性病变皮肤的吸收光谱及色素分布的测定 [J]. 光电子·激光，2003，14 (3)：315-319.

[9] 卢义钦. 纪念"化学渗透学说"的创建人——Peter Mitchell (1920—1992) [J]. 生命的化学，1993 (1)：38-39.

[10] 瑞典皇家科学院. 1998 年诺贝尔化学奖通报 [J]. 高等学校化学学报，1999，20 (1)：159.

[11] 李巧玲，田晶. 食用合成色素的安全性评价及对策 [J]. 食品工业，2017，38 (11)：268-271.

[12] Green M A，Dunlop E D，Hohlebinger J，et al. Solar cell efficiency tables (Version 55) [J]. Progress in Photovoltaics，2020，28 (1)：3-15.

[13] 王立强，石岩，汪洁，等. 生物技术中的荧光分析 [M]. 北京：机械工业出版社，2010.

第八讲

从奶牛吃出的诺贝尔奖谈起：食物中的化学与健康

维生素家族与诺贝尔奖

当今社会，牛奶、奶酪和其他奶制品一年四季供应充足，而在几十年以前的冬季，因为饲料缺乏，奶牛便无法生产出足够的牛奶来满足人类在寒冬的需求。而晒干后的饲料，其营养价值较新鲜饲料降低30％～50％，同时由于其含水量低，口感不佳、消化率低下，用这样的饲料喂养的奶牛出奶质差、量少，极大地制约了乳制品行业的发展。

可是新鲜的饲料又不耐储存，有没有什么好的保存方法呢？

1924—1948 年，芬兰生物化学家阿尔图里·维尔塔宁（Artturi Virtanen，1895—1973）发现新鲜的绿色饲料在腐烂的过程中生成的乳酸能够提高发酵体系酸度，使得发酵停止。在这个基础上，他提出了AIV 法，使得饲料颜色水分、口味得以保持，营养价值仅降低约 10％，且在柔软湿润条件下可稳定储藏，也不影响其口感。以这种方法制作的饲料被称为青贮饲料。这项贡献使维尔塔宁获得了 1945 年的诺贝尔化学奖。这也是诺贝尔奖首次关注农业科学领域。

当引入青贮饲料后，乳制品行业在芬兰等国家迅速发展起来，满足了人们冬天对牛奶的需求。至今，青贮饲料仍是各国储藏饲料的首选，由此可见 AIV 法的出现对畜牧业的贡献之大。该方法也常被开玩笑地称为"为动物腌酸菜"。维尔塔宁的这一发现解决了人类生活中的现实问题，获得诺贝尔奖可谓当之无愧。这也进一步印证了诺贝尔奖的授予原则，即不关注获奖者的国籍、宗教信仰等，只奖励在某个领域长期的、有革命性意义的，以及能极大推动整个人类文明向前发展的科学发现。由此看来，诺贝尔奖同样重视能改善人类现实生活的发明创造，而不是仅仅聚焦于高深莫测的理论研究。

牛奶与诺贝尔奖的缘分并未止步于此。在科学探索的历史长河中，曾有个谜题一直萦绕在科学家的心头：坏血病、脚气病、夜盲症等"怪病"，其病因究竟是什么呢？

1880 年，瑞士巴塞尔大学的一名研究生在一项实验中发现，牛奶中含有某些未知物质，当人体缺少这些未知物物时，身体健康将会受到损害。由此，人类拉开了近代食品化学研究维生素的序幕。

众所周知，人类需要摄入食物中的营养物质来维系生命：糖类和脂肪用以提供能量；蛋白质和矿物质用以构建人体组织；维生素和矿物质用以调节新陈代谢、增强免疫力。其中，维生素是人体酵素系统中必要的元素，负责营养物质的分配，生理功能的调节，并作为辅助酶素促进各种生化反应和生长发育。维生素摄入不足会引起代谢紊乱，引发一系列疾病，如维生素 B 摄入不足会引发脚气病，缺乏维生素 C 会引发坏血病。

"维生素"这一类物质的发现，是"科学为人类谋福利，保护人类健康"的典型案例。其名称来源要从科学家卡西米尔·冯克的研究说起。冯克在研究米糠溶液的过程中发现其中存在一类生命不可缺少的化学物质，且它们都含有胺基。因此，他将这类物质命名为"生命胺"（vitamine）。此后，随着化学提纯和分析技术的逐步发展，又有一些非胺类化合物被发现，如维生素 A、维生素 C 等，它们同样是维持生命所必需的物质。因此，德国科学家德莱蒙特将 Vitamine 改成 vitamin（音译为"维他命"，规范用词为"维生素"）。同时，维生素这一名词也被营养学界正式采用。

在科学发展的洪流中，越来越多的维生素种类被发现，形成一个规模宏大的体系。人们按照发现顺序，以 A、B、C、D 等英文字母为其命名（图 8-1）。同时，根据同一种类维生素在生物体内所发挥功能的不同，人们又以族为单位对同一种类不同功能的维生素加以区分。同一族中的多种维生素，则标明 1、2、3 等数字以示区别。现在已发现的维生素有 20 多种，大多不能在体内自行合成，或合成量不足以满足人体自身需要，必须通过食物进行补充。

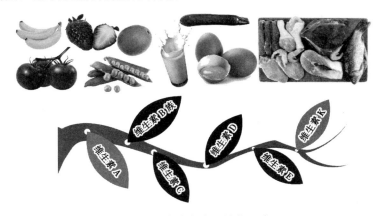

图 8-1　食物中常见的维生素

维生素是广泛存在于动植物体内的微量物质，能够加强、维护和修复人体组织，是人类维持生命健康不可缺少的物质。围绕这些神奇的物质而展开的科学探索，对人类生命的贡献是无与伦比的。在过去的约一百年里，科学家在一领域苦心钻研，先后获得许多突破性成果，共 19 人因此获得了诺贝尔奖。

与眼睛相关的维生素 A

我国早在唐代，就已经有关于动物肝脏能够治疗眼疾的文字记载。而到 1913 年，美国科学家埃尔默·麦科勒姆和玛格丽特·戴维斯为人们揭示了其背后的科学道理。在鳕鱼肝油的研究中，科研团队发现了一种未知物质，数量甚微，但在维系生命健康方面起着不可缺少的作用，且效力强于鱼肝油数百倍。这种未知物质易受光照、氧气的破坏，不溶于水却溶于脂肪，因此被称为"脂溶性 A"。直到 1920 年，美国生化学家德拉黎德才将脂溶性 A 正式更名为维生素 A（图 8-2）。

维生素 A 大量存在于动物肝脏中，因此肉食性动物可以通过日常捕猎摄入维生素 A。那草食性动物又该怎样进行维生素 A 的补充呢？1928 年，美国科学家摩尔和德国化学家卡勒以老鼠作为实验观察体，用胡萝卜进行喂养，论证了胡萝卜

图 8-2　维生素 A

素在氧化剂的作用下可以转化为维生素 A，并储藏在肝脏中。胡萝卜素主要存在于深色蔬菜和水果中，如胡萝卜、西兰花等，在肝脏内氧化酶的作用下，可以转化为维生素 A，满足人体所需，故胡萝卜素也是一种最常见的维生素 A 补充剂。

随着相关研究的深入，维生素和日常饮食的关系逐步受到人们重视。1905 年，英国生物化学家弗雷德里克·哥兰·霍普金斯（Frederick Gowland Hopkins，1861—1947）在这个领域进行了一系列的实验。他成功地将色氨酸从蛋白质中分离出来，论证了色氨酸有维持生命健康的作用。1906 年，他进一步证明了色氨酸及有些必需的氨基酸不能在某些动物体内合成，必须从食物中摄取。在研究鼠类饲料的过

程中，他发现如果缺少了维生素，就算饲料中含有其他生命必需的营养素如蛋白质、糖类等，鼠类也是不能生存的。基于此，他指出生命必需的微量物质是生命中不可或缺的。因此，他获得了 1929 年的诺贝尔生理学或医学奖。

夜盲症的谜题在 1925 年被解开。科学家在一项研究中持续以缺乏维生素 A 的饲料喂养实验鼠，结果发现实验鼠在暗处的活动受阻，如视物不清、行动困难。科学家分析其视网膜，发现缺少了一种名为视紫质的物质。随后，科学家证明了视紫质是由维生素 A 和蛋白质联合组成的，且维生素 A 在每次接触光时，都会因化学变化而减少。

在此基础上，1938 年美国生物学家乔治·沃尔德（George Wald，1906—1997）研究论证了维生素 A 与视黄醛、视紫质的关系，阐明了夜盲症产生的科学依据，并因此获得了 1967 年的诺贝尔生理学或医学奖。

综合来看，维生素 A 与人体健康的关系如图 8-3 所示。

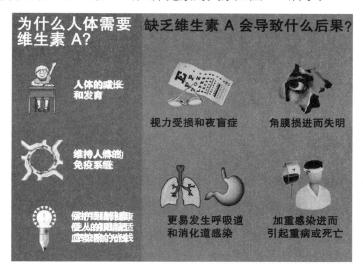

图 8-3　维生素 A 与人体健康的关系

米糠水中的维生素 B

脚气病，曾席卷亚洲各国。因找不到病因，许多人因此病失去宝贵的生命。1886 年，荷兰医生克里斯蒂安·艾克曼（Christiaan Eijkman，1858—1930）开始对脚气病进行深入研究。最初，他将研究重点放在细菌致病机制上，却迟迟找不到致病原。4 年后，实验鸡群群体性患上的多神经炎，给了他灵感。他发现实验鸡群发病症状和脚气病的几乎一样，又在不断尝试中发现用米糠取代精白米饲喂就能治愈病鸡，这才终于找到了治疗脚气病的头绪。

艾克曼敏锐地意识到米糠中的一种未知物质可以治愈脚气病。他将米糠水给病患饮用，病患果然都陆续康复了。而这种未知物质就是维生素 B_1。这项发现使他获得了 1929 年的诺贝尔生理学或医学奖。

德国生物化学家里夏德·库恩（Richard Kuhn，1900—1967）于 1933 年成功地从牛奶中分离出维生素 B_2，并于 1934 年和瑞士化学家保罗·卡勒（Paul Karre，1889—1971）成功进行了人工合成，之后又测试了维生素 B_2（也被称为核黄素）的活性。由于其是在维生素 B_1 之后被发现出来的，因此被称为维生素 B_2。有了人工合成维生素 B_2 的能力，人类不必再费事地从牛奶蛋黄中提取它了。

以上两人均是诺贝尔奖得主。1937 年的诺贝尔化学奖颁给了保罗·卡勒，以表彰他在测定维生素 A 和维生素 B_2 的分子结构方面的贡献。1938 年的诺贝尔化学奖颁给了里夏德·库恩，以表彰他在核黄素、维生素和胡萝卜素的研究工作上的卓越成就。在此基础上，瑞典生物化学家阿克塞尔·胡戈·特奥多尔·特奥雷尔（Axel Hugo Theodor Theorell，1903—1982）因在揭示氧化酶本质和作用方式方面的发现获得了 1955 年的诺贝尔生理学或医学奖。

此外，基于病理学家乔治·霍伊特·惠普尔（George Hoyt

Whipple，1878—1976）在肝脏与狗血红蛋白的再生关系上的发现，医生乔治·理查兹·迈诺特（George Richards Minot，1885—1950）和威廉·帕里·莫菲（William Parry Murphy，1892—1987）提出一种"肝脏疗法"，用于治疗贫血，并在反复实验中分离出有效成分——维生素B_{12}。由此，患者在日常饮食中通过注重动物肝脏的摄入，就能治好恶性贫血病。因此，上述三位美国科学家共同获得了1934年的诺贝尔生理学或医学奖。

综合来看，B族维生素与人体健康的关系如图8-4所示。

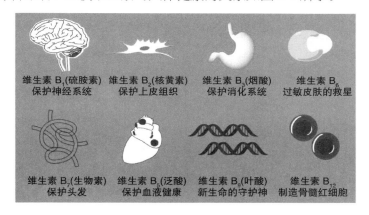

图8-4　B族维生素与人体健康的关系

对抗病毒的维生素C

维生素C摄入不足引起的坏血病会使患者的微血管变脆，继而出现牙龈出血、牙齿松动等症状，伤口也不易愈合，日渐衰弱，最终死亡。这种疾病在长途航行中尤为常见。18世纪中期，詹姆斯·林德医生经过反复试验，建议前往海上的英军士兵定期喝一定量的柠檬汁。从那以后，坏血病就消失了，但当时尚不清楚是什么原因使这种疾病得以治愈。有趣的是，英国海军也因此被冠以"柠檬人"的称号。

1928年，匈牙利生物化学家阿尔伯特·冯·圣捷·纳扎波尔蒂尔吉（Albert von Szent-Györgyi Nagrápolt，1893—1986）在研究植物汁液和肾上腺提取物的过程中得到了一种有机还原剂，并发现它在治疗坏血病方面效果显著，因此将其命名为抗坏血酸。这也就是我们熟知的维生素 C。同时，他还发现辣椒中的维生素 C 含量极高，每 100 g 辣椒中约含 110 mg 维生素 C，是茄子中维生素 C 含量的 25 倍，且成功地从辣椒中提取出了纯净的化合物维生素 C，并因此获得了 1937 年的诺贝尔生理学或医学奖。维生素 C 的化学结构与常见来源如图 8-5 所示。

图 8-5　维生素 C 的化学结构与常见来源

有趣的是，1937 年的诺贝尔化学奖授予了合成维生素 C 的化学家沃尔特·诺曼·霍沃思（Walter Norman Haworth，1883—1950），以表彰他在碳水化合物和维生素结构上所取得的巨大成就。因发现、分离和合成同一种化合物，而在同一年分获诺贝尔生理学或医学奖和诺贝尔化学奖，这在诺贝尔奖历史上极为罕见。

维生素 C 是首个人工合成的维生素，它具有维持体内组织和细胞间基质形成，在维持人体正常生理功能等有重要作用。可以说，它是人体新陈代谢过程中润滑剂的主要物质。1970 年夏天，美国化学家莱纳斯·卡尔·鲍林（Linus Carl Pauling，1901—1994，两次诺贝尔奖获得者，因在化学键的研究工作上取得了卓越成就，于 1954 年被授予诺贝尔化学奖；由于反对地面核试验，于 1962 年获得了诺贝尔和平奖），在持续多年研究维生素 C 的生理功能后，出版了一本讲述维生素 C 抗感冒病功能的书——《维生素 C 与普通感冒》，引起美国民众对维生素 C 的抢购热潮。然而，近年来，一些科学家对此持怀疑态度，但是并不反对维生素 C 具有增强细胞的氧化还原能力和抗病性的作用。

思考

直接食用维生素 C 和食用含等量维生素 C 的苹果相比，哪种方式更健康？为什么？

经阳光照射师产生的维生素 D

17 世纪，欧洲大陆上陆续出现一种奇怪的佝偻病，尤其是在英国的工业区，或是劳动人民集中且长时间不见阳光的贫民窟，这类病的发病率更高。一些医生认为其是缺乏阳光导致的，另一派则提出"营养疗法"说。经过实验，人们发现"双管齐下"的治疗效果更好，而把阳光和营养联系起来的就是维生素 D。

佝偻病是由缺乏维生素 D 引起的。一般食物中都含有维生素 D 原，这是一种可以通过化学处理或光照转化为维生素 D 的物质。紫外线可以将维生素 D 原转化为维生素 D，而鱼肝油中的维生素 D 原也可以通过化学处理实现转化。美国生物化学家麦科勒姆及其同事发现鳕鱼肝油可用于治疗眼部疾病和佝偻病，由此他们确定了鳕鱼肝油中含有抗佝偻病因子，并断定其为第四种维生素，因此将其命名为维生素 D。

1926 年，德国化学家阿道夫·奥托·赖因霍尔德·温道斯（Adolf

Otto Reinhold Windaus，1876—1959）在维生素 D 的来源研究上取得突破：他发现一种固醇在经过阳光的作用后可以转化成维生素 D，而这种维生素 D 是由麦角酚通过光合成的，可用于治疗佝偻病。而麦角醇是一种从酵母和菇类中提取出来的固醇，可以通过阳光的作用转化为维生素 D₂。凭借这一重大发现以及对固醇和相关维生素的研究成果，温道斯于 1928 年获得了诺贝尔化学奖。

影响生育的维生素 E

1922 年，加利福尼亚大学的一个研究小组发现了一种可能影响生育力的维生素，并按照发现维生素的顺序将其命名为维生素 E（图 8-6）。1936 年，美国科学家伊万斯首次从小麦胚芽油中提取出了维生素 E。由于维生素 E 的结构包含活性酚羟基，对动物的繁殖具有显著影响，因此也被

维生素E
$C_{29}H_{50}O_2$

图 8-6　维生素 E 的结构式

称为"生育酚"。伊万斯耗尽毕生心血钻研维生素 E，发现它不仅存在于植物胚芽中，还存在于多种食物中，如蛋、肉、奶、酵母、豆类、肝脏等。

维生素 E 不溶于水，不惧酸、碱、热，易被氧化。近代研究者们不断深入研究，发现维生素 E 具有保护细胞核不被氧化的能力和抗衰老的功效，有极大的应用价值。

影响凝血功能的维生素 K

1934 年，丹麦生物化学家亨利克·达姆（Henrik Dam，1895—1976）在一项以鸡为动物模型的研究中发现了一种未知的凝血剂。经试验证明，它是绿叶中所含有的一种脂溶性维生素，因此被命名为"凝血

维他命"（Kogaulatian-Vitamin）。由于其英文的第 1 个字母为 K，也被称为维生素 K。

1939 年，达姆首次从紫苜蓿中提炼出了维生素 K 。而就在三个月后，美国科学家爱德华·阿德尔伯特·多伊西（Edward Adelbert Doisy，1893—1986）从腐败的鱼肉中也分离出了一种与维生素 K 具有相同生理功能的晶体，并确定了其结构。依发现时间的先后，科学界分别把它们命名为维生素 K_1 及 K_2。因为上述发现，两人分享了 1943 年的诺贝尔生理学或医学奖。

维生素 K 的常见来源如图 8-7 所示。

图 8-7　富含维生素 K 的食物

除上述成果外，围绕维生素的其他相关研究也取得了显著成果。早在 1904 年，阿瑟·哈登（Arthur Harden，1865—1940）就证明了一种可以穿过细胞膜的辅酶分子的存在，且这种辅酶因子对酶的活性是不可替代的。这一发现也引起了科学界的重视。德国化学家汉斯·冯·奥伊勒-歇尔平（Hans von Euler-Chelpin，1873—1968）是在该领域取得突破的第一人。因此，他和哈登分享了 1929 年的诺贝尔化学奖。

此外，德国科学家汉斯·阿道夫·克雷布斯（Hans Adolf Krebs，1900—1981）在研究细胞代谢过程中发现了碳水化合物的生物合成代谢途径——柠檬酸循环，揭示了糖被酶分解为三碳物质，然后被进一步氧化成 H_2O 和 CO_2 的途径，同时也揭示了生物能的主要来源，因此被授予 1953 年的诺贝尔生理学或医学奖。

自 1880 年开始，围绕维生素的科学探索已成就数位诺贝尔奖获得者。如今，全世界的研究者不但没有停止研究维生素的脚步，而且积累下众多科研成果，有望进一步揭开维生素的秘密。每种生物的生命都是独特的，还有更多维持生命的要素在等待被发掘。研究者对维生素的既有研究只是一个开端，可以预见的是，随着科学的发展，维生素家族的成员可能还会不断增加。

食品添加剂与健康

食品是维持人体正常生命活动的必需品。超市中，货架上摆满了多种多样的加工食品，我们仔细看其包装背面的配料表就会发现，它们中基本上都含有食品添加剂。其实，在果蔬保鲜、休闲食品加工等各个方面，乃至一日三餐中，都有食品添加剂的身影。其在食品中的含量虽然不到 2%，但在改善食品加工条件、调节营养结构、改善食品色香味及延长货架期等方面发挥着重要作用。因此，食品添加剂在食品工业中占有举足轻重的地位，现代食品工业的飞速发展也离不开它的进步。近年来，随着人民生活水平的不断提高以及对健康生活的愈发注重，绿色食品、营养食品、功能性食品等已经成为消费热点，这对食品添加剂的发展提出了更高的要求。

食品添加剂是安全可靠的吗？

实际上，任何经过生产加工的食品，都可能含添加成分。如果盲目地追求纯天然食品而不添加任何食品添加剂，食品的生产加工和保质保鲜将困难重重。当今社会中，食品添加剂引发的安全问题，大多数是人为因素和非法使用造成的。因此，"食品添加剂已成为食品安全最大的威胁"是一种错误的说法，因为造成食品安全事故的非法添加物本来就不属于食品添加剂，两者是截然不同的概念。

"国以民为本，民以食为天"，安全是食品生产的第一要义。食品添加剂作为食品工业极其重要的基础生产材料，需要我们加以正确认识和利用。因此，让更多人了解我国食品添加剂的使用条件，对于保障我国食品安全和平衡食品行业的安全杠杆具有非同寻常的现实意义。

食品添加剂的定义

《中华人民共和国食品卫生法》中对食品添加剂的定义为"为改善食品品质和色、香、味，以及为防腐和加工工艺的需要而加入食品中的化学合成或者天然物质"。同时也给出了食品营养强化剂的定义，即"为增强营养成分而加入食品中的天然的或者人工合成的属于天然营养素范围的食品添加剂"。

不同国家对于食品添加剂的理解和定义各不相同。日本的《食品卫生法》中对食品添加剂的定义为"在食品生产过程中，或者以加工、保存食品目的，对食品进行添加、混合、浸润等方式在食品中使用的物质"。而美国联邦法规中对食品添加剂的定义则为"由于生产、加工、储存或包装等原因而出现在食品中，且不是食品的基本成分的一种或多种物质的混合物"。在中国、日本和美国，食品营养强化剂均被归于食品添加剂。与此同时，美国的食品添加剂还包括包装材料等间接用于食品加工的物质。然而，关于营养强化剂，联合国食品添加剂法典与欧盟却明确规定食品添加剂"不包括为提高营养价值而添加的物质"。

食品添加剂的种类

根据来源的不同，食品添加剂可以分为纯天然食品添加剂和人工合成食品添加剂。纯天然食品添加剂指的是直接来源为动物、植物及微生物的添加剂，包括微生物的代谢产物；后者则由化工原料或某些天然物质通过化学方法合成制备。

　　截至 2021 年，我国能够合法使用的食品添加剂有 23 个类别，1000多种。其中，在食品生产加工的过程中常用的食品添加剂有近千种。它们在食品生产加工的各个方面发挥着无法取代的作用，有力地促进了食品行业健康持续的发展。

1. 食品防腐剂

　　导致食品品质降低的主要原因之一是微生物的作用，如细菌或霉菌的大量增殖使得食品腐败、酸败、发霉、发酵等。食品防腐剂能够对微生物的细胞膜、细胞壁和蛋白质合成系统等细胞亚结构产生一定程度的影响，从而实现抑制作用。菌体的每个亚结构都对维持其生命活动有着不可替代的重要作用，所以食品防腐剂可以通过影响某个或某些亚结构达到杀菌或抑菌的效果。

　　食品防腐剂被广泛使用于食品生产过程中。在我国，主要防腐剂苯甲酸和苯甲酸钠等在近几年的销量略有上升，其余产品的销量也在一定的范围内略有浮动。天然食品防腐剂具有毒性更低、安全性更高、抗菌性更强等优势，是更受欢迎的食品添加剂，但是其效力多会受到使用环境 pH 的影响，限制了其应用。寻求应用范围更广的高效天然食品添加剂正成为该领域的研发重点。

2. 食品抗氧化剂

　　在食品配料表中常见的丁基羟基茴香醚、二丁基羟基甲苯等均属于抗氧化剂。抗氧化剂是指能在食品加工与贮藏过程中延缓或防止氧化过程的发生，从而提高产品稳定性和延长产品贮存期的一类被广泛使用的食品添加剂。

　　近年来，众多研究者深入研究香辛料等天然植物的抗氧化性，发现其提取物中含有抗氧化功能的生物活性成分，其中大多含有类萜、黄酮类、酚酸类等具有抗氧化功能的物质。

　　此外，在对红辣椒进行的研究中，研究者同样也发现了众多的抗氧化活性成分，其中含维生素 E 和香草酰胺等多种物质。如果可以找到将辛辣风味物质去除的方法，则红辣椒将是一种很理想的天然抗氧化剂。

蜂胶是由工蜂采集草本植物的花粉、树脂等，再混合自身的唾液而形成的胶状物，是一种营养价值很高的健康食品，具有抑菌、抗癌、抗病毒等作用。此外，蜂胶中含有多种类黄酮化合物，拥有天然且优良的抗氧化作用。

虾青素是现已发现的抗氧化能力最强的天然抗氧化剂，已在一些国家和地区广泛应用了，如美国和欧洲、东南亚等。

3. 食品增稠剂

食品增稠剂通过其进入水中迅速溶解或分散后，增强了各种液态加工食品或其他液态食品原料生产和加工所需要使用食品液体的黏度黏性，又可以有效帮助促进液态食品系统的黏度稳定性，因而被广泛称为液态食品增稠胶。常见的食品增稠剂及原料包括乙酰海藻酸钠、阿拉伯黄原胶、卡拉胶、琼脂、果胶、β-羟基环状色素糊精、黄原胶及盐酸羧甲基纤维素钠等。

食品增稠剂能够改善食品质构，赋予食品所要求的流变特性，使液、浆状食品形成稳定、均匀的形态，更好地达到色、香、味、形方面的要求，提高食品质量。例如，冰激凌或冷冻食品等产品的质量与冰晶的形态关系密切：冰晶体积过大，会使得口感粗糙、坚硬有渣。使用食品增稠剂可以很好地避免这一点。因为增稠剂水溶性良好，且具有稳定性，可以起到均质、乳化凝胶、增稠等作用，能帮助食品在冻结的过程中生成细密微小的冰晶颗粒，并且包裹大量气泡，从而使食品结构柔软疏松，口感顺滑细腻，外观平整润滑。将其用于人造奶油、果酱、罐头及软饮料等产品时，可根据要求调整稠度，为食品生产加工提供了便利。

4. 食品乳化剂

食品乳化剂，属于表面活性剂，能改变食品中各个组成相之间的表面张力，促进乳浊液形成，从而形成均匀的乳化体系或分散体系，有助于提高食品的加工和乳化性能，改善其组织状态，延长食品的贮藏期。

乳化剂在人体的新陈代谢过程中可被分解成多元醇和脂肪酸，这两种物质既可以在人体内被直接吸收，也可以随着废弃物排出体外，具有较高的安全性。

食品乳化剂在食品工业中不可替代，且前景广阔。近年来，随着生物工程技术的突飞猛进，在食品制造中已开始考虑使用一系列同样具有表面活性的新型生物材料，例如，人工合成所得到的蛋白质衍生物、蛋白基表面活性剂和蛋白质的水解反应产物。食品乳化剂、其他水解胶体和结构变异剂等食品添加剂在我国食品行业中的广泛运用，对我国食品的口感、质构、货架期及整体质量均产生了积极影响，具有发展潜力。

5. 食品甜味剂

食品科学中的甜味剂是依据其能否充分赋予食品"甜"这一特殊滋味而定义的。一般情况下，根据其结构组成和性质的不同，可将其再细分为营养性和非营养性的甜味剂。同时，也可以按其来源分为天然或合成的食品甜味剂。

已有研究表明，人类对"甜"味的需求，不是由于后天环境的影响产生的，而是与生俱来的。随着人们生活质量的提高，饮食也步入了健康时代，人们希望甜味剂的味道好，但热量尽可能低。由于人们对食品营养与健康的不断重视，低热量食品成为一种趋势，因此科学家们开始深入研发高甜度且低热量的甜味剂。目前已进行分子层面的研究，探索与甜味相关的分子结构，用以寻找新的超甜甜味剂。

6. 食品着色剂

食品着色剂主要用于为食品着色，在提高食品色泽和激发食欲等方面有重要作用。同样地，其可分为天然着色剂和人工合成着色剂两大类。前者是从微生物、动物和植物中获得的，以植物色素为主；后者是以人工合成的色素为主，根据其结构特点又可以分为多烯类、酮类、醌类和多酚类等。

目前，万寿菊花色素衍生物和辣椒色素衍生物是被市场广泛认可和应用的天然色素。在我国，经常使用植物粉末，如万寿菊粉等作为食品着色剂。但这些食品着色剂颜色不稳定，容易受到 pH、氧气、光照、金属离子、水质和温度等条件的影响，且分散性、溶解性较差，价格较昂贵。而人工合成的色素通常包括苯环、偶氮基团及氧杂蒽等，其特点是具有较强的着色能力，色彩鲜艳且稳定，不易受到周围环境因素的影响，同时生产费用更低。

使用着色剂为食品染色自古有之。我国古时就有酱肉、红曲米酒、红肠等利用天然色素染色的食品，这也印证了我国使用食用色素的历史悠久。随着人工合成色素及相应的生产工艺和技术传入中国，合成色素也开始占领我国食品市场。同时，我国研究者还在努力探索发现如茶色素和茄子皮色素等天然植物色素，不断地开发新资源，研究新技术，使食品着色剂向更先进、更健康的方向发展。

7. 食用香精

食用香精具有天然食品的香气，是一种由天然、天然等同或合成香料等配制的食品添加剂。食用香精种类多，适用的范围广泛，在剂型上有粉末状、浆体状和液体状等，使用对象不仅涵盖肉类、蔬菜类、奶类、果香类和酒类等，还可以用在饮料、糕点、糖果等各种食品中。

食用香精作为一种食品添加剂，能够改善食品的味道和风味，还能补偿食品本身味道上的不足或遮盖食品的不良风味，在食品生产加工过程中得到了广泛的使用。然而，由于对食用香精缺少了解，人们对食用香精的认识存在两个误区：第一个误区是认为食用香精是有害的，不应该添加到食品中；第二个误区则是认为国外人都拒绝或者极少吃含有食用香精的食品。事实上，现代生活讲求高效、节奏快，人们更加喜欢食用快捷又方便的加工食品，并且也希望食物颜色、香味等更加丰富。如果要实现这一目标，那么食用香精就是不可缺少的。同时，食用香精本是由国外传入我国的，使用的广泛度也随着国家发达程度的提高而逐步增加。由此可见，食用香精对食品工业的发展作用重大。

食品添加剂的作用

1. 改善食品的感官品质

色、香、味、形等是评判食品质量的重要指标。在实际生产加工过程中，按照规定合理地使用食品添加剂能够有效地提高食品的感官品质，从而达到不同产品的要求。其中，香味剂和调味剂能够改善食品风味。香味剂包括食用香精和香料，食用香精可以产生类似果蔬的香味，如苹果味、柠檬味、橘子味、蓝莓味等，可来自天然，也可人工合成；食用香料则主要从植物中获取，如压榨油、植物精油、香油等。使用调味剂可以让食品具有更多变的口感，使食品更加美味。此外，食品着色剂能够赋予食品明艳的色泽，从而为人们带来视觉上美的享受。现如今，在我国食品生产中经常使用胭脂红、柠檬黄等人工合成色素，常将其添加到果冻中。而在生产面包、馒头等面制品时，则会用面粉改良剂、发酵剂、膨松剂等食品添加剂，来膨大体积、改善色泽口感和提升营养价值等。

2. 维持或提高食品的营养品质

各种各样的生鲜食品及蛋白质含量高的食品，如海鲜、肉类等，很容易受到微生物的污染，若在生产加工中处理不当，则在微生物作用下很快就会腐败变质，进而造成巨额的经济损失。此时，科学地使用一些食品添加剂，尤其是防腐剂和抗氧化剂，既可以减少微生物对食品污染事故的发生，又能帮助延长食品的保质期，对食品工业具有重大意义。此外，使用天然营养强化剂可以增加食品的营养附加值，对预防营养缺乏，提升消费者的身体健康水平等具有不可忽视的现实意义。我国幅员辽阔，有些地区的民众受天然地理环境的影响，会出现某种特定的营养元素摄入不足。例如，在内陆山区的民众食用海产品的机会相对较少，缺碘概率较大，而人体缺碘会患上甲状腺肿、尿碘等疾病，所以我国规定要在常用的食盐中加碘来减少诸如此类的缺碘现象发生。

3. 便于食品加工和工业化生产

在食品生产加工过程中可以通过合理使用食品添加剂来达到需要的效果，更好地将食品生产加工的机械化和连续化操作变为现实。其中，常使用乳化剂、增稠剂、稳定剂和凝固剂等来发挥起酥、增稠、乳化、消泡或发泡之类的作用。在糕点、奶油等食品中常使用乳化剂。在冷冻食品中常使用增稠剂。稳定剂和凝固剂本质上是一种钙盐。凝固剂可以和果蔬中的可溶性果胶作用，生成果胶酸钙，增加果蔬原料的硬度，避免原料在加工过程中软化。在豆腐的生产中，添加硫酸钙、盐卤等可以促使蛋白质凝固成型，方便后续加工。

食品添加剂应用中存在的问题

为了保证食品添加剂的使用安全，各国都对每种食品添加剂的最大使用量和使用条件做出了明确的规定，按规定使用食品添加剂通常是不会对人体造成损害的。但仍有小部分企业和个人为了追求利益，降低产品生产成本，在食品中添加过量的食品添加剂或者超出规定范围使用食品添加剂。更为严重的是，个别"黑心"商家把一些可能危害人体健康的工业制剂添加到食品当中，企图以此达到产品质量标准。如此昧着良心欺骗消费者的违规违法行为是应当严厉禁止的。

1. 超过食品添加剂最大使用量

我国《食品安全国家标准　食品添加剂使用标准》（GB2760—2014）明确规定了各种食品添加剂的使用限量。然而，仍有小部分企业为了降低生产成本，违规超量使用食品添加剂，借以使产品的外观、保质期、营养元素含量等达标。如在黄花菜的加工过程中，过量使用焦亚硫酸钠来防腐、漂白等；有一些蜜饯果脯和饮料等为了降低成本和延长保质期，就超量加入甜味剂糖精钠、防腐剂苯甲酸及人工合成的一些着色剂。众所周知，过量地摄入食品添加剂会损害人体健康，即使在短时间内可能不会出现明显反应，但当毒素积累到一定程度后，伤害就会逐渐暴露出来。比如，色素摄取超量就会使无法消化吸收的毒素在身体中积累，从而对人体的消化系统、神经系统等造成一定的损害；防腐剂过量会致癌，对于孕妇来说可能造成胎儿畸形。

2. 超过食品添加剂使用范围

考虑到食品生产原料、半成品本身的一些理化性质、需要达到的感官要求和营养特征，以及其中可能发生的物理化学反应等因素，我国《食品安全国家标准　食品添加剂使用标准》还就食品添加剂在食品中的使用范围做出了明确规定。虽然有着明确的规定，但是超过规定范围使用食品添加剂的情况仍时有发生。比如，在膨化食品中添加糖精钠和甜蜜素等，或者将日落黄等食品着色剂添加在粉丝中来冒充红薯粉等，都超出了其相应的使用范围。除此之外，食品添加剂的超范围使用还会使食品中的营养素遭到破坏，比如，使用硫黄来熏蒸馒头就会破坏其中的维生素 B_2，并且残留过量的 SO_2。

3. 非法添加不属于食品添加剂的物质

化工原料不属于食品添加剂的范畴，对人体健康会产生很大的危害，因此是禁止添加到食品之中的。然而，时有不良厂家出于各种原因在食品中非法添加这些化工原料，例如：把甲醛次硫酸氢钠（"吊白块"）用作食品漂白剂，其对人体肝脏、肾脏等有害，如果一次摄入过量还会威胁生命安全；把用来给机油、鞋油和蜡等染色的"苏丹红一号"色素添加到人畜食用产品中，增大了致癌的风险；还有骇人听闻的"三鹿奶粉事件"中的罪魁祸首——三聚氰胺也是禁食化工原料，却被用来冒充蛋白氮，对婴幼儿造成了极严重的伤害。严格地说，上述危害都是非法添加物带来的，并非食品添加剂造成的，因此，为了保障食品安全，我们要坚决杜绝非法添加物的使用。

食品添加剂安全性的毒理学评价

对于食品行业来说，安全理所应当是第一位的。对于每一种食品添加剂的最大使用量、如何使用等问题，都有着明确、严格的规定，这些规定的制定依据就是科学严谨的毒理学评价体系。食品添加剂安全系数包括每日允许摄入量和理论最大日摄入量等。

不使用食品添加剂的食品就一定"绿色、健康、安全"吗？

正常成人终生每日都摄入一种化学物，但其不对机体产生任何可查的不良损害的剂量即为每日允许摄入量（Acceptable Daily Intake，ADI），其单位为[mg/(kg·d)]。ADI是评价食品添加剂安全性时最为重要的参数。在确定ADI的实验过程中，首先要挑选合适的健康实验动物，常用的有哺乳类的小白鼠或猴，也可使用鱼。其次是饲喂实验动物不同剂量的化学物，并且按照剂量不同进行分组（包括急性、亚急性、慢性等），每隔一段时间对实验动物情况进行观察和测试。最终得到科学严谨的数值。

理论最大日摄入量（Theoretical Maximum Daily Intake，TMDI），是将国际或本国规定的各种食品添加剂日摄入的残留限量值进行加总，在理论上指示着每日食品添加剂日摄入量的极限值。

1. Taheri S，Asadi S，Nilashi M，et al. A literature review on beneficial role of vitamins and trace elements：Evidence from published clinical studies［J］. Journal of Trace Elements in Medicine and Biology，2021，67：126789.

2. Cao Y，Liu H L，Qin N B，et al. Impact of food additives on the composition and function of gut microbiota：A review［J］. Trends in Food Science & Technology，2020，99：295-310.

参考文献

［1］徐晓. 维生素与诺贝尔奖［J］. 生物学教学，2005，30（11）：70.

［2］刘斌，杨金月，田笑丛，等. 维生素 C 的历史——从征服"海上凶神"到诺贝尔奖［J］. 大学化学，2019，34（8）：96-101.

［3］带胡子的幽灵. 第 45 届（1945 年）诺贝尔化学奖获得者——维尔塔宁［EB/OL］.［2021-10-25］http：//blog. sina. com. cn/s/blog_8e1fd92a01010qho. html.

［4］石飞. 诺贝尔奖与生活科技：维生素家族与诺贝尔奖［EB/OL］.［2021-10-25］. http：//www. shifee. com/content/8738. html.

［5］赵萱，张佳欣. 影响人类生活的十大诺奖成果［EB/OL］.［2021-10-25］. http：//sc. people. com. cn/n2/2020/0930/c345167-34328785. html.

［6］张蕾，张学俊. 浅谈食品添加剂的应用与发展［J］. 中国调味品，2011，36（1）：10-13.

［7］初易洋. 食品添加剂应用现状及研究进展［J］. 食品与药品，2014，16（5）：379-380.

［8］关黎晓. 浅谈食品添加剂种类及其使用［J］. 新疆有色金属，2016，39（5）：109-110.

［9］陈倩，刘艳辉，李鹏，等. 食品添加剂的安全性与管理［J］. 中国食物与营养，2011，17（6）：5-9.

［10］卢晓黎，赵志峰. 食品添加剂：特性、应用及检测［M］. 北京：化学工业出版社，2014.

［11］迟玉杰. 食品添加剂［M］. 北京：中国轻工业出版社，2013.

［12］李宏梁. 食品添加剂安全与应用［M］. 北京：化学工业出版社，2011.

第九讲

从白炽灯到有机发光二极管：
显示与照明中的化学之舞

完成了手头的工作，拖着疲惫的身躯回到家，开灯，陷进柔软的沙发，打开电视机，抑或是掏出手机或平板电脑，使自己沉浸在光明与色彩的世界……这恐怕是我们最常见的生活场景之一了吧。是啊，家之所以被称为"温暖的港湾"，很重要的一点便在于，每当夜幕降临，你都能拥有属于自己的一方天地，置身其中，拥抱光与彩。而照明光源和显示器，恰是那传递光明与信息的使者。

提起显示与照明技术，大多数人的第一反应是，这应是物理学唱主角的领域。其实不然，显示与照明技术都必须依赖材料方能实现，其物质的属性必然决定了其深刻的化学内涵。因此，请与我同行，来一窥显示与照明中的化学之舞。

光是人类生存与发展的能量之源。远古时代，太阳几乎是人类能使用的唯一光源，夜晚降临即意味着光明已去。正所谓"日出而作，日入而息"，在漫漫长夜里，人类几乎停止一切工作。尽管有诸如"孙康映雪""车胤囊萤"之类的故事得以传颂，但月亮、萤火虫等显然不是理想的光明之源。真正拉开了人类照明工程序幕的，是火，它让黑夜变得

舒适和安全。值得一提的是：在人类感知外部世界的过程中，有 80％
的信息是通过光刺激视觉获得的；而借助照明，人类对外界信息的获
取、加工容量均得到了显著提升，故照明与人类的文明史亦密切相关。

借助篝火、火把等照明工具，人类创造了原始文明；借助油灯、烛
灯、煤气灯等照明工具，人类创造了农业文明。无论是火把、油灯、烛
灯还是煤气灯，都是靠物质燃烧的火焰来实现照明的，而这些火焰光源
始终存在不安全、不可靠、不清洁、发光效率低、功率小、发光强度不
稳定、无法借助光学系统得到各种配光分布的灯具等缺陷。显然，要想
解决上述问题，需开发出不用火的照明新方法。

如果说火开启了人类照明领域的第一次革命，那么人类照明领域的
第二次革命则是源于电的发明。电的发明不仅让人类的生产力得到了飞
跃性的提升，而且开启了人类照明的新时代——电气照明时代。在这一
时代，人类发明、创造出了多种照明电光源，其中几个里程碑式的发明
便是白炽灯、荧光灯和半导体固体光源。人造照明电光源有效避免了火
焰光源的诸多缺陷，不但让人类拥有了更为方便的照明方式，而且颠覆
了人类的工作、生活方式，极大地推动了人类文明的进步。

白炽灯：人类最伟大的发明之一

人类对照明电光源的探索始于 18 世纪末。19 世纪初，英国化学家
汉弗里·戴维成功发明了碳弧灯；1879 年，美国科学家托马斯·阿尔
瓦·爱迪生发明了具有实用价值的碳丝白炽灯，使人类从漫长的火光照
明时代进入了电气照明时代；1891 年，荷兰皇家飞利浦电子公司（简
称飞利浦公司）开始生产白炽灯泡。1910 年，美国通用电气公司的威
廉·D. 柯立奇成功将熔点高达 3422 ℃的金属钨拉制成直径仅为 6 微米
的细丝[2]，从而显著提高了白炽灯的发光强度、发光效率，并大幅降低

了白炽灯的生产成本；1913 年，美国科学家欧文·朗缪尔（1932 年的诺贝尔化学奖得主，参见第二讲）则通过向钨丝灯泡中充入不活泼的氮气或惰性气体氩气，大幅延长了其使用寿命，从而使白炽灯这一人造光源真正走进了千家万户，改变了每一个人的生活。

白炽灯被公认为人类史上最伟大的发明之一，它让人类在黑夜也能够学习、工作，同时扩大了人类活动的范围，从而将人类从黑夜的限制中彻底解放出来，让人类创造社会财富的时间得以大幅延长。在白炽灯这一电光源中，钨及氮气或氩气构成了其化学物质基础（图 9-1）。

图 9-1　白炽灯的结构及灯丝的主要材料——金属钨

对于人造光源，其最佳状态便是具有与太阳光这一自然光源完全相同的照明效果。众所周知，太阳光为白光，具有宽且连续的光谱［图 9-2（a）］[8]，可通过分光仪器拆分成红、橙、黄、绿、青、蓝、紫七种可见色光。因此，理想的照明电光源，其光谱最好与太阳光谱相似，才能对物体的色彩具有好的还原能力。相应地，评估照明光源性能的一个重要指标是显色指数（Color Render Index，CRI），即物体用该光源照明与用标准光源（通常是太阳光）照明时相比，其颜色的符合程度，也就是颜色的逼真程度。根据国际照明委员会（Commissivn Internationale de I'Eclairage，CIE）的规定，CRI 的最大值为 100。显然，太阳光的 CRI 值为 100。

白炽灯的工作原理是利用电流的热效应，将灯丝加热至超过其白炽

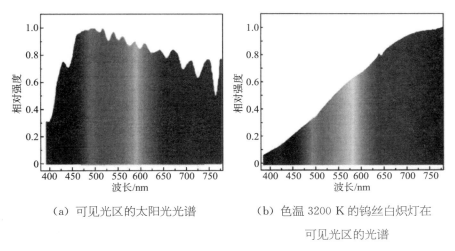

（a）可见光区的太阳光光谱　　　　（b）色温3200 K的钨丝白炽灯在
可见光区的光谱

图9-2　太阳光和白炽灯光光谱

体温度（＞2000 ℃），从而使灯丝能像烧红的铁那样发出光来，且灯丝的温度越高，发出的光就越亮。因灯丝是通过热辐射发光，白炽灯也具有连续的辐射光谱［图9-2（b）］，但与日光相比，白炽灯光光谱中的蓝光相对含量较低，而红光的相对含量较高，故发光颜色较日光显得更黄。不过由于白炽灯也具有连续辐射光谱，故而对色彩的还原能力很强，CRI值可高达100。只是白炽灯的辐射光谱中还有很大一部分位于人眼不可见的近红外光区，仅有不到10%的电能可被转换成人眼能够感受到的光，故白炽灯的电-光能量转化效率（光效）很低，只有8～16 lm/W（lm为流明，光通量的单位）。因此，尽管白炽灯具有显色性好、价格低廉、电路简单、便于控光、启动性好等优势，但光效低是其致命缺点。也正因如此，21世纪初，白炽灯照明用电量在全世界用电量中所占比例超过15%。

　　有鉴于此，20世纪90年代初，美国国家环保局提出了"绿色照明"的概念。绿色照明包括高效节能、环保、安全及舒适共四项指标，这意味着在减少用电量的同时，还不能产生紫外线、眩光等有害光照，在保证清晰、柔和的光照的同时，杜绝光污染，并减少因发电而带来的环境污染问题。发展绿色照明技术对于人类的可持续发展具有十分重要的意义，而要想在保证照度标准（即为确保工作时的视觉安全和视觉功效，光源的照度需不得低于某一特定数值）和照明质量（评价指标包括 CRI、闪烁指数、均匀度、色温等）的前提下，减少照明中的能量浪费，关键在于科学选择照明用电光源。在科学家们的不懈努力下，已有多种具有更高光效的新型照明光源陆续问世，其中最为人们熟知的是双端直管荧光灯（俗称"日光灯"）、单端紧凑型荧光灯（俗称"节能灯"）及发光二极管（Light-Emitting Diode，LED）。

日光灯和节能灯：高效节能

与白炽灯相比，诞生于 1935 年，于 1938 年商品化的日光灯是一种冷发光光源，其光效可达约 100 lm/W，较白炽灯有显著提升，是电光源技术的一大突破。日光灯属气体放电光源，其玻璃管内充入了氩气（或其他惰性气体）及少量汞，通电后，灯管中的汞蒸气被电离后发出紫外光。为了将人眼看不见的紫外光辐射转化成可见光，日光灯管的内壁涂有能吸收紫外光，发出可见光的荧光粉（图 9-3）。目前在日光灯里，常使用能发出红（610 nm）、绿（540 nm）、蓝（450 nm）三种色光的稀土荧光粉，通过三色混色法来合成白光。事实上，通过调整荧光粉的成分组成，不但能调节日光灯的 CRI 值，还能随心所欲地调节日光灯的光色，获得彩色光源。不过，因为日光灯的辐射光谱不连续，其显色能力比不上白炽灯，CRI 值通常为 75～90。

尽管日光灯在光效上较白炽灯有了显著提升，且使用寿命更长、色光更丰富，但因其工作时还须配备启辉器、镇流器等部件，因而体积大、结构不够紧凑。针对这一问题，在 20 世纪 70 年代，人们将镇流器

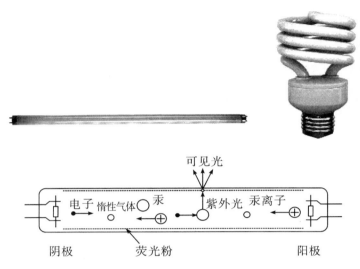

图 9-3　日光灯、节能灯及其工作原理

隐装至灯头部分，开发出了结构紧凑的节能灯，使电光源进入了相对小型化、节能化的新时期。节能灯与日光灯一样，为气体放电光源，光效亦可高达 50～100 lm/W，色光也丰富，同时体积明显减小，但这种一体化的结构也带来了"节能不省钱"、资源浪费等问题。另外，无论是日光灯还是节能灯，其发光的化学物质基础都是氩气等惰性气体、汞以及含有铕、铽、铈、镧、钆、钇等稀土元素的荧光粉（表 9-1），因此，废弃的日光灯及节能灯不但会给环境带来巨大的危害，而且还会消耗珍贵的稀土资源，不利于可持续发展。

表 9-1　CRI 值可达到 80 的荧光灯用三基色荧光粉示例[21]

荧光粉	简称	发光颜色	最大发射波长/nm	光致发光效率/%	光效/$(lm \cdot W^{-1})$
$BaMgAl_{10}O_{17}$：Eu	BAM	蓝	450	90	90
(Ce，Gd，Tb) MgB_5O_{10}	CBT	绿	541	90	495
Y_2O_3：Eu	YOX	红	611	90	280

鉴于上述问题，照明界深感需要通过全新的机理来开发照明电光源。在此背景下，全固体的半导体照明光源——LED 因节能环保、响应快、体积小、寿命长等突出优势，在 20 世纪 90 年代成功走上了照明电光源的舞台，成为"21 世纪的新一代光源"。高性能 LED 的成功开发直接导致了白炽灯、日光灯、节能灯等传统照明电光源的退市：2012年 9 月，欧盟开始全面禁售白炽灯；2013 年 1 月，联合国环境规划署通过了旨在全球范围内控制和减少汞排放的国际公约《关于汞的水俣公约》，要求逐步淘汰包括日光灯、节能灯在内的一些含汞日用品。目前，在照明电光源领域，LED 一枝独秀，已成为人造光源的主力军，迈入了千家万户。

LED：点亮 21 世纪的新照明技术

与日光灯和节能灯的气体放电发光机理不同，LED 是一种固态半导体器件，其核心部分是由 p 型半导体（参与导电的主要为带正电荷的空穴，字母"p"源于英文 positive）和 n 型半导体（参与导电的主要为带负电荷的电子，字母"n"源于英文 negative）所组成的晶片。在 p型半导体和 n 型半导体之间有一个过渡层，称为 p-n 结，这是 LED 晶片的关键区域。当给 LED 加上正向电压时，n 区的电子会被注入 p 区，而 p 区的空穴则会被注入 n 区。这些电子和空穴在 p-n 结附近复合，并将复合前后的能量差以光子的形式发射出来（图 9-4），这便是 LED 发光的原理。LED 的发光颜色取决于形成 p-n 结的半导体材料的种类，而发光亮度则取决于驱动电流的大小。因此，LED 中的无机半导体材料是其发光的化学物质基础。

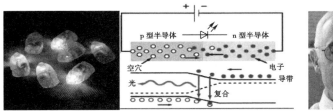

图 9-4　LED 的工作原理以及被誉为"LED 之父"

的尼克·何伦亚克（Nick Holonyak Jr，1928—）

　　LED 的发展经历了漫长而曲折的历程。早在 1907 年，英国工程师亨利·约瑟夫·朗德就发现，向碳化硅（SiC）晶体施加电压后，可观察到发光现象。1936 年，法国科学家乔治·德斯特里奥发现，硫化锌（ZnS）粉末通电后也能发光，并据此提出了"电致发光"这一术语。但由于其发光效率不高，这些研究并未获得太多关注，仅停留在现象观察和记录的层面。

　　得益于半导体物理学的飞速发展，1951 年，美国通信兵实验室的库尔特·莱霍韦茨等阐明了电致发光的机理——电子和空穴注入 p-n 结区，复合后发光。到了 20 世纪 60 年代，随着纯度高、掺杂可控的半导体晶片的出现，以其为物质基础的二极管型发光器件得到了快速发展。1962 年，时任美国通用电气公司研究人员的何伦亚克用磷砷化镓（GaAsP）制成了红光 LED，这是世界上首个发射光谱位于可见光区的 LED。尽管它的光效还不到 0.1 lm/W（约为白炽灯光效的 1/150），但这一发明立即点燃了人们对 LED 的研究热情。随后，美国的孟山都公司和惠普公司在何伦亚克的工作基础上，改进了 GaAsP 红光 LED 的制作工艺，成功将其光效提升至 1 lm/W，并降低了成本，最终于 1968 年实现了红光 LED 的批量生产。进入 70 年代，得益于新材料的不断出现和制作工艺的不断改善，LED 的光效也不断提升，在 30 年里竟提高了 1000 多倍，到 2000 年时，LED 的光效已能超过白炽灯。目前，LED 这项技术已为网络、数据存储、数据交换等诸多领域带来了革命性的影响。

由于 LED 的发光颜色取决于半导体材料的种类，故在 1963 年，即红光 LED 问世后的次年，何伦亚克便提出了"未来 LED 会发展成实用的白色光源"的观点，并预言"将来的灯可以是铅笔尖大小的一块合金，它实用且不易破碎，决不会烧毁，比起今日的灯泡来说，其转换效率至少高 10 倍"。正如上文所说，要想用 LED 做出白光光源，蓝光 LED 的开发是关键，原因是：①蓝光是红绿蓝（RGB）三基色中不可或缺的部分；②蓝光在 RGB 三基色中能量最高，可通过蓝光 LED 对荧光粉的激发来获得红光、黄光甚至绿光，从而能通过简单的结构制得白光 LED。尽管在 70 年代，LED 光源已被成功拓展至绿光、黄光及橙光区，但蓝光 LED 的发明之路却异常艰难，直至 80 年代末都未取得突破性进展。

事实上，在红光 LED 问世后，学术界和产业界便纷纷开展了蓝光 LED 的研发工作。在 70 年代，便有几个研究团队成功论证了用氮化镓（GaN）晶体制造蓝光 LED 的可能性，但终因缺乏高质量的晶体生长技术，所得 GaN 材料结构缺陷太多，这一方案当时被认为是"死胡同"。随后，在蓝光 LED 领域，绝大多数人都将注意力转向硒化锌（ZnSe）等材料，GaN 则几乎无人问津。据 2014 年诺贝尔物理学奖获得者中村修二（图 9-5）回忆，在 20 世纪 90 年代初日本的一个蓝光 LED 学术交流会上，报告 ZnSe 材料的大讲堂，坐满了五百多位听众，而另一个报告 GaN 材料的教室，除了报告人和组织者，只有两三个听众。虽然 GaN 还活着，但其实它已经死了！更不幸的是，经过了二三十年的努力，人们始终无法用 ZnSe 等材料制得高性能的蓝光 LED。尽管美国 CREE 公司于 1989 年推出了首个商用蓝光 LED（发光材料为 SiC 半导体），但其发光效率极为低下（<0.03%）。因此，研究者们纷纷开始放弃蓝光 LED 的开发工作。在当时，蓝光 LED 被学术界和产业界认为是

"20 世纪内不可能完成的任务"。

在绝大多数人纷纷逃离之际，日本名古屋大学教授赤崎勇（Isamu Akasaki，1929—2021）却带着他的学生天野浩（Hiroshi Amano，1960—）逆向而行，开始了 GaN 基蓝光 LED 的研发工作。他们的成功一方面要归功于赤崎勇坚守理想的高贵品质（其座右铭：吾道一以贯之）；另一方面则应归功于日本实施"科技立国"政策，不断加大对科技领域的经费投入，这才使得赤崎勇和天野浩师生能坚持走完这条无人关注、无人喝彩的道路。功不唐捐，玉汝于成。1986 年，赤崎勇和天野浩用金属有机物气相外延（MOVPE）技术，成功制备出了高质量的 GaN 晶体；1989 年，他们在扫描电镜下观察其培养出的 GaN 晶体时，无意中发现晶体中的发光强度变强了；1992 年，赤崎勇和天野浩首次用 GaN 制备出了蓝光 LED。

赤崎勇　　　　　天野浩　　　　　中村修二

图 9-5　2014 年的诺贝尔物理学奖获得者

如果说赤崎勇和天野浩为 GaN 基蓝光 LED 的应用解决了物理基础问题，那么时任日亚化学工业株式会社（简称日亚化工）技术员的中村修二（Shuji Nakamura，1954—）则是突破了半导体掺杂的瓶颈，解决了生产中的关键技术问题，从而为蓝光 LED 的产业化奠定了基础。1979 年，中村修二在获得硕士学位后，进入了日亚化工这一当时仅两百人左右，生产荧光粉的小公司。尽管蓝光 LED 在当时被公认是个世界级的难题，但在日亚化工的董事长小川信雄的全力支持下，中村修二还是孤身一人踏上了艰难的蓝光 LED 研发之路。要知道，为此日亚化工先后投入了数百万美元的研发经费，这超过公司年销售额的 1%！经历了多年的艰苦努力和无数次失败后，1991 年，中村修二采用了另一种技术——金属有机物化学气相沉积（MOCVD）制作出了当时世界上质量最好的 GaN 晶体薄膜。随后，他又成功解决了 GaN 的 p 型半导体的制作问题，并于 1993 年制造出了第一个 GaN 基的 AlGaN/InGaN 双异质结蓝光 LED，其不但亮度高，而且使用寿命长。1994 年，他获得了日本德岛大学的博士学位，论文内容便是 InGaN 高亮度蓝光 LED 相关研究。1994 年 4 月，在美国旧金山的春季材料会议上，中村修二点亮他所发明的蓝光 LED 那一刹那，整个会议厅的科学家如同第一次看见烟花的孩子般发出了惊叹的声音。半导体光源的世界难题出乎意料地被中村修二一个人解决了！之后，日亚化工将中村修二开发的蓝光 LED 投入市场，获得了巨大的经济收益。不过，中村修二发明的 LED 的专利权曾一度被日亚化工剥夺，而他仅得到了区区 2 万日元的奖金，无奈之下，他将日亚化工告上法庭。经过数年的拉锯战，最终法院裁决日亚化工赔偿中村修二 8.4 亿日元。此后，中村修二于 1999 年 12 月离开日亚化工，到美国加利福尼亚大学圣塔芭芭拉分校材料系任教授，并加入了美国国籍。

高亮度、长使用寿命、高效率蓝光 LED 的成功开发，一扫 LED 照明技术的最大障碍。很快，中村修二便向蓝光 LED 的芯片上涂覆了能吸收蓝光发出黄光的钇铝石榴石荧光粉（$Y_3Al_5O_{12}$:Ce，最大发射波长为 565 nm，简称 YAG），成功制得了"蓝＋黄"型双波段白光 LED（工作原理如图 9-6[8,21] 所示），其光效可达 25 lm/W。之后，白光 LED 的光效以每 18～24 个月翻一番的速率迅速攀升。2014 年 3 月，美国科锐公司宣称其制备出了光效高达 303 lm/W 的白光 LED，这一数据已接近白光 LED 的光效理论极限。目前，我国的国产化白光 LED 的光效也已逐步赶上国际先进水平。根据国家半导体照明工程研发及产业联盟发布的《2018 中国半导体照明产业发展蓝皮书》的数据，2018 年，我国产业化白光 LED 的光效水平已达到 180 lm/W。

根据美国惠普公司的罗兰·海兹的预测，当 LED 的发光效率达到 200 lm/W 后，全球用于照明的电量将可减少 50%，即全球总电能消耗可减少 10%，每年节电价值可达 1000 亿美元。需要指出的是，尽管常规的双波段 LED 具有较高的光效水平，但因光谱连续性不佳，CRI 值通常较低（<85），其照明质量还不够理想。不过通过使用 5 色（蓝光、青光、绿光、黄光和红光）芯片、3 色（RGB）芯片或紫光/近紫外芯片＋RGB 荧光粉等结构，人们目前已获得了 CRI 值接近 100，能满足高品质室内照明和液晶显示器的背光源等需求的全光谱 LED。正因如此，LED 目前几乎无处不在，已创造出了巨大的经济效益和社会效益。

2000 年，LED 的先驱者，被尊称为 "LED 之父" 的尼克·何伦亚克在美国物理学会会刊发表了《LED 是灯的终极形式吗?》，认为 "原则上讲，LED 是灯的最终形式，实际上也是如此"。

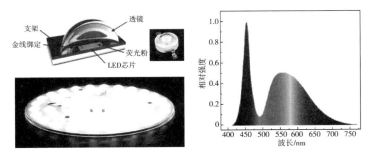

图 9-6　常规 "蓝＋黄" 型双波段白光 LED 的工作原理及其发光光谱

2014 年 10 月 7 日，瑞典皇家科学院宣布，将本年度诺贝尔物理学奖授予日本科学家赤崎勇、天野浩和美籍日裔科学家中村修二，原因是蓝光 LED 这项只有 20 年历史的年轻发明，已经 "让我们所有人受益"。

"白炽灯照亮了 20 世纪，而 21 世纪将由 LED 灯点亮！"

不过，上述获奖人名单甫一揭晓，学术界和媒体界便提出了异议，认为"本届诺奖尽管众望所归，但更令人大失所望"。这其中最主要的两个声音便是："为什么尼克·何伦亚克没有得奖？""这样对邓青云是否太不公平？"

前文已经提到，何伦亚克是红光 LED 的发明者。事实上，因其在半导体光电子材料和器件研究领域取得了诸多开创性成就，何伦亚克先后获得了美国国家科学奖、美国国家技术奖、Lemelson 奖、日本奖、Draper 奖（美国工程学界最高奖项之一，被誉为"工程学界的诺贝尔奖"）等多项声望极高的奖项。但这位"LED 之父"，却与史上仅有的一次与 LED 相关的诺贝尔奖失之交臂，这难免让很多人大呼不公。对此，何伦亚克的回应是：对于未能位列诺奖获奖者名单，他并不特别抱怨，但令他不满的是，他在 1962 年的那个发明（即红光 LED）从未被瑞典皇家科学院提及过。在接受美国联合通讯社采访时，何伦亚克说，见鬼，我现在是个老家伙了，但我觉得这是一次侮辱。而瑞典皇家科学院在授奖声明中说，根据诺贝尔的遗嘱精神，诺贝尔奖要奖励那些对人类福祉做出重大贡献的发明。尽管红光 LED 也是极富想象力、极为重要的原创性发明，但蓝光 LED 却是 LED 光源中最不可或缺，同时又是最难以获得的核心技术。或许是诺贝尔奖评审者们更认可 LED 在照明光源领域的核心优势，从而才最后选择了蓝光 LED。

说完了何伦亚克，我们再来看看邓青云。他又是何许人也？为何会有如此多的人为他鸣不平？

邓青云（图 9-7）于 1947 年出生于中国香港，为美籍华裔材料物理学家和化学家，还是美国国家工程院院士、香港科学院创院院士、香港

图 9-7　邓青云

工程科学院院士。邓青云是化学领域除诺贝尔奖外最具影响力的奖项——沃尔夫化学奖的首位华人得主，也是被誉为"日本诺贝尔奖"的京都奖的首位华人得主（赤崎勇也曾获得该奖）。2014 年，在汤森路透发布的"引文桂冠奖"（Citation Laureates）化学奖得主中，邓青云的名字也赫然在列。稍作了解便知，汤森路透是使用定量数据来分析和预测年度诺贝尔奖得主的唯一机构，因其引文桂冠奖的获奖人有较高概率会获得诺贝尔奖，故被称为"诺贝尔奖的风向标"！

邓青云之所以成为 2014 年诺贝尔化学奖得主的热门人选，是因为他在有机发光二极管（Organic Light-Emitting Diode，OLED）的高效化和实用化方面做出了先驱性贡献，被尊称为"OLED 之父"。考虑到 OLED 和蓝光 LED 都是以半导体材料为基础的电子器件，既然蓝光 LED 的发明者斩获了诺贝尔物理学奖，OLED 的先驱研究者就不太可能再问鼎当年的诺贝尔化学奖了。这也是很多人为邓青云扼腕叹息的原因所在。

从字面上理解，OLED 与 LED 的不同仅在于前者和后者分别使用的是有机和无机半导体材料。如前所述，在照明电光源领域，LED 在光效和显色能力方面均有优秀的表现，是一项功利千秋的重大发明创造。那么，OLED 技术又有什么核心优势，能与 LED 这一所谓"绿色照明光源的终极形式"在诺贝尔奖上一争高下？答案是：OLED 在显示技术上同样掀起了一场革命。

众所周知，21 世纪是信息时代，而显示装置作为信息的"载体"，其性能直接影响着人类信息获取的形式和品质。随着信息技术的高速发展，信息显示装置也逐渐从简单的开关指示灯泡、七段数码显示器发展到了全色显示器，从而借助更大的屏幕、更高的分辨率和更强的亮度，大幅提升了信息传输的密度和容量。与此同时，因能实现信息的多样化、个性化和实时化，重量轻、厚度薄、能耗小、工作电压低的便携式显示装置也更受人们青睐。相比阴极射线管（Cathode Ray Tube，CRT）显示器和液晶显示器（Liquid Crystal Device，LCD）等早期显示设备，OLED因能集全固态主动发光、分辨率高、亮度高、图像质量优、超薄、可柔性显示、响应快、视角宽、工作电压低、绿色环保等诸多优点于一身，而一跃成为21世纪的新一代显示器的最有力竞争者。

CRT：现代显示器的鼻祖

阴极射线管（CRT）是德国物理学家卡尔·费迪南德·布劳恩（Karl Ferdinand Braun，1850—1918，1909年的诺贝尔物理学奖得主之一，图9-8）于1897年发明的，其能将电信号转换成光信号来实现图像显示。CRT的工作原理如图9-8所示：阴极经加热丝加热后，发射出大量电子，其数量可通过控制栅极予以调控。这些电子在通过阳极区和聚焦线圈后，不但能被加速，而且能被聚成一束狭窄的电子束，叫阴极射线。这些高动能电子束撞到涂有荧光粉的荧光屏上以后，可激发荧光物质产生光。发光强度取决于电子的速率，而发光颜色则取决于荧光物质的种类。因此，CRT所使用的荧光粉材料便是其实现显示功能的化学物质基础。在CRT中，通常使用的蓝光荧光粉是$ZnS：Ag^+$，绿光荧光粉是$(Zn，Cd)S：Cu^+$，红光荧光粉是$Y_2O_2S：Eu^{3+}$。另外，如果不做其他处理，电子束主要会到达荧光屏的中心位置，仅能形成一个光点而不是完整的图像，故在到达荧光屏之前，电子束还需经过一个偏转系统，来对电子束的运动方向进行调控，从而能在荧光屏的不同位置上形成不同颜色的亮点。

尽管CRT的首次亮相是作为示波器使用，但在随后的近100年里，CRT长期统治着电视、电脑显示屏市场，被誉为"20世纪最杰出的技术"，原因是其显示品质好、性能稳定可靠、制造成本低。随着微电子

技术的发展和集成电路的广泛使用，信息产品开始向小型化、高密度化

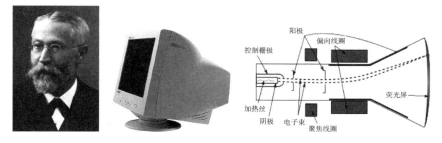

阳极
偏向线圈
控制栅极
阴极
加热丝
电子束
聚焦线圈
荧光屏

图 9-8　CRT 的发明者布劳恩、CRT 显示器及 CRT 的工作原理

和节能化方向发展。而 CRT 是电真空器件，具有体积大、笨重、工作电压高、功耗大、不够绿色环保（有微量 X 射线）等缺点，无法用于制造便携式平板显示器。此外，在 20 世纪 60 年代末，一种轻薄、工作电压低、功耗小、无 X 射线污染的新型平板显示器——液晶显示器（LCD）横空出世，并在随后的几十年里得到了迅速发展。到 20 世纪 90 年代时，LCD 的显示品质已能媲美 CRT，因此在 21 世纪初，CRT 不得不面对"英雄迟暮"的命运：欧盟签发了"到 2004 年全面禁止使用 CRT"的决议，国际显示器学会也在学术研讨会中不再设置关于 CRT 的讨论专场。曾经辉煌一时的"第一代"显示器终于全面退出了历史舞台，将接力棒交到了 LCD 手上。

LCD：轻薄、便携、绿色

上小学时，我们就从自然课上知道，物质有三种存在状态：固态、液态和气态。然而自然界中的物态远比这丰富，比如说肥皂盒里的黏糊糊的肥皂溶液，它就属于三态之外的另一种物态——介于液体和晶体之间的液晶。

液晶基本都是有机分子，其不但像液体一样具有可流动性，而且像晶体一样具有有序的分子结构，从而具有各向异性的光学性质。由于液

晶的分子结构排列可通过温度、压力、电场、磁场等予以调控，人们据此发明出了液晶显示器、液晶温度传感器、液晶压力传感器等。这些器件已获得了广泛应用，并极大地改变了人们的生活方式。更为神奇的是，液晶还是生命的核心，在动物的大脑、视网膜、肌肉、卵巢等组织器官中，都能找到它。细胞表面及细胞内不同功能单元之间的生物膜也不是普通流体，而是液晶，其能选择性地嵌合复杂的蛋白质分子，从而使细胞可以进食、消化、排泄、呼吸，而这些正是生命的基础。

延伸阅读

在第二讲里，肥皂是作为清洁产品登场的。但你知道吗？肥皂泡里还蕴含着很深的学问呢！1991 年的诺贝尔物理学奖获得者德热纳在其获奖演讲中就是用一幅吹肥皂泡的图画向人们宣告一门新学科——软物质物理的诞生。推荐大家阅读一本优秀的科普读物——《从肥皂泡到液晶生物膜》。该书从讨论肥皂泡形状入手，介绍物质液晶态的弹性流体力学性质，并逐渐引伸到生物膜的具体应用。红血球为什么是双凹碟形？癌变细胞为什么是无规形状？生命细胞是如何在地球上产生的？这些在生物界看来都深奥莫测的问题，在该书上都可找到有趣的解释。

液晶的发现极大地推动了人类的科技进步，本应成为获得诺贝尔奖的项目。但由于液晶的首个发现者难于确定，加之，当时的一些知名学者［如 1920 年的诺贝尔化学奖得主瓦尔特·赫尔曼·能斯特（Walter Herman Nernst，1864—1941）］对液晶是否存在表示怀疑，导致液晶的发现者最终与诺贝尔奖失之交臂。幸运的是，在 20 世纪 70 年代，法国物理学家皮埃尔-吉勒·德热纳（Pierre-Gilles de Gennes，1932—2007，图 9-9）成功揭示了在溶液中液晶从有序到无序的转变过程，并因对液晶理论的贡献，独享了 1991 年的诺贝尔物理学奖。这也算是在一定程度上弥补了液晶的发现者错过诺贝尔奖的遗憾吧！

图 9-9　皮埃尔·德热纳（左）和乔治·海尔迈耶（右）

　　除 Gennes 外，在液晶研究领域，我们还需要记住一个人的名字——乔治·哈利·海尔迈耶（George H. Heilmeier，图 9-9），因为没有他的伟大发明，就没有今天我们几乎每一个人都离不开的便携式信息设备——笔记本电脑、平板电脑、手机等。1964 年，当时任职于美国 RCA 公司（发明了收音机与电视机的公司）的海尔迈耶发现，在通电后，某些液晶分子会改变排列方式，从而改变光散射性质。受此启发，海尔迈耶带领团队探索了如何用液晶将电信号转变成光信号，并于 1968 年研发出了第一片 LCD。1971 年，第一批 LCD 开始投放市场，以七段数字显示器的形式在手表、计算器、仪表等上获得应用。

　　后来，其他研究者又采用新的工作原理替代了光散射原理，成功用 LCD 实现了对文字、图像的全色显示。如图 9-10 所示，在全色显示 LCD 中，液晶分子担当的是背光源（通常为白光 LED）的"光阀"角色。通过改变电压来调控液晶分子的排列状态，可改变液晶的折射性质及旋光能力，从而获得背光源的"开""关"的透过状态。目前，全色 LCD 的主流技术是以薄膜晶体管（Thin Film Transistor，TFT）为驱动部件，并借助彩色滤光片获得 RGB 三基色来实现全色显示。而 LCD 所使用的液晶材料才是其实现显示功能的化学物质基础。如果没有液晶材料的支撑，LCD 的全色显示就是空中楼阁。

上偏光片
彩色滤光片
液晶层
薄膜晶体管
下偏光片
背光源

图 9-10　LCD 七段数字显示器和全色显示器，以及 TFT-LCD 全色显示器
的工作原理

　　尽管在电脑、手机及电视机等平板显示终端上，目前大放异彩的是 TFT-LCD，但海尔迈耶所发明的光散射 LCD 被公认为是现代 LCD 工业的开端。正因 LCD 已造福于全人类，海尔迈耶于 2004 年和 2006 年分别荣获了 Draper 奖和京都奖这两项声望极高、可比肩诺贝尔奖的奖项，并于 2009 年入选了美国专利商标局国家发明家名人堂，与白炽灯的发明者爱迪生、苹果电脑的发明者史蒂芬·加里·沃兹尼亚克等同享殊荣。

　　不过，LCD 仍远称不上完美的显示技术，还有其固有的缺点。一是液晶本身并不发光，必须在用到背光源。这会带来三个缺点：①无法具有主动式发光器件（如 CRT）那样的宽视角特性；②因背光源的透过干扰难以完全消除，LCD 无法获得"纯黑色"，致使图像对比度较差；③在 LCD 工作时，无论显示什么颜色，其背光源都处于点亮状态，加之 LCD 的全色是靠滤光片的选择吸收来实现的，致使器件的光源利用率低。二是响应速度慢。由于 LCD 的"亮""暗"状态的切换需靠改变液晶分子结构的排列方式来实现，故 LCD 的响应速度较慢（毫秒级）。三是使用环境受限。LCD 的光阀必须处于液晶状态时才能正常工作，这使得 LCD 不能在低温环境下使用。四是 LCD 的背光源和液晶层均难以进行大幅度挠曲、折叠，因此无法实现柔性显示。

由于 CRT 和 LCD 均无法满足人们对信息设备的更高要求，显示界深感需要探索更新的显示技术。而有机发光二极管（OLED）则因其全固态主动发光，且具有可在低温下工作、对比度高、视角宽、响应速度快、色域度广、超薄、易实现柔性显示等优点，被誉为"第三代"显示器，是平板显示领域目前最为耀眼的一颗明星，已应用于智能手机、平板电脑、平板电视等，并被认为最终将引发 LCD 的全面退市。

OLED：显示与照明的终极形式？

OLED 是一种固态半导体电致发光器件，其工作机理与 LED 类似，其中不同颜色的有机发光材料便是其能实现显示的化学物质基础。但 OLED 的发光核心材料不是无机半导体晶片，而是有机半导体材料，且几乎

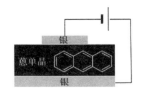

图 9-11　首个 OLED 的结构

都为非晶态薄膜。相较于无机材料，人们对有机材料的电致发光研究工作开展得更晚。1963 年，美国纽约大学的马丁·蒲柏等用银胶将电极粘贴在蒽（其结构如图 9-11 所示）的单晶薄片（厚度为 $10 \sim 20 \ \mu m$）上，发现通上直流电后能观察到蓝光，这一工作拉开了有机材料电致发光研究的序幕。由于发光强度太低，且驱动电压过高（$\geqslant 400 \ V$），这一工作并未引起人们的太多关注。1982 年，保罗·S. 文森特等通过真空蒸镀方法将厚度为 600 nm 的非晶态蒽薄膜沉积在金电极上，在 30 V 的直流电驱动下获得了较亮的蓝色电致发光。但是，由于蒽的非晶态薄膜质量欠佳，这一器件易被击穿，且光效也很低下。

1987 年，美国柯达公司的邓青云和史蒂芬·范·斯莱克合作，创新性地发明出具有三明治结构的双层薄膜 OLED（所用的有机材料的分子结构及器件结构如图 9-12 所示）。与蒲柏和文森特等所使用的单层器

件结构显著不同，双层结构器件中除发光层的 n 型有机半导体材料——三（8-羟基喹啉）合铝（黄绿光材料）外，还有一层具有空穴传输能力的 p 型有机半导体材料——芳香二胺（图 9-12），这极大地改善了空穴和电子向发光层中的注入和传输平衡。正因如此，这一器件能在低于 10 V 的直流驱动电压下发出亮度为 1000 cd/m^2 的黄绿光，光效也可达 1.5 lm/W，这一发现在显示领域引发了巨大的关注。邓青云的这一开创性发明标志着 OLED 技术进入了一个孕育实用化的新时代。

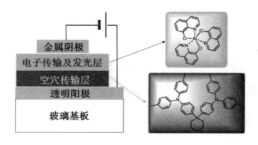

图 9-12　邓青云等发明的双层薄膜 OLED

随后，在学术界和产业界的共同努力下，OLED 的发展进入了快车道。1997 年，日本 Pioneer 公司推出了世界上第一个商品化的单色 OLED 平板显示产品——绿光汽车音响显示屏；1998 年，日本 Idemitsu Kosan 公司和 NEC 公司均推出了 OLED 彩色平板显示器；2007 年，日本 Sony 公司发布了世界上第一台民用级 OLED 电视，尺寸为 11 英寸①，面板厚度仅为 3 mm；2008 年，芬兰 Nokia 公司率先在其 N85 手机上采用了 OLED 全色显示器；2013 年，韩国 LG Display 和 SAMSUNG 均展出了 55 英寸的 OLED 电视样机。从首次商业应用到 55 英寸的电视研制成功，OLED 仅用了 16 年，而 LCD 则花了 32 年。

目前，小尺寸 OLED 平板显示器已实现大规模量产，在高端手机上已实现了对 LCD 显示屏的"围剿"：2017 年，一直坚持在产品中使

①　1 英寸≈2.54 cm。

用 LCD 屏的苹果公司也在其十周年纪念手机——iPhone X 上使用了 OLED 面板。OLED 平板电视的生产技术也日臻成熟，目前最大的 OLED 电视尺寸已达 88 英寸。值得一提的是：OLED 因无须使用背光源，故比 LCD 更易于获得透明器件。目前，LG Display 已成功实现了透明 OLED 显示屏面板的量产，这也促成了多款透明电视于近期成功上市（图 9-13），为显示器添上了一抹梦幻、神奇的色彩，同时也为屏下指纹甚至屏下摄像头技术奠定了基础。此外，由于 OLED 在响应速度上比 LCD 快了几个数量级，显著改善了视觉暂留问题，使得其在虚拟现实（Virtual Reality，VR）这一多媒体技术的终极应用形式上，目前已完完全全"碾压"了 LCD。

图 9-13　三星公司于 2016 年展示的全透明 OLED 屏（左）及
小米公司于 2020 年推出的透明电视（右）

随着平板显示器制作技术的日臻完善，OLED 又开始向可挠曲、折叠显示这一产业制高点挺进。事实上，OLED 是目前可实现动态折叠显示屏的唯一技术。从 2019 年开始，搭载了可折叠 OLED 面板的手机产品陆续问世（图 9-14），有效缓解了信息产品的便携度与阅读舒适度不可兼得的突出矛盾。2020 年 10 月，LG Display 发布了世界上第一台可卷曲式智能电视商品，其最大卖点在于不工作时，其显示屏可通过卷曲而被部分或全部收纳至基座中（图 9-15）。LG Display 将这一"易拉宝"式电视产品描述为"几十年来电视技术中最具创新性的发展，使用户摆脱了墙的限制，更合理地规划生活空间，而不必为电视产品专门留出一个位置"。

图 9-14　轻薄、可挠曲的 OLED 显示屏和华为、摩托罗拉及三星的折叠屏
OLED 手机产品

图 9-15　LG Display 推出的可卷曲式智能电视 Signature OLED R

值得一提的是，除了在显示器产业大放异彩，OLED 在照明产业上也颇具雄心。读到这里，可能大家会有些困惑：目前 LED 无论在光效还是在显色能力方面都已十分优秀，甚至被认为是"灯的终极形式"，那么 OLED 照明还能在哪里大有作为呢？

事实上，作为照明电光源，LED 距离完美还有很长的路要走，OLED 能在以下几方面对 LED 形成挑战：

第一，LED 无法跳出照明光源"点"的束缚。目前市售的 LED 的芯片尺寸都比较小，原因是白光 LED 不能超温工作，否则会明显降低其光效水平和使用寿命。故现阶段 LED 只能作为点光源。而 OLED 是目前面光源的唯一技术，具有出光柔和均匀、无影/少影、光利用率高等优点。

第二，现阶段白光 LED 光源中的蓝光部分，其最大发射波长位于 450 nm 左右（图 9-6），有可能对视网膜造成损伤。而 OLED 因有机发光材料的种类丰富，发光颜色易于调控，故可以在同等照明环境下，大幅降低光源中高能量蓝光的释放量，更为"护眼"。

　　第三，LED 无法像 OLED 那样，做到可挠照明。此外，OLED 还是目前唯一一项能做成透明光源的技术，这将给家居生活带来颠覆性的改变。

思　考

要降低生活中的"蓝光危害"，你有哪些好方法？

　　设想一下：房间的窗户在白天透进阳光，到了夜晚则可用柔和的光线为室内照明；家中所有的屋顶、墙面都是可提供照明的光源甚至显示器，可随时随意改变其亮度、颜色甚至图案（图 9-16）；在野外露营时，只需展开一个卷轴，甚至只需展开一张被折叠得很小的"纸"，即可惬意地在灯光下享受晚餐；结合智能灯光技术，还能让灯光根据周围环境甚至人的情绪自动调节亮度、色彩……或许这才是"照明的终极形式"吧！

图 9-16　透明 OLED（左）、可挠曲 OLED（中）及未来的 OLED（右）家居照明设计

　　那么问题来了，既然 OLED 在显示和照明产业均较现有技术更具优势，为何这一技术却与 2014 年的诺贝尔奖擦肩而过？

　　目前，OLED 面临的最大问题是器件的良率太低，导致下游产品的价格居高不下。在显示产业，现阶段 OLED 仅成功抢占了高端市场，在中、低端市场还无法对 LCD 形成合围。当前市面上出售的折叠屏手机，价格几乎都在万元以上；与相同尺寸的 LCD 平板电视相比，OLED 平板电视的售价普遍高出一倍以上；小米公司发售的 55 英寸透明 OLED 电视，定价超过 5 万元；LG Display 刚刚投放市场的可卷曲 OLED 电视，其售价甚至高达 58.7 万元。在照明产业，知名品牌的 OLED 台灯，售价绝大多数都超过了 2000 元，远高于 LED 台灯；而可挠的柔性光源还停留在概念产品的阶段，尚未走出实验室，进入市场。也就是说，OLED 目前还是"王谢堂前燕"，尚未"飞入寻常百姓家"。而诺贝尔奖通常是颁给那些对人类福祉做出重大贡献的科学技术的先驱研究者，这或许就是 OLED 在 2014 年与诺贝尔奖失之交臂的原因吧！近年来，随着化学家、材料学家对新型有机光电材料的深入研发，以及物理学家对新的发光机制及新的器件结构的不断深入探索，OLED 的综合性能获得了快速攀升。可期在不远的将来，OLED 将会进入千家万户，彻底改变我们的生活，让人类都能近距离欣赏到显示与照明中的化学之舞！

夜幕降临之际，将自己陷进柔软的沙发，通过语音甚至大脑意识，点亮屋顶或墙面，设定其图案，甚至开启裸眼 3D 显示，使自己置身那光明与色彩的世界。这样的生活，你是否也和我一样，热切期盼它早日来临？

参考文献

[1] 江源. 光源发展史（一）[J]. 灯与照明，2010，34（1）：54-62.

[2] 魏刘伟. 金属钨的光辉秘史 [J]. 世界科学，2020（4）：44-46.

[3] 沈慧. 我国照明用电约占全社会用电量 13% 点亮明灯开始绿之行 [N/OL].《经济日报》，2016-11-15. [2021-10-25]. http://www.ce.cn/xwzx/gnsz/gdxw/201611/15/t20161115_17801022.shtml.

[4] 高炬，孔刚. 紧凑型荧光灯工作特性的研究 [J]. 真空电子技术，1995（4）：17-20.

[5] 史建设，李同锁，张宏凯，等. 对节能灯的新认识 [J]. 资源节约与环保，
2009 (6)：49-51.

[6] 齐伍凯，孙艳辉，南俊民. 废弃荧光灯的回收处理方法及对策 [J]. 环境污染
与防治，2009，31 (9)：95-98，102.

[7] 方志烈，刘木清. 半导体照明光源的技术进展 [J]. 激光与光电子学进展，
2010，47 (6)：1-7.

[8] 陈晓霞，张霞，刘荣辉，等. 全光谱 LED 照明用荧光粉发展现状及趋势 [J].
中国工程科学，2020，22 (2)：71-77.

[9] 李海. 2014 年诺贝尔物理学奖——蓝光 LED 的发明 [J]. 自然辩证法研究，
2015，31 (4)：83-87.

[10] Nakamura S，Fasol G，Pearton S J．The Blue Laser Diode：GaN based light
emitters and Laser [M]. Berlin：Springer，1997.

[11] 刘康，郭震宁，林介本，等. 高亮度白光 LED 混色理论及其实验研究 [J].
照明工程学报，2012，23 (1)：51-57.

[12] 中国广播网. 2014 年诺贝尔奖揭晓在即 4 名华人科学家成热门人选 [EB/
OL]. (2014-09-28) [2021-10-25]. http://china. cnr. cn/xwwgf/201409/
t20140928_516522998. shtml.

[13] 李文连. 显示用阴极射线管 [J]. 发光快报，1990 (6)：25-26.

[14] 黄祖沛. 栩栩如生、明艳动人显示器的成像原理 [J]. 电子测试，2001 (5)：
106-111.

[15] 黄锡珉. 显示技术新进展 [J]. 液晶与显示，2000，15 (1)：1-5.

[16] 刘辉. CRT，路在何方？[J]. 微型计算机，2003 (16)：77-79.

[17] 沈曼，郭丽丽，刘建军. 液晶的研究进展 [J]. 河北师范大学学报（自然科
学版），2005，29 (2)：154-157.

[18] 张唯诚. 从 LED 到 OLED——人类照明技术的未来 [J]. 百科知识，
2015 (1)：33-34.

[19] 马东阁. OLED 显示与照明——从基础研究到未来的应用 [J]. 液晶与显示，
2016，31 (3)：229-241.

[20] 黄维，密保秀，高志强. 有机电子学［M］. 北京：科学出版社，2011.

[21] Thomas J，Hans N，Cees R. New Developments in the Field of Luminescent Materials for Lighting and Displays［J］. Angewandte Chemie International Edition，1998，37（22）：3084-3103.

[22] 邱建华. 荧光灯和阴极射线管用荧光粉的最新发展［J］. 发光快报，1991（3）：2-8.

[23] 中村修二. 我生命里的光［M］. 安素，译. 成都：四川文艺出版社，2016.

第十讲

横空出世的塑料：
伟大的发明还是灾难的开始

大与小是相对的

空间是我们认知事物的一个基本要素，它的度量是长度。宇宙空间的最小尺度就是普朗克长度，约为 1.6×10^{-35} m；最大尺度为"无限大"。可观测宇宙直径达 930 亿光年，而预估直径可达 1600 亿光年（1光年约等于 9.46 万亿千米）。人类处在这样一个由小尺度组成的大宇宙里，相对于普朗克尺度，人类就是宇宙；而相对于宏观宇宙，人类又渺小到可以忽略不计。

古人惠施曾曰："至大无外，谓之大一；至小无内，谓之小一"。他认为宇宙间的大与小都是一个无限的系列。在物理学中，人们用衔尾蛇（英文名字为 OUROBOROS，来自希腊文的同音）来表述宇宙中无始无终的循环概念，象征了极小与极大关系的交接（图 10-1）。

如果我们收回放眼宇宙的目光，聚焦到构成自然界物质的分子，那么，分子的大小又是如何定义的呢？

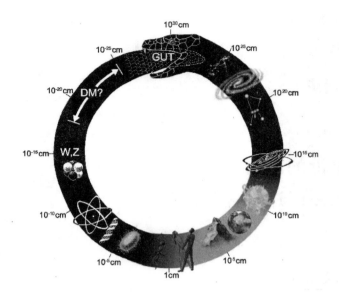

图 10-1　宇宙的尺度

从"小"说起

众所周知，宇宙是由物质构成的，而分子可以构成物质。那么分子是不是构成物质的最小单元？答案是否定的！因为分子可以再细分，原子构成了分子！而原子是由原子核和绕核运动的电子组成。原子核由核子（中子和质子的统称）组成，核子又由夸克组成。至此，就我们所知而言，夸克是构成物质的最小单元！

通过以上描述，我们知道分子和原子都是微小的粒子，但二者大小差别有多大？在生活中，我们经常会用"芝麻""针眼"等字眼来形容事物"很小"，但如果将芝麻与原子相比，就好像地球与芝麻相比一样。如果觉得上述比较缺少数值倍数关系的话，不妨再做个类比：将 50 万个原子紧密排列起来也就一根头发丝那么粗！而把一个水分子扩大

1000 万倍也只有一粒黄豆那么大！所以，以后我们若是想强调事很小，是不是可以将"芝麻大点儿事"改为"原子大点儿事"？

知道了分子和原子之间的大小差别，那么二者的联系又是什么？简单说就是原子可以以不同的方式结合组成种类繁多的分子。相对分子质量小的分子可能只是由一两个原子构成，例如一个氧气分子是由两个氧原子组成的；相对分子质量大的分子，例如遗传物质 DNA，是由上千亿个原子构成的。而到目前为止，科学家制造出的最大的稳定合成分子是 PG5，它由 1500 万个碳原子和 4000 万个氢原子组成。

最早比较确切地提出分子概念的化学家是意大利的阿莫迪欧·阿伏伽德罗（Amedeo Avogadro，1776—1856），他于 1811 年提出了分子学说。在之后很长的一段时间里，化学家都把分子看成比原子稍大一点的微粒。直到 1920 年，德国化学家赫尔曼·施陶丁格（Herman Staudinger，1881—1965）的一篇论文——《论聚合》的发表，才让人们意识到大分子的存在。

"大"有不同

人类认识自然的过程常常始于被动。在 19 世纪末之前，虽然人类已从大自然中学会了从石头中提炼金属和利用动植物来源的大分子，但在当时，人们对天然大分子，如纤维素和橡胶的使用完全是出于本能和经验。不过，事物总是在不断向前发展，随着这些天然大分子的广泛应用，人们开始关注其结构。

众所周知，一个新事物的认知往往会建立在原有认知的基础上，囿限也因此产生。当时人们的认知还仅仅停留在小分子上，因此对于天然大分子，大家普遍认为：这些大分子都是由小分子缔合而成的。甚至有两位著名的化学家海因里希·奥托·威兰（Heinrich Otto Wieland，

1877—1957，1927 年的诺贝尔化学奖得主，研究了胆汁酸及相关物质结构）和赫尔曼·埃米尔·费歇尔（Hevmann Emil Fischer，1852—1919，合成了苯肼，因在糖和嘌呤合成方面的杰出贡献获得 1902 年的诺贝尔化学奖）也支持这一观点。

但真理并非掌握在多数人手中，科学需要挑战权威。当时以赫尔曼·施陶丁格（图 10-2）为代表的小部分学者并未受到大名鼎鼎的学术权威们的观点束缚，他们认为天然橡胶不是一种小分子的缔合体，而是由大分子组成。1920 年施陶丁格在《论聚合》中阐述了这一观点。

那么这两种观点到底有什么不同？我们不妨来做一个假设：

蛋白质是大分子，在我们皮肤、头发中发挥着重要作用，赋予它们一定的弹性、形状和光泽等。但如果像最初学者们认为的那样，大分子是小分子的缔合体（请注意，这种缔合体的缔合作用可不像通过化学反应得到的结合作用那么牢固，它可能会因外力而被轻易瓦解），那么当我们受到外界的侵袭，这些蛋白质就可能回归到自由的小分子状态！这意味着我们的皮肤和头发就会瞬间消失，单纯想想就觉得这是一件很可怕的事情！如果再往深里想想，我们身体中有很多大分子，如果也全是这种小分子·缔合体，那么我们的生命简直不堪一击！

幸运的是，这些设想中的可怕的事情并没有发生。在大分子发现过程中，科学家始终保持着实事求是的科学态度，并通过缜密的实验研究来验证理论的正确性。当实验结果证实施陶丁格的理论更符合事实时，最终持反对意见的科学家也接受了这一观点，有些还帮助施陶丁格完善和发展了大分子理论。

这就是真正的科学精神——实事求是，勇于挑战！

在 1932 年，施陶丁格发表了划时代的巨著——《高分子有机化合物》，标志着高分子科学的正式诞生，他也因此被公认为高分子科学的"始祖"。

为表彰他对高分子科学做出的巨大贡献，1953 年的诺贝尔化学奖授予了他，使他成为获此殊荣的第一位高分子学者。

高分子科学的兴起带动了高分子材料工业的飞速发展，给人们的生活带来了极大的便利。但高分子与小分子相比，到底有哪些主要不同呢？

赫尔曼·施陶丁格

图 10-2　1953 年的诺贝

尔化学奖获得者

相对分子质量不同

相对分子质量是分子质量与 ^{12}C 原子质量的 $\frac{1}{12}$ 之比，是指分子的相对质量，可以用它来衡量分子质量的相对大小。高分子中每个分子链都是由成百上千个同种或多种小分子构造而成，相对分子质量从几千到几十万甚至几百万。关于小分子和高分子相对分子质量的区别，我们不妨做个简单类比：如果小分子是单个珍珠，那么高分子则是一串珍珠，后者可以是一种颜色的白珍珠串成，即同种小分子构成，也可以由白珍珠、黑珍珠或其他颜色的珍珠共同串成（图 10-3）。

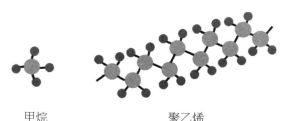

甲烷　　　　　　　聚乙烯

图 10-3　小分子（甲烷）与高分子（聚乙烯）的结构式

几何形状不同

由于高分子的相对分子质量大，使高分子看起来像一条由小分子串起来的链子，因此，我们称之为高分子链。高分子链的长短可以用于表示相对分子质量的大小。但高分子链不仅有长短这一个衡量指标，就好像一个人的身体除了有高矮的不同外，还有胖瘦的区别。所以根据高分子链几何形状的不同，可以将其分为线型和体型两大类。其中，线型高分子包括直链和支链两种（图10-4）；而体型结构是高分子链通过交联作用形成的三维网状结构，因此体型高分子又称为网状高分子，而这个网通常是立体的。相比之下，小分子的相对分子质量小，就不存在这些长链状的分子结构。

　（a）直链线型高分子　　　（b）支链线型高分子　　　（c）体型高分子

图 10-4　线型高分子和体型高分子的结构示意图

　　需要指出的是，不要小看了这些几何形状的差别，高分子结构中的这些差别往往导致性质上有很大的不同。换句话说，高分子外在性质的差异是内部结构的不同所致。比如，大家在日常生活中观察到的加热熔融现象，可以发生在线型高分子中，却不会发生在体型高分子中，其中的道理很简单。在加热时，线型高分子链吸收了热量，会产生自由运动，进而发生流动，这就是我们所说的熔融。但如果高分子链间有交联点，会使得其运动受限，不能流动，于是体型高分子不会出现熔融现象。线型高分子在加热时能发生流动变形，冷却后可以保持一定形状。利用该性质可将高分子加工成型。于是我们说，线型高分子具有热塑性，而体型高分子具有热固性。类似的原因也可以用来解释线型高分子可以溶解在适当的溶剂中，而体型高分子则不能溶于任何溶剂。

性质不同

由于相对分子质量和几何形状不同，高分子与小分子相比，表现出不一样的性质。比如溶解性：高分子因为分子链很长，分子间相互作用力强，溶解需要很长时间，有时甚至数天才能观察到溶解现象；而小分子的溶解则容易很多。又如热性质：小分子有明确的沸点和熔点，随着温度变化，可从固体变成液体，再到气体；而高分子则不能气化。

在汉字中，一人为人，二人为从，三人为众。如果从哲学的角度来看，就是说一人有独立的意志和行为，二人则会产生矛盾，三人会使矛盾扩大化。我们可以将之理解为聚集产生了相互作用。如果把人用分子替换，情况也类似，即分子间也会发生作用，产生聚集态，也就是众多分子堆砌在一起的状态。小分子的聚集态有气态、液态和晶态。这三者之间的差别就是物质内部质点的有序性不同，晶态是内部质点呈高度有序的一种形态，而液态和气态的有序度会下降。大家可以联想操场上的学生，当在整齐地走方队时是"晶态"，当方队解散后自由活动时是"气态"，而液态介于二者之间。而高分子聚集态结构没有气态，原因很简单，高分子链间的作用力大，以至于让其蒸发的温度超过了高分子链的断裂温度，有点"壮志未酬身先死"的意味！至于小分子的其他状态，高分子也都有，只不过比小分子来得更复杂。

此外，力学性质也明显不同：对小分子来说，随着相对分子质量变大（温故知新：之前提到，大与小是相对的，所以小分子间也有相对大小之分哦），如从含一个碳原子的甲烷（家中做饭用的天然气的主要成分）逐渐变大到含十几个碳原子的石蜡（蜡笔和蜡烛的主要成分），分子就会经历从气态到液态再到固态的状态转变，但无论是哪一种状态，其强度还是很弱（也许大家记忆中还残留着小时候心爱的蜡笔被不小心折断的心痛片段）；但对高分子来说，由于分子间相互作用力非常大，从而表现出很高的强度，如目前研制出的超高相对分子质量的聚乙烯纤维，相对分子质量范围为 150 万～800 万，其强度是钢铁的 15 倍，可用来做防弹背心。

思 考

　　我们在生活中常用到一种无色透明胶水，可用来粘接纸张等，其主要成分是聚乙烯醇这样一种高分子。这种胶水的制备过程很简单，就是把聚乙烯醇加热溶解在水中，冷却到室温后即得。使用的时候将胶水涂在纸张表面，等水分蒸发后纸张就粘在一起了。既然这种胶水在室温下是一种水溶液状态，那么为什么在制备时还需要有一个加热溶解过程？此外，既然聚乙烯醇溶于水，那么当牢固粘在一起的纸张遇水后，聚乙烯醇粘结层为什么并不会轻易因溶解而失去粘合力？

无处不在的塑料

　　在我们的日常生活中，高分子材料发挥着重要作用。高分子材料在三大材料中产量增速最快（另两种材料分别是金属材料和无机非金属材料）。高分子材料是以高分子为基体，与其他添加剂（助剂）所构成的材料。例如塑料、橡胶、纤维、涂料、粘合剂、木材等都是高分子材料。可以毫不夸张地说，我们的日常生活完全被高分子材料包围了！

　　既然高分子材料种类繁多，那么就需要求同存异，对其进行分门别类以方便了解。一种常用的分类标准就是按照高分子材料应用功能的不同，将其分为通用高分子材料、特种高分子材料和功能高分子材料三大类。

通用高分子材料是我们在日常生活中最容易接触到的一类，包括通用的塑料、橡胶、纤维、粘合剂、涂料等。而且，在建筑、交通运输、农业、电气电子工业等国民经济的主要领域中也经常可能看到它们。相比之下，特种高分子材料走的是"高大上"路线，其力学性能、耐热性能等远远优于通用高分子材料，其特点是刚、韧和强，所以常常在航空航天和现代科技中大显身手。功能高分子材料是指具有特定功能的高分子材料，包括功能性分离膜、导电高分子材料、医用高分子材料、液晶高分子材料等，它是未来材料发展的一个重要方向，大大丰富和方便了人们的生活。

由此可知，高分子材料在生活中应用非常广泛。其中被称为现代高分子三大合成材料的塑料、合成纤维和合成橡胶更是必不可少的重要材料，而塑料在其中的占比达 70% 以上，成为重中之重。

什么是塑料（plastic）？塑料是在一定的条件（温度、压力）下塑制成一定形状，在外力解除后，在常温下仍能保持形状不变的高分子材料。通俗地说，塑料是高分子聚合物（相对分子质量通常在十万左右）。此外，还根据性能要求加入一些添加剂，例如：增塑剂可以使塑料变得柔软，有利于加工成型；抗老化剂可以防止塑料出现发脆、变色等老化现象。与金属、石材和木材等相比，塑料制品具有成本低、可塑性强、重量轻等优点，自 1950 年人类大规模生产塑料以来，塑料已经成为家庭、办公和工业不可缺少的高分子材料，大到飞机、汽车、轮船，小到家电、包装盒、吸管等，都有其身影。2019 年全世界塑料产量约 4 亿吨，而中国塑料产量占全球塑料产量的 30%，成为世界上塑料生产和消费第一大国。

想象一下，如果没有塑料，我们的生活将会怎样？我们刷牙时没有了轻便的塑料牙刷；洗衣时，没有了盛水的塑料盆；贮存食品时，没有了保鲜膜，食品开始加速变质；做化学实验时，塑料样品管和塑料模板也都没有了，实验运行变得艰难——总之，没有了塑料，一切将可能变得无处安放，世界将变得难以想象。

然而塑料也是把双刃剑。随着塑料的广泛应用，白色污染问题日趋严重。100 年前塑料袋是"伟大的发明"，100 年后其被评为 20 世纪"人类最糟糕的发明"。塑料的功过到底该如何评价？

就让我们从头说起……

塑料的前世

先从台球说起：19 世纪盛行台球游戏，当时的台球是用象牙做的，一度造成象牙短缺！这其中暗藏的商机对科学发展来说也是一大契机。于是"商机"和"科机"同时出现了！有人开始以一万美元重金悬赏寻找制造台球的象牙替代品。这笔赏金在当时可是笔大数目，成功吸引了一位美国印刷工人约翰·韦斯利·海厄特的注意。他仿照别人的做法把棉花与浓硫酸、浓硝酸混合后得到火棉（硝化纤维），之后浸泡在酒精中得到一种胶质，但因为太稀薄，无法干燥成形（这之前的做法都是传承，即依照前人的做法去做），于是他试图找其他物质来增厚（此处开始创新了）。

为更好地理解海厄特的创新过程，此处插入一段背景介绍。前面提到的"别人的做法"中，"别人"其实有两位：一位要追溯到 1846 年的瑞士巴塞尔大学的化学教授克里斯琴·舍恩拜因，他在自家厨房做实验时，用妻子的围裙将打翻在地的硫酸和硝酸擦干，并在火炉旁烘干，导致围裙自燃，于是他发现了火棉；另一位是英国化学家亚历山大·帕克斯，他将舍恩拜因发现的硝酸纤维素溶于乙醚和酒精中，可以得到一种角质状物质。海厄特就是在这个基础上进行了改进，终于在 1869 年，当他把硝化纤维与樟脑混合后，制成的材料柔韧性高、硬而不脆，而且做成圆球后往地上丢，可以反弹一定高度——这一小跳被认为是人类历史的一大跳。

因原来纤维素的名字是 cellulose，海厄特就将这种新材料命名为赛璐珞（celluloid）（传承在创新中很重要，不仅是新材料研制过程如此，新材料命名也不例外）。由于价格低廉，赛璐珞迅速代替象牙，用于制造台球，并制成了胶卷、胶片及日常生活用品，如纽扣、梳子、衣领、玩具、假牙等。赛璐珞带来的一切都看似那么完美，仿佛到了童话故事中的"happy ending"。

令人遗憾的是，赛璐珞易燃易爆，常会让人误以为有枪击发生。一位台球店老板甚至说："当两球撞击过猛时，店里的所有客人都会掏枪自卫"。而将其制成梳子，在使用时，也发生过将女士头发烧个精光的起火事故。另外，由于制造乒乓球的主要材料是赛璐珞，当年，乒乓球甚至是飞机、火车上的违禁品之一。更令人惋惜的是，历史上许多有意义的早期活动摄影胶片是用赛璐珞制作的，由于被火烧毁或磨损现已永远消失。

由于这些缺陷，作为早期塑料之王，赛璐珞迟早会被其他高分子所取代。2014 年，当绿色环保的醋酸纤维素制的新乒乓球在全球公开发售后，使用了 100 多年的赛璐珞乒乓球被取代。事实上，赛璐珞是由天然的纤维素加工而成的，并不是完全人工合成的塑料。

1872 年，德国化学家约翰·弗里德里希·威廉·阿道夫·冯·拜尔（Johann Friedvich Wilhelm Adolf von Baeyer，1835—1917，1905 年诺贝尔化学奖得主，在研究有机染料和羟基芳香族化合物方面做出卓越贡献）就发现：苯酚和甲醛反应后，玻璃管底部有些顽固的残留物。但当时拜尔的兴趣在合成染料上，对残留物不感兴趣，后来也有科学家对这个反应进行过研究，但没能找到它的研究价值。

直到 1904 年，美国科学家列奥·亨德里克·贝克兰（Leo Hendrik Baekeland）开始研究这种反应后，一切变得大不同。他成功得到了酚醛树脂，将其模压（就是在闭合的模具腔内加热加压成型）后得到了一种半透明的硬塑料——酚醛塑料，这是世界上第一种完全人工合成的塑料。这种塑料不易燃烧，成型后不再熔化，也不能溶解到溶剂甚至是酸液中。1907 年 7 月 14 日，贝克兰申请了酚醛塑料的专利，并用自己的名字将它命名为"贝克莱特"（Bakelite）。他很幸运，因为英国同行詹姆斯·斯温伯恩爵士也提交了该专利申请，但比他晚了一天！否则，酚醛塑料就要改名了。

> **小 贴 士**
>
> 温故知新：这种性质不就是前面提到的体型高分子所具有的吗？所以我们把酚醛塑料归入热固性塑料的行列。

关于这一发明的意义，我们可以引用 1924 年《时代周刊》的一则封面故事的内容："那些熟悉酚醛塑料潜力的人表示，数年后它将出现在现代文明的每一种机械设备里。"基于这一伟大发明，1940 年 5 月 20 日的《时代周刊》将贝克兰称为"塑料之父"。

时间之轮驶到 20 世纪二三十年代，各种类型的合成塑料相继出现，包括醇酸树脂、聚氯乙烯、丙烯酸酯类、聚苯乙烯和聚酰胺等。从 20 世纪 40 年代至今，随着科学技术和工业的发展，石油资源的广泛开发利用，塑料工业获得迅速发展，又有一些新品种相继问世，不仅丰富了我们的生活，而且促进了其他工业发展，这些品种包括我们熟悉的聚乙烯和聚丙烯（塑料袋的制作材料），也包括我们不那么熟悉的不饱和聚酯、环氧树脂、聚碳酸酯、聚酰亚胺等。

如果说 1920 年施陶丁格提出高分子概念，高分子化学由此诞生，那么 20 世纪三四十年代，则是高分子工业形成阶段。20 世纪 50 年代以来，高分子工业又发展到了新的阶段。1953 年，德国化学家卡尔·瓦尔德玛·齐格勒（Karl Waldemar Ziegler，1898—1973）将催化剂用于聚乙烯合成，使聚乙烯塑料工业化生产取得了重大进展。1954年，意大利化学家居里奥·纳塔（Giulio Natta，1903—1979）改进齐格勒催化剂，用于聚丙烯生产。齐格勒-纳塔催化剂给高分子工业带来巨大冲击，引起了化学工业的结构重组，使得塑料从此进入千家万户。

　　为什么聚乙烯和聚丙烯的地位如此重要？我们来看一组现代塑料工业的数据：2019年全球塑料产量约4亿吨。这个数字是什么概念？不妨换个说法，一头大象按7吨计，那么全球塑料年产量相当于6千万头大象的质量！其中聚乙烯约占30%，而聚丙烯约占20%。也就是说，聚乙烯和聚丙烯的产量加起来约等于3千万头大象的重量。同时，二者在我们的现代生活中也随处可见：塑料袋的主要材料是聚乙烯和聚丙烯，而能够用于微波加热的快餐盒的主要材料也是聚丙烯。

　　所以我们要重点介绍一下为这两种塑料的发现做出巨大贡献的两位科学家：卡尔·齐格勒和居里奥·纳塔，他们是1963年的诺贝尔化学奖的获得者（图10-5）。

卡尔·齐格勒　　　　居里奥·纳塔

图10-5　1963年的诺贝尔化学奖获得者

与其他塑料相比，聚乙烯发现得要晚些。其原因在于乙烯分子具有一定的惰性，较难被打开而聚合成高分子链。直到1933年，英国帝国化工工业公司的两位化学家埃里克·法维克特和雷金纳德·基普森首次通过苛刻的条件（高温高压）制得了聚乙烯，并于1939年实现了工业化生产，得到的聚乙烯密度为 $0.915\sim0.925$ g/cm^3，称为低密度聚乙烯（塑料代码为 04，详情见后文）。它质量轻，主要用作薄膜产品，如农膜和糖果、蔬菜、冷冻食品等的包装。

显然，仅有良好的柔软性、延伸性等特点是不够的。20 世纪 50 年代菲利浦石油公司和美孚石油公司在较低的温度和中压下制得高密度聚乙烯（密度为 $0.940\sim0.970$ g/cm^3）。相较于低密度聚乙烯，其耐热性和机械性能都得到改善，可用于日常生活与工业用品的包装材料。而 1953 年齐格勒使用新催化剂，把合成压力进一步降低，实现在低压条件下合成高密度聚乙烯（塑料代码为 02，详情见后文）。在齐格勒工作基础上，1954 年纳塔采用新催化剂，在低压下合成聚丙烯（塑料代码为 05，详情见后文），并实现工业化生产。

看似简单的合成条件从高压到低压，聚合物由低密度到高密度的改变，却历经了 20 年。事实上，在没有齐格勒-纳塔催化剂之前，像聚乙烯和聚丙烯这类高分子，在合成时总是会产生很多支链，就像一根树干有很多分叉一样，难以得到高密度聚合物，这直接影响高分子材料的最终性能。而齐格勒-纳塔催化剂的出现很好地解决了这一问题。可以说，没有齐格勒-纳塔催化剂，就没有我们现在生活中形形色色的塑料制品。

塑料的今生

前文我们提到，按塑料不同的热性能，可将塑料分为热塑性塑料和热固性塑料。这两种塑料在生活中广泛存在，但我们通常熟视无睹，忽略其中不寻常的一面。下面将教大家认识生活中常见的塑料家族。

1. 热塑性塑料

1988 年，美国塑料工业协会（Society of the Plastic Industry，SPI）发布了一套塑料标识方案。中国在 1996 年制定了相似的标识标准，即塑料包装制品回收标志。标识由图形、塑料代码与对应的缩写代号组成。图形为带三个箭头的等边三角形，三角箭头表示可回收塑料；塑料代码 0 与阿拉伯数字 1～7 组合的号码 01～07，位于图形中央，分别代表不同的塑料；塑料缩写代号位于图形下方（图 10-6）。

图 10-6 塑料标识

表 10-1 热塑性塑料相关参数与信息

塑料名称	代码	缩写	耐热性	典型应用领域
聚酯	01	PET/PETE	不耐高温，70 ℃会变形	矿泉水瓶和碳酸饮料瓶
高密度聚乙烯	02	HDPE/PE-HD	耐 110 ℃高温，还耐低温	洗洁精、洗发水、沐浴乳及食用油的容器，背心袋和垃圾袋
聚氯乙烯	03	PVC	可耐 80 ℃	雨衣、建材、非食品用塑料膜和塑料盒
低密度聚乙烯	04	LDPE/PE-LD	不耐高温，也不耐低温	保鲜膜、塑料膜、塑料袋
聚丙烯	05	PP	可耐 130 ℃高温，不耐低温	微波炉餐盒和塑料袋
聚苯乙烯	06	PS	75 ℃时开始变软，耐低温	碗装泡面盒、发泡快餐盒
其他	07	Others/O	不超过 100 ℃使用	水壶、奶瓶、太空杯

从表 10-1 可以看出，热塑性塑料家族有"七兄弟"，就像《葫芦兄弟》，大家各有神通。

"大娃"01 号 PET 塑料，主要用于盛装饮料和水，它不仅耐酸碱，而且防水性好。但它的耐热性不太好，加热到 70 ℃会变形，所以只适合装暖饮或冻饮。这一点要切记，若用其装热饮，不光塑料瓶会变形，人也可能会被烫伤！

如果你在网站上搜索 PET 瓶使用注意事项，可能会看到这样的警告：加热及长时间使用，PET 会放出有害物质，因此不建议 PET 瓶重复使用。那么事实是怎样的呢？原来在 PET 合成的时候，要用到一种重金属催化剂，在瓶体中可能会有残留，从而造成潜在的危害。而我国已有相关国家标准来严格限制重金属的迁移量。重金属是否会溶出，与内装食品、瓶的温度与接触时间等都有关系。所以专家提出了以上建议。

"二娃"02 号 HDPE 塑料，就是我们之前提到的诺贝尔化学奖获得者齐格勒用自己研制的催化剂在低压下成功合成的塑料品种。看到表10-1 中的应用领域后，应该可以深刻理解诺贝尔化学奖成果对于我们生活的重要性了吧？相比于"大娃"，"二娃"耐温性要好些，不仅可耐110 ℃高温，还可耐低温。因此可以将其直接放入冰箱，不用担心破碎。

HDPE 塑料被用作食品包装时，包装上有食品安全标识。但需要提醒大家的是，食品安全标识在 2018 年 10 月 1 日换代了！食品包装袋上的"SC"（食品生产许可证）编号取代了"QS"标志（企业产品生产许可证）（图 10-7）。不要小看这个小小标志的转换，它可是食品行业的一个大进步，体现了食品生产企业在保证食品安全方面的主体地位。大家在购物时，仔细辨认清楚标识后，就可以放心使用了。

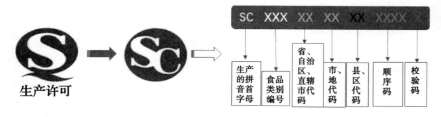

图 10-7　食品生产许可新旧标志以及生产许可编号

"三娃"03 号聚氯乙烯塑料与二娃聚乙烯相比，仅有一字之差，但用途却大不一样。它价格相对便宜，且可耐 80 ℃高温。但由于其在高温时会放出含氯有毒物，随食物进入人体后，容易致癌，因此，"三娃"不适用于食品包装领域。

"四娃"04 号 LDPE 与"二娃"HDPE 虽是孪生兄弟，但外形和个性有所不同。"四娃"更娇弱，既不耐高温，也不耐低温，多在常温下使用。当用作保鲜膜时，在温度超过 110 ℃时会出现熔融现象，而且用保鲜膜包裹食物加热，食物中的油脂很容易将保鲜膜中的有害物质溶解出来。因此，将有保鲜膜包裹的食物送入微波炉加热前，要取下保鲜膜。

LDPE 与 HDPE 都可用作塑料袋，那么二者有什么不同呢？

LDPE 袋通常被称为 PE 袋，HDPE 袋被称为 PO 袋。两者其实很容易区分，PE 袋透明度较高、质软，不易撕断，对产品有保护、不易刮花，揉搓声音比较闷；PO 袋透明度较低、质硬、较脆，揉搓声音比较响。

"五娃"05 号 PP 耐热性突出，可耐 130 ℃高温，因此可用微波炉加热。需要注意的是，一些微波炉餐盒，盒体以 PP 制造，但盒盖却以 PS（聚苯乙烯）制造，后者不耐高温。保险起见，将 PP 餐盒放入微波炉前，先把盖子取下。

但遗憾地是，PP 不耐低温。将其放入冰箱，会变脆，进而发生破碎、裂开等情况。因此，应尽量避免将 PP 塑料袋与盛装的冷鲜肉一起放入冰箱内。

"六娃"06 号 PS 耐热性不好，在使用温度达 75 ℃时开始变软，所以不适宜盛装热饭热菜。同理，也不要用微波炉煮碗装方便面。但 PS 的耐低温性能很好，是冰激凌最好的包装材料。

"七娃"07 号 PC，使用由其制成的奶瓶时，消毒温度不要超过100 ℃，因其在高温环境中可能释放出 BPA（也称双酚 A）。关于 BPA

是否危害健康尤其是儿童健康的争论由来已久。老鼠实验显示 BPA 可影响生殖系统，属可能致癌物质。美国、日本、中国和欧盟等国家和地区，很早就制定了接触食品的塑料制品中 BPA 的溶出限量。现有的一些研究结果则要求在相关制品中彻底禁止使用 BPA。

2. 热固性塑料

从对热塑性塑料家族的描述中可知，"七兄弟"在我们的日常生活中扮演了重要角色，但毕竟出自同一家族，耐高温的"基因"大都不好。相比之下，热固性塑料家族的耐高温性要好很多，且强度、耐化学腐蚀等性能都很优异，所以它们的用途完全不同。下面以三大典型热固性塑料——环氧树脂、不饱和聚酯树脂和酚醛树脂为例进行介绍。

（1）环氧树脂。

提到环氧树脂，大家可能觉得陌生，但如果说到琥珀，相信大家一定都或多或少知道点。两者看似风马牛不相及，却因为仿制联系到了一起。用环氧树脂可以制造出与琥珀相似度极高的仿冒品，因此，其不时被不良商家利用，造成严重的市场混乱。

其实环氧树脂有很多独特的优点，如密封、绝缘、高强等，已在电器、电机和电子元器件等领域得到广泛应用（图 10-8）。

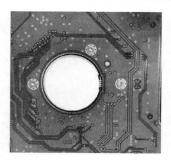

图 10-8　电路板（左）与风电叶片（右）

说起大风车，大家是不是会想到中央电视台一档少儿节目？而这里要说的是用于发电的大风车！风电是近年来世界上增长最快的能源，目前我国大风车数量是全世界第一。叶片是风力发电机中最重要的部件，不同于我们小时候拿在手上玩的纸风车，这个叶片很大很重，单个叶片长度可以超过百米，重达几十吨！因为要满足质轻、高强等要求，叶片材料很复杂，主要包括环氧树脂、不饱和聚酯树脂和乙烯基树脂等，其中环氧树脂具有组成多样化、固化收缩小和性能好等一系列优异的特点，是目前国内风力发电机叶片最常用的树脂（图 10-8）。

（2）不饱和聚酯树脂。

在大风车叶片组成中，除了环氧树脂，我们也看到了不饱和聚酯树脂的身影。其实不饱和聚酯树脂的用途也非常广泛，赫赫有名的就是"玻璃钢"。

不饱和聚酯树脂相比于环氧树脂，力学性能略低些，但其综合性能比较好，包括耐腐蚀性和耐热性等。当不饱和聚酯树脂与玻璃纤维混合时，可成为一种复合材料——玻璃钢（图 10-9）。玻璃钢的力学性能、耐腐蚀性、耐热性较不饱和聚酯树脂有很大的提高。要注意的是，玻璃钢不是钢化玻璃，后者是把玻璃加热后再迅速冷却或用化学方法钢化处理所得的玻璃制品。在日常生活中，公园的长椅、雕塑和纽扣都是不饱和聚酯树脂的。

图 10-9　玻璃钢座椅（左）和不饱和聚酯纽扣（右）

（3）酚醛树脂。

酚醛树脂是一种小有名气的树脂，这是因为它是人工合成的第一种树脂！说到这里，是不是就想起了它的发明者——"塑料之父"贝克兰。没错，这种树脂现在还在使用，而且应用领域很广泛，甚至在航空航天及其他尖端技术领域中也常见其身影。

航天器在穿越大气层时，会与大气层发生剧烈摩擦，表面温度甚至高达 1000 ℃。这样的高温是一般材料无法耐受的，怎么办？可采取的一个措施是在火箭头部和航天器再入舱的外表面，涂一层所谓的"烧蚀材料"保护层。纤维增强酚醛树脂因为具有耐高温烧蚀性，可以做这种保护层。

另外，酚醛树脂发泡后可制成酚醛泡沫塑料，其质量很轻，遇明火不燃烧，没有烟释放，也没有融滴滴落对人产生伤害，而且可以在很宽的温度范围内使用（－196 ℃～＋200 ℃），在低温环境下也不会收缩和脆化，因此

图 10-10　酚醛泡沫塑料

有"保温材料之王"的美称，是新一代保温防火隔音材料（图 10-10）。

塑料的未来

塑料的未来像塑料一样充满可塑性，它可以是神奇的、智能的、魔幻的……让人充满期待！

说到塑料的神奇，不得不提到导电性。众所周知，塑料是绝缘的，然而 20 世纪最后的诺贝尔化学奖得主们却将其变成了像金属一样导电。这一伟大的发现来源于一次实验的偶然失误。

先从日本的白川英树（Hideki Shirakawa，1936—）教授说起，他在研究乙炔聚合反应时，用到了齐格勒-纳塔催化剂，并对其进行改性，制得了聚乙炔膜。他的学生在做这个实验时，误将高于正常用量 1000 倍的催化剂加入聚合中，意外地得到了一种银光闪闪的薄膜。

后来，白川英树与美国艾伦·G. 麦克迪尔米德（Alan

G. MacDiarmid，1927—2007）教授在一次会议中碰面，提到了这个有金属光泽的薄膜，双方立刻达成了合作意向。1976 年，白川英树教授应邀到美国与麦克迪尔米德教授合作研究，同时还有另一位合作者艾伦·J. 黑格（Alan J. Heeger，1936—）。经过无数次的实验与失败，他们终于得到了一种导电聚合物：当在聚乙烯中掺杂了碘之后，导电性提高了 7 个数量级！这是质的飞跃，彻底打破了塑料不导电的认知！

2000 年，黑格、麦克迪尔米德和白川英树因为导电聚合物的发现获得了诺贝尔化学奖（图 10-11）。由于他们的开创性工作，导电塑料成为一个重要领域。另外，其他功能塑料也被陆续发现，产生了很多有价值的应用。

艾伦·黑格　　　　艾伦·麦克迪尔米德　　　　白川英树

图 10-11　2000 年的诺贝尔化学奖获得者

接下来，我们通过几个小小的例子来一起体会一下塑料的神奇。

1. 百变塑料椅

如果塑料可以像孙悟空一样七十二变，那么它是不是就可以满足我们不断变化的需求？这不是天方夜谭，科学家已将它变成了现实！

2013 年，比利时设计师卡尔·德斯梅特在米兰设计周上向观众展示了一款可自我塑形的百变塑料椅。这款家具由一种具有形状记忆功能的材料（通俗地说，它可以记住自己以前的形状，条件适宜时，会回到以前的状态）制成，只要接通电源，它就能像爆米花一样，膨胀成任何你想要的形状。如果你对呈现的形态不满意，还能通过软件重新给它塑形（图10-12）。有了这种变形家具，就可以让一些总想追赶潮流的年轻的心得以安放，让家时时保持新鲜感！

图 10-12　百变塑料椅

2. 光敏塑料

俗话说，万物生长靠太阳，阳光是我们生活中必不可少的。我们的生活充满阳光，阳光带给我们温暖，植物依赖它进行光合作用……

如果让光作用于塑料，二者会碰撞出什么样的火花？

科学家研制出一种新型塑料，能在不同波长的光线下改变形状。这种塑料在医学领域表现不凡：在不开胸的心血管手术中，将其制成塑料线探入血管，再用光纤传送一个特定波长的触发光信号，那么这根塑料线就会变形，成为螺旋状从而撑大血管，以保证手术顺利进行，同时又减少了病人的痛苦（图10-13[4]）。

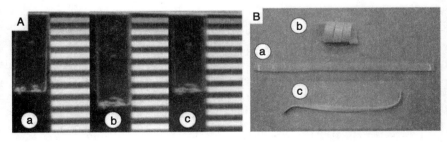

A：a—永久形状；b—临时形状；c—恢复后的永久形状；

光敏塑料复合膜 B：a—永久形状；b—螺旋形临时形状；c—光激发后的形状

图 10-13　光敏塑料膜

3. 自修复塑料

塑料在破损后一般只能被丢弃，但如果它能自行愈合，就可以再生利用。这样是不是很酷，有没有让你联想到《终结者》中的画面？

科学家研发出一种神奇塑料，能够在被子弹或者其他射弹射穿后立即自愈。在太空环境下，如果航天服或者空间站墙壁出现了破损，就可能造成致命后果。为解决这一问题，科学家将一种叫作三正丁基硼的物质置于两个塑料层之间，这种物质可在接触氧气后快速硬化。一旦一侧或者两侧的塑料片被击穿，中间的三正丁基硼便迅速硬化，封堵孔洞，且"伤口"可在短短几秒内愈合（图10-14）。

图10-14 自修复塑料

塑料：文明之光还是污染之源？

塑料制品往往经久耐用，正如英国作家约翰·博因顿·普里斯特利在1937年发表的小说《沙漠午夜》中的描述：在一个酚醛塑料的屋子里，盘子倒是打不碎，但心会碎。

由于大多数塑料都不能自然降解，因此大量的塑料垃圾可能会在地球上存在数百甚至数千年。英国《卫报》曾发表这样一段话：我们的地球似乎已经变成了塑料星球，土地、河流、高山、海洋……塑料袋无处不在，直到有一天，我们都已离去，这些东西仍然占据着地球，因为它们是"永存"的。

自 1950 年人类大量生产塑料以来，全球已经生产了约 83 亿吨塑料，其中 63 亿吨变为废弃物；预计到 2050 年，全球将有大约 120 亿吨塑料垃圾。全球每年通过河流排入海洋的塑料垃圾有 115~241 万吨。这是一组令人震惊的数字，可以看出塑料污染已经到了触目惊心的地步。

2004 年，英国普利茅斯大学的理查德·汤普森等在《科学》杂志上首次提出了"微塑料"的概念——直径小于 5 mm 的塑料碎片和颗粒，肉眼往往难以分辨，被形象地称为"海中的 $PM_{2.5}$"。食盐是我们日常生活中不可或缺的调味料，海盐是其来源之一。几年前，研究人员在海盐中发现了微塑料。2018 年首次在人体内发现了多达 9 种不同种类的微塑料。

正如前文所述，塑料对社会发展起到了重要的作用，塑料已成为定义这个时代的媒介物质，一度被誉为是最伟大的发明之一。然而塑料污染，尤其是过度使用一次性塑料用品所造成的污染问题，引起了全球关注。一次性塑料制品通常是指价廉、不耐用、只使用一次的塑料制品，这里面有大家熟悉的一次性塑料袋、吸管、快餐盒、矿泉水瓶、针筒等，其中有些的使用寿命可能只有短短的几秒钟！

由于使用后不能合理处置，这些一次性塑料制品在给我们带来便利的同时，也在逐渐让地球环境不堪重负。英国《卫报》在 2002 年评出"人类最糟糕的发明"，塑料袋不幸当选。然而，正如意大利诗人但丁所言："世上没有垃圾，只有放错地方的宝藏"。因此，只要对废弃物合理处置，便可变废为宝。

目前受回收技术有效性及经济性制约，全球塑料回收率不足 10%，主要被填埋、焚烧或直接丢弃在环境中，不仅造成巨量的资源浪费，而且对陆地和江河湖海的环境和生态造成了严重影响。如果按从原料开采到塑料制品使用后不回收而被焚烧处理，那么在整个过程中会产生大量的碳排放。据测算，2030 年全球废弃塑料产生的碳排放将近 14 亿吨。

从现在开始到 2050 年，全球的塑料生产和焚烧预计将累计排放 560 亿吨 CO_2 当量，在全球年度碳预算（在 2050 年前把全球气温上升控制在 2 ℃内的全球碳排放限额）中占比将达到 15％。随着人类环保意识的不断提高，如何将废弃塑料回收再利用已经得到了世界各国的高度重视。2020 年 9 月 22 日，中国政府在第七十五届联合国大会上提出："中国将提高国家自主贡献力度，采取更加有力的政策和措施，二氧化碳排放力争于 2030 年前达到峰值，努力争取 2060 年前实现碳中和。"作为热点词汇，碳中和是指二氧化碳或温室气体净排放为零。要实现这一目标，需要通过节能减排及植树造林等方法抵消所排放的碳，而塑料废弃物的回收利用与碳中和目标的实现紧密相关。

塑料回收利用的思路有两种，分别是从末端治理和源头设计着手。

末端治理思路是基于现有塑料的分类，对其废弃物进行回收利用。回收方法可以分为四级。一级回收方法很简单，就是将塑料废弃物直接回收使用，再生产品与初始塑料具有相同或相似的用途。该方法仅适用于特定塑料品种，如塑料袋。二级回收主要通过物理方式进行，但再生产品在加工过程中由于热、机械作用导致性能下降，多为降级回收。三级回收为化学回收，是将塑料废弃物转化为原料、燃料及材料等，有望实现升级回收〔upcycling，是指将废弃物转化为品质、性能或价值（包括经济/环境价值）更好的回收产品〕。四级回收为能量回收，是将塑料垃圾转化为热、电、汽等能量形式加以利用。该方法会产生有毒的气体，导致严重的二次污染，因此仅限于污染较为严重的塑料品种。

源头设计思路是开发可生物降解塑料或设计合成可循环利用的新型塑料。前者利用自然界的微生物降解作用，使塑料最终以 CO_2 和水的形式回到自然界；后者是在塑料达到使役寿命后，通过简单的处理使其回到初始原料阶段。这种思路就好比搭建积木，塑料分子可以拆解和重组。当塑料制品被废弃后，可以把"积木"拆解后再组装，得到新的

"积木"，从而实现循环利用，把塑料的生命周期从线性变成闭环。这一思路从理论上可根本解决白色污染的问题，但因为合成的新塑料无论是成本还是性能都无法与现有体系同类塑料媲美，所以还有很长的路要走。

以上方法哪个更好？我们该如何选择？四川大学王玉忠院士指出，对于废弃高分子材料，只要可能，优先考虑其"循环回收"，即物理回收获得其聚合物或化学回收获得其单体再聚合成其聚合物；应发展以提升回收产物的品质、性能或价值（包括经济/环境价值）为目标的"升级回收"技术；对于一次性使用的高分子材料产品，应发展可"循环回收"特别是可反复化学循环的生物降解高分子材料技术，以适应于使用前无法确定其废弃物去向（易回收和不易/不宜回收）的不同场合，确保其适合回收时能实现完全化学循环（聚合物-单体-聚合物），在不适合回收时能全生物降解，既能减少资源浪费和碳排放，又可避免废弃物对环境的污染。基于以上理念，王玉忠院士在国际上最早提出了"一次性使用高分子材料制品的发展方向是使用成本低、综合性能好的可反复化学循环生物降解高分子材料"。

目前，我国塑料回收率不到30％，日常生活中的塑料垃圾并不能全部被回收，问题出在哪里呢？

首先是垃圾分类。塑料垃圾中不可避免地含有不同类型的塑料，如PE和PP，如果没有分类，直接进行物理回收，因为二者相容性不好，不愿"和平共处"，再生产品的性能大打折扣；若已将不同类型的塑料分开，还要注意一件塑料制品中也可能含有多种塑料，如塑料瓶，其瓶身是PET的，但瓶盖却是HDPE的，混在一起回收加工，也同样会影响再生产品的性能。即便解决了这个问题，塑料制品中的各种添加剂，如增塑剂、颜料、阻燃剂等也让人大伤脑筋，不管是除去这些添加剂，还是直接利用它们都面临很大的技术挑战。当然，除了以上技术层面的问题外，经济性与市场等因素也会影响回收率。

相比之下，饮料瓶是回收较为成功的塑料制品，现在人们已经能够将瓶片制成不同的产品，如纤维、化工原料等，形成了闭环回收体系。还是直接利用它们都面临很大的技术挑战。当然，除了以上技术层面的问题外，经济性与市场等因素也会影响回收率。而对于其他品种，如PVC、PS等，其回收率则很低。另外，有一些热固性塑料，如风电叶片、纽扣等，由于不具备高温下流动的能力，因此无法通过熔融加工来进行回收，其回收难度更大。

随着人们对塑料回收逐渐形成共识，科学家也越来越多地关注塑料回收技术的研发，相信在不久的将来，一定会有切实可行的方法实现塑料垃圾的合理化处置和资源化利用。

延伸阅读

目前，我国是世界第一快递大国，我国快递业每年消耗的纸类废弃物超过900万吨、塑料废弃物约180万吨。根据国家邮政局中国快递大数据平台实时监测，2022年我国快递业务量突破1000亿件。姑且不说塑料袋和编织袋，仅以胶带（其主材质主要为聚氯乙烯）为例说明该行业塑料使用量之巨大：2022年，我国快递使用的胶带长度约480亿米，可以绕地球赤道将近1200圈！就餐饮业而言，仅2022年的一次性塑料餐盒消费量超400亿个，而且其主要材质聚丙烯是不可生物降解的。

2020年1月19日，国家发展和改革委员会和生态环境部公布的《关于进一步加强塑料污染治理的意见》中指出：到2020年底，全国范围餐饮行业禁止使用不可降解一次性塑料吸管；地级以上城市建成区、景区景点的餐饮堂食服务，禁止使用不可降解一次性塑料餐具。到2022年底，县城建成区、景区景点餐饮堂食服务，禁止使用不可降解一次性塑料餐具。到2025年，地级以上城市餐饮外卖领域不可降解一次性塑料餐具消耗量下降 30％。到 2022 年底，北京、上海、江苏、浙江、福建、广东等省市的邮政快递网点，先行禁止使用不可降解的塑料包装袋、一次性塑料编织袋等，降低不可降解的塑料胶带使用量。到 2025 年底，全国范围邮政快递网点禁止使用不可降解的塑料包装袋、塑料胶带、一次性塑料编织袋等。

从"限塑"到"禁塑"，可生物降解塑料需求持续增长。那么限塑与禁塑的目的是什么？可生物降解塑料是解决废弃塑料对环境污染问题的唯一途径吗？

阅读书目推荐：

查尔斯·穆尔、卡桑德拉·菲利普斯：《塑料海洋》，张元标等，译，海洋出版社，2020 年。

魏昕宇：《塑料的世界》，科学出版社，2020 年。

杨科珂、王玉忠：《一种新型可循环利用的生物降解高分子材料 PPDO》，《中国材料进展》2011 年第 8 期。

希区客：《生物降解塑料无法解决塑料污染危机》，《世界科学》2021 年第 2 期。

习晓倩，等：《国内外生物降解塑料产业发展现状》，《中国塑料》2020 年第 5 期。

塑料小常识中的大道理

1. **用塑料绳捆绑东西，即便绑得再紧，不久后仍会发现塑料绳变得很松垮，这是为什么呢？**

知识点：应力松弛。

先来科普两个概念：应力与应变。

假设一个场景：地上放着一本书，我们对书施加一个向下的力，那么这个力会随着书的每一页接力般地传到地面。如果我们将书的每一页作为研究对象，那么书的每一页会形成一个内力。当我们以书页的单位面积上的受力作为研究对象，就是内应力。在做这个实验时，由于受到力的作用，因此原本看似蓬松的书的厚度变薄，于是应变的概念随之产生，就是变化后的高度差与原来的高度比。

理解了应力与应变，下面来看应力松弛，它是指在维持恒定变形的材料中，应力会随着时间的增长而减小。也就是说，一个材料被拉伸到一定长度，其中的应力会慢慢变小！我们生活中使用的塑料绳多是由PE或PP制成的，在绑紧的过程中，线型的高分子链被拉长，表面看起来很紧，但随着时间的延长，线型高分子链发生了滑移，表现为绳子被拉伸变长了，绑得越紧最后就会变得越松。因此，用塑料绳绑东西时，不要绑得太紧，以防止线型高分子链发生严重应力松弛。

2.　当使用塑料包装绳的时候，想把绳子拉断很难，但撕裂却很容易，为什么

知识点：高分子的取向。

在成型加工时，对塑料绳进行拉伸，原来卷曲聚合物分子拉直，并沿拉伸方向平行排列（图10-15），高温处理后，结构固定下来，纵横位置上不一样，我们称之为取向结构。因此，不同方向上性能就会不一样：在取向方向上的力学性能得到加强，但在与取向垂直的方向上，力学性能就会减弱。因此，当我们拉塑料绳时，不同方向上的力学性能表现出的强度不同。

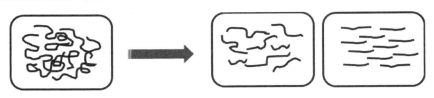

图10-15　高分子取向结构

3. 前面提到矿泉水瓶不耐热，如果灌入热水，除了变形外，你还会发现原来透明的矿泉水瓶很快变成白色，为什么？

知识点：透明度与结晶度。

材料的透明性与光在其中的衍射、反射和吸收有关。内部结构规整性比较好的区域叫作结晶区，因为这些结晶区域容易发生反射和散射，使光线不能透过，所以不透明。而结晶度是用来表示聚合物中结晶区域所占的比例，结晶度越大，就越不透明。

矿泉水瓶的成分是 PET，属于易结晶高分子材料。制作矿泉水瓶时，通常要经过一定的处理来消除结晶区，使瓶子变得透明。然而，当在矿泉水瓶中加入热水后，PET 分子链在高温下发生取向运动，重新产生结晶区，于是瓶子就丧失了透明性。

4. 在常温下，塑料硬且不易变形，而橡胶有弹性，易变形。同是高分子，为什么会有这种区别？

知识点：玻璃态、高弹态和黏流态。

高分子材料存在力学三态：玻璃态、高弹态和黏流态。顾名思义，玻璃态可以看成是与玻璃类似的刚性固体状态，在环境温度较低时，高分子链处于冻结状态，在外力作用下只发生很小的形变。黏流态是指高分子材料随着温度升高，在外力作用下发生流动，行为与小分子液体类似。这时候高分子材料发生不可逆的变形，外力撤去后，变形不能恢复到初始状态。如果说从玻璃态和黏液态，大家还能隐约找到类似小分子固态和液态的影子，那么高分子材料的第三种力学状态——高弹态则是高分子材料特有的力学状态。它是介于玻璃态和黏流态之间的一种状态，在受较小的力时就可发生很大的形变，伸长率可高达原始长度的10 倍，外力撤去后形变可以完全恢复。因此，我们可以得出结论，橡胶就是常温下处于高弹态的高分子材料，其最大的特点就是弹性好！

由上述高分子材料的力学状态的描述可知，这些状态是与温度相关的。其中，玻璃态转变为高弹态所对应的温度称为玻璃化转变温度（T_g）。高分子材料在不同的温度下表现出不同的力学状态：当温度小于 T_g 时，高分子材料坚硬；当温度大于 T_g 时，高分子材料柔软。于是对照前面高分子材料的外在表现，我们可以得出一个结论：塑料的 T_g 通常高于室温，而橡胶的 T_g 则低于室温！

5. 泡泡糖开始比较硬，不断的咀嚼后变得很软，为什么？

知识点：玻璃化转变。

我们之前提到高分子材料的三种力学状态：玻璃态、高弹态和黏流态。现在，这个小小的知识点可以派上用场了！泡泡糖的主要成分是聚醋酸乙烯酯，它的玻璃化转变温度约为 28 ℃。常温较其玻璃化转变温度低，故其在常温下为玻璃态，较硬。而在嘴里咀嚼后，泡泡糖所处环境温度高于其玻璃化转变温度，便由玻璃态向高弹态转变，呈现出高弹态，所以变软了。

参考文献

[1] 胡家璁. 大分子科学的诞生 [J]. 自然杂志，1980，3（12）：936-938.

[2] 董炎明. 奇怪的高分子世界 [M]. 北京：化学工业出版社，2018.

[3] Lendlein A，Jiang H，Jünger O，et al. Light-induced shape-memory polymers [J]. Nature，2005，434：879-882.

[4] 魏昕宇. 塑料的世界 [M]. 北京：科学出版社，2019.

[5] 潘祖仁. 高分子化学 [M]. 5 版. 北京：化学工业出版社，2011.

[6] 何曼君，张红东，陈维孝，等. 高分子物理 [M]. 3 版. 上海：复旦大学出版社，2007.

[7] 鑫垚. 塑料等级 1-7 [J]. 中国食品，2013，5：72-73.

[8] 马克·米奥多尼克. 迷人的材料 [M]. 天津：天津科学技术出版社，2019.

[9] 马宇立. 什么是应力 [EB/OL]. （2020-3-23）[2020-12-31]. https://zhuanlan.zhihu.com/p/115531580.

[10] Geyer R, Jambeck J R, Law K L. Production, use, and fate of all plastics ever made [J]. Science Advances, 2017, 3 (7): e1700782.

[11] Lebreton L C M, Zwet J, Damsteeg J, et al. River plastic emissions to the world's oceans [J]. Nature Communications, 2017, 8: 15611.

[12] Jambeck J R, Geyer R, Wilcox C, et al. Plastic waste inputs from land into the ocean [J]. Science, 2015, 347 (6223): 768-771.

[13] Zhu J, Watson E M, Tang J, et al. A synthetic polymer system with repeatable chemical recyclability [J]. Science, 2017, 358 (6365): 870-872.

[14] Zhang B, Wepf R, Fischer K, et al. The largest synthetic structure with molecular precision: Towards a molecular object [J]. Angewandte Chemie International Edition, 2011, 50 (3): 737-740.

[15] Vollmer I, Jenks M J F, Roelands M C P, et al. Beyond mechanical recycling: Giving new life to plastic waste [J]. Angewandte Chemie International Edition, 2020, 59 (36): 15402-15423.

[16] Zheng J J, Suh S W. Strategies to reduce the global carbon footprint of plastics [J]. Nature Climate Change, 2019, 9 (5): 377-378.

第十一讲

纤维与橡胶：彩与黑之美

有形有色的"大"世界

　　三大合成高分子材料——塑料、合成纤维和合成橡胶，已成为我们日常生活中不可缺少的一部分。这些材料的多样性，也增添了我们生活的多彩性。在衣食住行中，塑料是个多面手，涉足方方面面：衣——化身雨衣，保护我们免受风吹雨打；食——变成食品包装材料，为我们提供健康与安全保障；住——变身保温材料，在寒冬为居室送来温暖；行——融入共享单车中，伴我们一路畅游。纤维不仅为我们蔽体保暖，也可以引领衣的时尚，为我们的生活增姿添彩。而橡胶主要负责"行"的方面，跟随滚滚车轮，带我们奔向诗与远方……

　　问一个小问题：同是高分子材料，为什么其用途却各不相同？

　　塑料，我们多是利用其质轻和绝缘的特点；而纤维，则是利用其强韧和可纺性；至于橡胶，则主要利用其弹性和耐磨性。但归根结底，所有外在的表象一定是由内部结构决定的，之所以三大合成高分子材料有不同用途，也一定是因为其组成和结构不同。例如，三者的相对分子质量并不相同，通常橡胶的相对分子质量最大，约为几十万，塑料居中，相对分子质量约为十万，而纤维最小，相对分子质量约为几万。就结构而言，三者也有差别：橡胶在未硫化时主要为线型结构（关于硫化的内容见后文中天然橡胶发展史），纤维为线型结构，而塑料则是二者兼有（参见第十讲）。也正是这些不同，造就了种类繁多且用途各异的高分子材料。

除了大家生活中常见的通用高分子材料，高分子材料还有两大种类，如具有优异机械性能和耐热性能的特种高分子材料，以及在通用高分子材料基础上发展起来的功能高分子材料。后者因为在光、电、磁、声、热等方面的特殊功能而大放异彩，构成了多彩大世界的一抹亮色。从大家熟悉的用于净化水的离子交换树脂和反渗透膜，到隐形眼镜和尿不湿中的水凝胶，以及可以用作电池和显示材料的导电高分子材料……功能高分子材料的种类多到数不胜数。下面列举一个与诺贝尔化学奖有关的功能高分子材料的例子。

图 11-1　罗伯特·梅里菲尔德

1984 年的诺贝尔化学奖获得者罗伯特·布鲁斯·梅里菲尔德（Robert Bruce Merriffield，1921—2006）是美国著名的生物化学家（图 11-1），他发明了固相多肽合成法，改革了传统液相方法，为多肽合成翻开了崭新的一页，被誉为"现代多肽合成之父"。对于这一殿堂级成就，如果大家感觉上述描述过于生涩的话，我们不妨换一种更贴近生活的说法：众所周知，蛋白质是组成人体细胞和组织器官的重要成分，它是由多肽组成的，而多肽由氨基酸脱水得到。如果把蛋白质比作一串珍珠项链，那么氨基酸就是每一颗珍珠。大家可以设想一下，如果要合成一个含有几十个氨基酸的多肽，那么就需要很多步骤，而且每一步结束后，都要对所得到的产物进行分离提纯，也就是说，要把没有反应的试剂和不需要的溶剂除去。这个过程中，一部分反应合成产物就会损失。因此这个过程过于复杂，需要花费很长时间。

科学家总是在发现问题时，就试图去找到解决问题的办法。梅里菲尔德也不例外。他当时考虑能否找到一种简单快速的多肽合成方法。他的思路其实很简单，就是把氨基酸固定在一个固体载体上，这样反应完成后不需要的试剂和溶剂就可以通过简单的过滤和洗涤而除去。思路是简单可行的，但难点在于找到合适的固体载体，因为这个载体一方面需要紧紧固定住氨基酸，另一方面又要在反应结束后可以释放出多肽而不破坏它。他首先想到的就是粉末状纤维素（纤维素是棉花中的主要成分），因为纤维素在当时被广泛用于分离蛋白质，但实验没有成功。几经尝试后，他又想出将功能化的聚苯乙烯作为载体（虽然只是将功能高分子材料作为载体，但却因此载入史册），成功实现了他的设想，从而开创了功能高分子材料与生命物质合成领域的新纪元！

这个例子不仅说明了功能高分子材料的作用，也告诉我们创新始于发现问题，而成功则需要在失败后坚持不懈地尝试。

在第十讲中领略了塑料发明后，我们便能理解"塑料塑造了我们的世界"这句话的含义，也能明白所谓"塑料姐妹情"的内涵，它们均从侧面说明了塑料应用的广泛性和耐久性。那么纤维和橡胶呢？又会带给我们怎样的体验？就让我们走进纤维和橡胶的"大"世界，一起领略彩与黑之美！

漫漫纤维史

唐朝诗人李白有诗言："吴刀剪彩缝舞衣，明妆丽服夺春晖。"这道出了佳人穿上华丽衣服后比春光还要夺目的景象。我们常常用"衣食住行"来概括日常生活的内容，以衣为首，足见其重要性。构成衣的一个要素就是服装材料，而日常生活中的服装材料主要是纤维。

什么是纤维（fiber）？纤维是指直径为几微米到几十微米，而长度比直径大千倍以上且具有一定柔韧性和强度的纤细物质。

纤维可分为天然纤维和化学纤维两大类。不难理解，天然纤维就是自然界生长和存在的可用于纺织或用作增强材料的纤维，可从植物、动物和矿物中直接取得。不难想象，在人类改造自然界的技术与手段十分有限时，最早使用的就是这种纤维。后来，随着改造自然界的能力加强，人类开始使用化学纤维。

化学纤维又分为人造纤维和合成纤维。人造纤维是以天然高分子为原料，经过反应或加工而制成的纤维；而合成纤维是一种以小分子有机化合物为原料，通过化学反应制成的纤维。由此可知，人造纤维和合成纤维的原料是不同的。

由这些定义可知，从天然纤维到人造纤维，再到合成纤维的过程，其实就是从发现逐渐到发明的过程！

与塑料不同的是，纤维的诞生是从天然纤维开始的，且其发展是一个非常漫长的过程。

天然纤维悠悠长在

目前广泛使用的天然纤维——麻、棉、丝、毛等，在公元前就已在世界范围内得到了应用（图 11-2），只不过最早人类直接用兽皮、树皮和草叶等天然物料遮体，后来才掌握了植物纤维分离精制技术，使生活变得更精致。

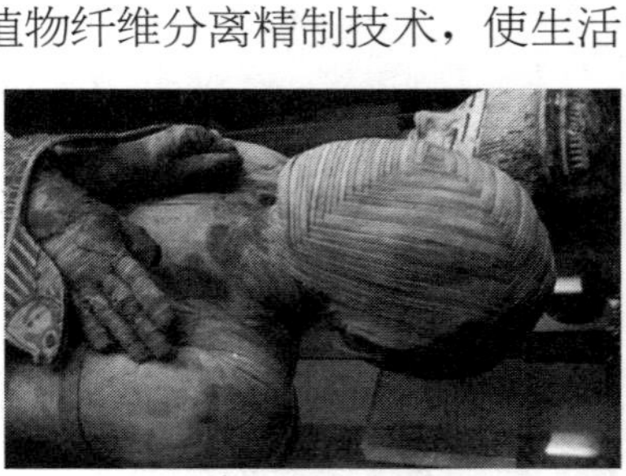

尽管随着化学纤维的发展，纤维的种类越来越多，性能越来越强大，但是需要说明的是，现代的人们越来越崇尚自然、返璞归真，注重纤维与皮肤良好的相亲性及舒适

图 11-2　用亚麻包裹的木乃伊

性，故天然纤维越发受到人们的青睐。而且随着人类改造自然界的能力越来越强大，天然纤维被赋予了更旺盛的生命力。

人造纤维缓缓登场

从古至今，人们对自然界的认识与改造活动从未停止过。1665 年，英国皇家学会科学家、显微镜发明者罗伯特·胡克在《显微绘图》（*Micrographia：Some Physiological Desvriptions of Minute Bodies*）中曾提出了一个大胆而美好的设想，他认为"人类通过自己的智慧，可以像蚕一样制出人造的丝来"。但由于当时的人们认知有局限性，加上不了解纤维的基本结构，科学家对开发化学纤维无计可施，因此，这一设想在 200 多年后才成为现实。

这个设想从提出到实现的过程用到了一种创新技法——"仿生"。德国著名设计师路易吉·克拉尼曾经说过："我坚持自然界法则，我的灵感都来自自然界，我所做的无非是模仿自然界向我们揭示的种种真实。"

仿生的思想很早就被科学家运用。18 世纪 30 年代，法国自然科学家卜翁模拟自然界的蜘蛛吐丝现象（图 11-3），用人工方法将蜘蛛黏液抽成细丝，制成了世界上第一副"人造丝"手套。这副手套至今还保存在巴黎国家研究院中。但这种"人造丝"又细又脆，不能遇水。况且蜘蛛黏液太有限了，根本无法满足人们对于服装的需求。此外，从人造纤维的定义中可以看出，卜翁的"人造丝"其实并不是真正意义上的人造丝，而是对蜘蛛吐丝过程的一个人工模拟。

当一个新问题出现时，科学家就会燃起研究的兴趣，进而迸发出下一个灵感。这一次不再是过程仿生，而是材料仿生。法国化学家罗满发现桑叶的主要成分是纤维素，蚕丝却是一种蛋白质，后者较前者多了氮元素。这个含氮丝的发现为真正的人造丝提供了启示。

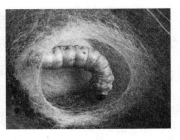

图 11-3　人造丝的灵感来源

时光荏苒，到了 1855 年。大家注意这个时间，在第十讲的塑料发展史中，提到 1846 年巴塞尔大学的化学教授舍恩拜因发明了硝酸纤维素。也就是说，此时已经出现了人工拉丝的原材料。1855 年，瑞士人乔治·安德玛斯利用这种硝酸纤维素溶液进行人工拉丝，制得了人造丝，但性能仍不佳。1884 年，法国人 H. B. 夏尔多内将硝酸纤维素在酒精和乙醚中溶解，得到一种叫作火棉胶的黏液，然后从小孔中挤压出了有史以来第一根真正意义上的人造丝。

但也正如前面所提到的，硝酸纤维素易燃，甚至发生过因吸烟产生的火星引发燃烧而导致穿戴者死亡的悲惨事故。科学家吸取教训，对其成分进行了改进。1891 年，硝酸纤维开始被工业化大规模生产，标志着世界化学纤维的工业化开始。

随后，各种形式的人造纤维素纤维（包括粘胶纤维、铜氨纤维和醋酯纤维）相继问世。而最早出现的硝酸纤维反而由于纺织性能不如粘胶纤维而发展缓慢。

由于人造纤维仍以天然作物为原料，不能完全满足生产和生活的需要，人们开始考虑用别的物质来替代。

合成纤维勃勃生机

人造纤维工业化生产约半个世纪以后，合成纤维才登上历史舞台。1934 年，德国法本公司实现了聚氯乙烯纤维的工业化生产，使其成为世界上最早生产的合成纤维，但其因耐热性差等缺点，发展缓慢。随着现代科学技术的发展，新的合成纤维相继问世，如 1935 年发明的锦纶，1944 年发明的涤纶和腈纶（它们被称为合成纤维的"三大纶"）。由于合成纤维优异的防水、抗污及力学性能，因此其产量约占目前纤维总产量的一半以上。

合成纤维发展史上最有名的是锦纶，就是我们常说的尼龙。这种纤维最大的特点就是结实耐磨。它的发明与高分子界的一个"巨人"相关。

1928 年，哈佛大学教授华莱士·H. 卡罗瑟斯发表了关于小分子缩聚反应生成大分子的研究。通俗来说，就是利用小分子间的活性基团进行反应，脱去小分子，同时剩下的基团聚合成大分子。1935 年，卡罗瑟斯教授用两种小分子己二胺和己二酸成功合成了尼龙 66（可以用来做袜子和渔网），并纺成丝条。DuPont 公司于 1939 年成功生产了尼龙 66，并于 1940 年投放市场，使其成为世界上第一种大规模生产的纺织用合成纤维大品种。在为这种新的纤维命名时，卡罗瑟斯教授把"nyl"（虚无）和 DuPont 公司名称中"on"连接起来，即"nylon"，于是"尼龙"（Nylon）诞生了！

在发明尼龙后的第二年，即 1936 年，卡罗瑟斯获诺贝尔奖的呼声很高，是施陶丁格（1953 年的诺贝尔奖得主）的有力竞争者。但当时最有资格来提名他们的欧文·朗缪尔（1932 年的诺贝尔奖获得者，参见第二讲）并没有提名卡罗瑟斯。后来，由于卡罗瑟斯长期受抑郁症折磨，在 1937 年用氰化物结束了自己的生命，也终结了自己获得诺贝尔奖的可能（按诺贝尔奖设立规则，只颁发给在世的人）。

虽然卡罗瑟斯没有获得诺贝尔奖，但他的学生保尔·约翰·弗洛里（Paul John Flory，1910—1985，图 11-4）在其指导下开展了聚合反

图 11-4　保尔·弗洛里

应相关原理的理论研究。弗洛里几乎涉猎了高分子各个领域的研究，为现代高分子材料发展和研究提供了理论基础。他也因此获得了1974年的诺贝尔化学奖，被人们誉为"大分子结构和性质研究的先驱""大分子科学的奠基者与建立大分子科学理论大厦的巨人"。

延伸阅读

··

　　尼龙家族发展至今，已有无数成员，但尼龙66和尼龙6占到总产量的95％以上，稳居霸主地位。那么二者有什么区别？名称中的数字代表什么？此外，你知道尼龙可以挡子弹吗？夏天女生穿的瘦腿尼龙丝袜有200D的标识，又意味着什么？你可以通过阅读以下资料找到答案：

　　左玉河、李书源：《图说最早的人造纤维——尼龙》，吉林出版集团有限责任公司，2012年。

　　张兴祥、韩娜：《新型与特种纤维》，化学工业出版社，2014年。

　　华春：《青少年科普图书馆：青少年应该知道的纤维》，团结出版社，2009年。

　　宋星星、蒋艳红：《尼龙和近代中国》，《石油知识》2004年第3期。

教你辨纤维

　　生活中，我们经常接触到很多纺织纤维，从柔软吸汗的棉，到挺括不皱的涤纶，再到结实耐磨的尼龙及有"人造羊毛"美称的腈纶。学会辨识和区分这些纤维，不仅能让我们分门别类地对这些衣物进行日常保养，也有助于我们对症下药，选择合适的洗涤方式。

鉴别纤维的方法有很多种，其中燃烧法简单易行，自己在家中就可以操作。不同纤维的化学组成不同，燃烧特征也不同，据此可以粗略地区分出纤维的大类（表 11-1）。需要特别注意的是，一些纤维在燃料过程中会发生快速皱缩，很有可能引起烧伤。因此，在做纤维的燃烧实验时要特别小心！

表 11-1　几种常见纤维的燃烧特征

纤维种类	燃烧状态	灰烬	气味
纤维素纤维（棉、麻等）	不熔、不缩	疏松、易碎（保形）	纸味
蛋白质纤维（毛、丝等）	收缩	疏松、易碎	臭味
粘胶纤维	不熔、不缩、咝咝声	疏松、易碎（不易保形）	纸味
莫代尔	不熔、不缩	疏松、易碎	纸味
莱赛尔	不熔、不缩、火星飞出	疏松、易碎	纸味
涤纶	收缩、熔融、冒黑烟	黑褐色硬球，手捻可碎	香味
锦纶	收缩、熔融	褐色硬球，手捻不易碎	芹菜味
腈纶	收缩、微熔、有闪光	褐色硬球，手捻可碎	鱼腥味
氨纶	收缩、熔融、	白色黏性块状物	特殊刺激气味
丙纶	收缩、熔融、冒黑烟	透明硬块，手捻不易碎	石蜡味

在保证安全的情况下，就可以根据纤维的燃烧特征，从火焰、灰烬和气味三方面进行鉴别。从表 11-1 中可以看出，天然纤维的灰烬通常较为疏松、易碎，而合成纤维的灰烬则是硬球。根据这一特征可以先将天然纤维和合成纤维区分开来，之后再分别根据气味和火焰的特征进一步判知具体类别。但实际上，事情并没有想象得那么简单，因为服装面料用的纤维，往往不会那么单一。有时为了各取所长，会将两种或两种以上不同种类纤维有机结合，以满足人们对服装的不同要求。如毛腈混纺既保留了羊毛柔软保暖的特性，又由于腈纶的加入降低了成本，且抗

菌抗虫蛀性能提高。这种情况下，用燃烧法进行鉴别，难度会增加。

历久弥新的天然纤维

天然纤维可以从植物或动物中获得，常见的有棉、麻、毛、丝四种纤维。其中棉和麻是植物纤维，也叫纤维素纤维；而毛和丝是动物纤维，又叫蛋白质纤维。

1. 吸湿易皱的棉

棉纤维具有较好的吸湿性、保暖性、耐热性和耐碱性等优点，所以当我们穿上棉纤维制成的服装时，感觉很舒适。特别是在炎热的夏季，穿上棉 T 恤，由于其良好的吸湿性，不会有闷热感。

但棉纤维也有缺点，比如易皱、易变形、易缩水、怕酸等，会引起心理上的不舒适感。针对这些缺点，科学家想办法进行了改进，比如对织物进行抗皱、免烫整理，让棉制品变得非常挺括。需要注意的是，有一些免烫产品可能使用了甲醛，所以在使用过程中要注意安全问题。

了解了棉纤维的特点后，我们就可以利用这些特点来开发一些新产品。相信大家对"丝光棉"一定不陌生吧，就是一种有丝般光泽的棉！它是利用棉纤维耐碱性的特点，将棉在碱液中处理（不用担心棉会被破坏），使棉纤维直径增大变圆，原来的表面皱纹消失，从而增加了反射光的强度，从而呈现出丝一样的光泽，而且处理后的棉纤维还具有较高的强度！是不是很神奇的操作？（图 11-5）。

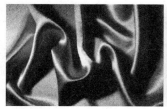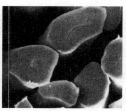

图 11-5　丝光棉及棉纤维丝光处理前后的照片

生活中有句俗语"十层单不如一层棉"，也就是说，棉衣的保暖性很好。众所周知，除了棉纤维外，羊毛和羽绒的保暖性也很好。那么，衣物的保暖性好坏究竟取决于什么呢？

答案很简单：衣物面料纤维中的空气含量！空气含量越多，保温效果越好。棉纤维有中腔，里面含有静止的空气，而羊毛纤维的鳞片层和皮质层间（其结构如图11-6所示）也有空气。而对于羽绒而言，每根绒丝也呈鱼鳞状，有数不清的微小孔隙，储存着大量静止空气。由于空气的导热系数最小，因此这类衣物有良好的保暖性。

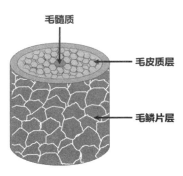

图11-6　羊毛纤维的结构

太空棉是近几年流行的一种面料，具有"轻、薄、柔软、保暖"的特点，那么太空棉是棉吗？

答案是否定的：太空棉不是棉！太空棉有五层结构。基层是涤纶弹力绒絮片，金属膜表层由非织造布、聚乙烯塑料薄膜、铝钛合金反射层和表层（保护层）四部分组成。人体热量散失有30％～40％通过辐射方式进行，于是利用金属涂层的反射作用，太空棉可将散发的热量反射回人体，从而产生高效保暖效果。这种非棉的多层结构会不会让人感到闷热？不会！因为人体散发的汗气可通过金属膜表层的微孔及非织造布的细孔排出。太空棉还有一个很重要的特点：非常轻！与棉同等保温效果下，使用太空棉可将质量减至1/4以下！

2. 凉爽透气的麻

同为纤维素纤维，麻纤维与棉纤维相似，具有吸湿、强度高、耐碱性等特点。此外，由于麻纤维导热速率快，穿着麻制衣服会感到凉爽。

古代有"粗布麻衣"之说，古诗中也有很多关于麻衣的诗句，如

"楚人四时皆麻衣，楚天万里无晶辉"（杜甫《前苦寒行二首》）、"麻衣如再著，墨水真可饮"（苏轼《监试呈诸试官》），这些都说明了麻纤维在古代使用的广泛性。

麻纤维不容易被水侵蚀而发霉腐烂，这是棉纤维所不能比拟的，因此它常被用来编织渔网和绳索。由于麻纤维吸水后强度下降，且质量增加，故用麻编织的渔网需要晒干后才能进行下一次出海，所以有"三天打鱼，两天晒网"的说法。现在的渔网改用尼龙材质，因为尼龙不吸水，所以也就不用再晒网了。

3. 保暖易缩水的羊毛

羊毛纤维是一种蛋白质纤维，具有优良的吸湿性和保暖性，其吸湿透气性为天然纤维之最。但与棉相反，羊毛耐酸、怕碱。羊毛易缩水，在热水、碱性、机械外力作用下缩水程度很大。因此，在洗涤羊毛织物时要避免上述情况，如不能使用洗衣粉洗涤羊毛织物，手洗时避免用力揉搓，机洗时切忌高速旋转。

要理解以上内容，得从羊毛结构说起。羊毛纤维结构与人的毛发类似，截面从外向里分别为鳞片层、皮质层和髓质层（图11-6）。鳞片层的主要作用是保护羊毛不受外界伤害。另外，鳞片层的存在还赋予羊毛特殊的缩绒性：在湿热条件下，经机械外力的反复作用，纤维集合体逐渐收缩紧密，并相互穿插纠缠，交织毡化。这就是为什么洗涤羊毛织物时不能用力揉搓或高速旋转。

除此之外，前面提到羊毛不耐碱性，所以当使用洗衣粉等碱性洗涤剂水洗时，也会使羊毛出现缩水现象，但这种缩水作用与前面所说的缩绒性不同，是蛋白质在碱性条件下变性导致的。

中国是世界上手工毛纺织发展较早的国家。历史学家把毛纺织当作与铁器、马镫、弩箭、枪炮等类似的发明，认为其对人类文明的发展起着重要作用。这是因为毛纺织品具有轻巧和保暖等特性，相对笨重的棉麻纺织品而言，更适合在寒冷环境下从事高强度、高敏捷运动和搏斗时穿着。

除了羊毛，羊绒也是大家非常熟悉的纤维，由于其珍贵稀少，又被称为"软黄金"。羊绒也叫开司米（cashmere），是生长在山羊外表皮层，掩在山羊粗毛根部的一层薄薄的细绒。它在入冬寒冷时长出，开春转暖后会脱落，这是与大自然多么和谐的共处之道！由于羊绒的珍稀，一些不良厂家为了牟利，声称自己的产品为"绵羊绒"。然而事实是：只有山羊才出羊绒，绵羊是没有羊绒的！

4. 光滑轻薄的丝

与羊毛类似，丝纤维也是一种蛋白质纤维，同样具有耐酸不耐碱的特点。丝绸轻薄，手感光滑，吸湿和散发水分较快，夏季穿着会感到非常凉爽。但其受到汗水浸渍及日光长期照射后，会发黄变脆。

苏州宋锦、南京云锦、四川蜀锦、广西壮锦，被誉为我国的"四大名锦"。丝绸在某种意义上说，代表了中国悠久灿烂的文化。古代"丝绸之路"，在东西方之间架起了一座沟通合作的桥梁，共同发展的不仅是丝绸贸易，还有文化、政治和经济。

兼容并包的人造纤维

如果说天然纤维是自然界的馈赠，那么人造纤维便融入了更多人为的因素。所以人造纤维往往综合了天然纤维和合成纤维二者的优点。

1. 吸湿柔软的粘胶纤维

粘胶纤维是古老的纤维品种之一。1891 年，英国人查尔斯·克罗斯、爱德华·贝文和克莱顿·比德尔等首先以棉为原料，通过化学反应制成了一种纤维素磺酸钠的黏稠溶液，称为粘胶，用其纺出的纤维因而得名为粘胶纤维。

粘胶纤维保留了天然纤维的特点，具有优良的吸湿性、染色性等特点，但吸水后强度下降，湿强度是干强度的 40％～50％。其可用于制作各类服装和装饰用品。

2. 轻薄抗皱的莫代尔（Modal）

莫代尔的原料来自大自然，是将木材制成木浆，然后施以专门的纺丝工艺，从而加工出纤维。其纤维细度比棉、蚕丝都要细，故可制成非常轻薄的织物。又因为其吸湿能力比棉高 50％，所以其织物干爽、透气，非常适合作内衣贴身穿着。此外，它具有良好的形态和尺寸稳定性，缩水率仅有 1％，具有天然的抗皱性和免烫性。这些都是传统的纤维素纤维望尘莫及的。

3. 光滑高强的莱赛尔（Lyocell）

莱赛尔的生产原料也是大自然中的木材，又被称为 21 世纪绿色环保纤维。莱赛尔不仅有粘胶纤维良好的吸湿性，也有合成纤维的高强度。其湿强度、尺寸稳定性和缩水率均好于棉纤维，而且织物柔软，有丝绸般光泽。

高强耐水的合成纤维

与人造纤维不同，合成纤维的生产原料完全脱离了天然纤维，直接以石油化工中的原料来生产纤维。其中常见的三大纶包括涤纶、腈纶和锦纶。与天然纤维不同，合成纤维通常不吸湿、耐腐蚀、不怕霉，但不同种类的合成纤维又有各自特点。

1. 挺括不皱的涤纶

涤纶是最挺括的纤维，抗皱性和保形性是合成纤维中最好的，耐磨性仅次于锦纶，易洗快干，俗称"的确良"（涤纶英文"Decron"的粤语音译）。

涤纶面料是目前日常生活中用量最大的一类面料，常用于衣物面料、床上用品、国防军工特殊织物等纺织品。

2. 保暖耐晒的腈纶

腈纶又称"人造羊毛"，其弹性、保暖性和耐光性好。腈纶织物的耐光性居各种纤维织物之首，但其耐磨性是各种合成纤维织物中最差的，且吸湿性较差，穿着有闷热感。因此，腈纶特别适合制造户外服装、泳装、帐篷、窗帘等织物。

3. 结实耐磨的锦纶

锦纶又称"尼龙"，具有高强度和耐磨性，且强度和耐磨性居所有纤维之首。锦纶的吸湿性是常见合成纤维中较好的。

锦纶通常用于制作弹力袜和外衣、蚊帐，以及牛津布、箱包等。

不同纤维的吸湿性不同，通常天然纤维和再生纤维吸湿性较好，而合成纤维吸湿性差。正如前文所说，"三天打鱼，两天晒网"的打渔方式是基于以前的棉麻渔网吸湿且湿强度差而言的，当用尼龙渔网代替后，吸湿性减弱，且强度和耐磨性增加，也就不需要晒网了。

4. 高弹高韧的氨纶（Spandex）

氨纶是一种弹性纤维，学名聚氨酯弹性纤维（Polyurethane，PU）。其具有高延伸性（500%～700%）、高弹性和高回复率（200%伸长，95%～99%）的特点。但氨纶一般不单独使用，而是少量地掺入织物中。

这种纤维既具有橡胶的性能，又具有纤维的性能，常用于制作弹力内衣、比赛服、健美服等。

5. 质轻保暖的丙纶

丙纶是常见纤维中密度最小的，其织物质量轻，比纯棉服装轻2/3。其拉伸性和保暖性好，保暖性胜似羊毛，几乎不吸湿。

丙纶的主要用途是制作女士内衣、家居装饰、绳索、渔网、吸油毡等。

香烟过滤嘴的填充材料，其中高档
的为醋酸纤维素纤维（一种人造纤维），
低档的用丙纶。有研究表明，减少焦油
吸入量的香烟过滤嘴，对人体也有潜在
的危险性：细小纤维会在吸烟者吸烟的
过程中被吸入人体肺部，从而对人体产
生伤害（图 11-7）。

图 11-7　香烟过滤嘴中的丙纶

大不一样的特种功能纤维

纤维仅有保温防寒的功能吗？当然不是！随着人们的需求不断变
化，科学家研制出了具有新型功能的纤维，这些纤维正在改变着我们的
生活。

1. 外柔内刚的碳纤维（carbon fiber，CF）

碳纤维是一种含碳量在 95％以上的高强度、高模量的新型纤维材
料，有"黑黄金"和"材料之王"的美誉。碳纤维强度比钢大，密度比
铝小，比不锈钢还耐腐蚀，比耐热钢还耐高温，又能像铜一样导电。这
种集众多优点于一身的纤维已经深入我们生活的方方面面，大到航天飞
机，小到手机壳，碳纤维的身影随处可见（图 11-8）。

图 11-8　碳纤维及产品

但是碳纤维复合材料并非没有缺点，其抗尖锐物体的穿刺能力很差，所以一般碳纤维复合材料制品切忌与尖锐物体接触。

大家也许还对 2008 年北京残奥会上，南非"无腿飞人"奥斯卡·皮斯托瑞斯靠着两只 J 形假肢站在国家体育馆"鸟巢"跑道上的画面记忆犹新，这套运动假肢是由 50～80 层碳纤维构成的，总质量不到 4 kg。说到碳纤维的轻和强，还要提到目前世界上最轻的一款空气动力自行车，车身全部是由碳纤维制成的，只有 1.2 kg，仅有普通自行车重的 1/10！大家可能要问，这么好的产品为什么不推广，生活中并不多见？原因其实很简单，就一个字：贵！一辆这样的自行车的售价折合人民币约 9000 元。

2. 健康保健纤维

日本 Toray 公司和 NTT 公司 2014 年联合开发"hitoe"材料，是以涤纶为基材，将导电高分子浸渗到纤维之间的空隙里而制成。将其作为电极贴到运动服等的内侧，可测量心电波形和心率（图 11-9）。

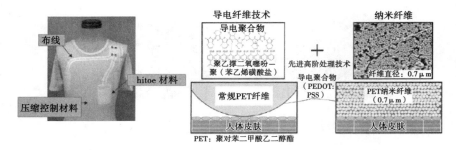

图 11-9　嵌入 hitoe 的贴身 T 恤衫及 hitoe 功能材料

另外，将纱线传感器放入关节、脚底等位置，可以监控患者的健康情况（图 11-10）。

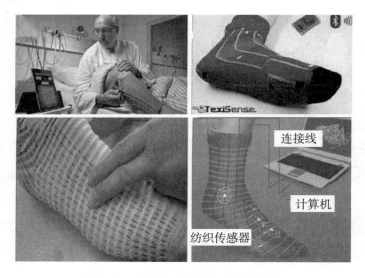

图 11-10　监控患者腿部水肿的智能袜

3. 智能手套

科学家通过负载金属可得到一种具有高拉伸性和弹性的导电纱线，用于制备智能手套，该手套通过将形变转化为电信号，并进一步实现对机器人的控制（图 11-11）。这一成果有助于未来设计假体、机械工具和人机交互系统。

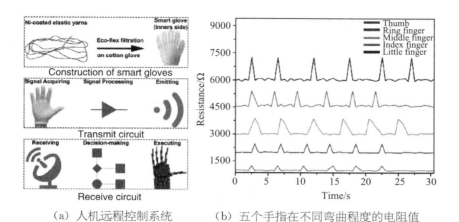

（a）人机远程控制系统　　（b）五个手指在不同弯曲程度的电阻值

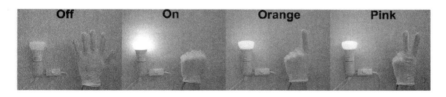

（c）控制机器手

（d）通过手势控制灯的颜色

图 11-11　智能手套

4. 可发电的纺织品

日常生活中，我们行走、跑跳等每个动作都会产生能量，如果把这些能量收集起来，可以用来发电。这听起来似乎很神奇，然而科学家已经把这变成了现实，即从人们的行走和肌肉运动等中获取能源，为小型电子产品提供续航。

科学家将导电聚合物印刷在棉织物表面制成热电发电机，并缝入针

织手环中，当温差为 12 ℃时，热
电发电机可产生 5 mV 的热电压。
当温差为 35 ℃时，热电发电机产
生的热电压提高 1 倍。而出汗后，
热电发电机的热电压可增至
24 mV（图 11-12）。

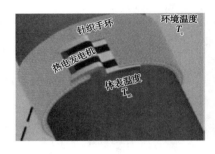

图 11-12　可穿戴式热电发电机

　　当然，这一发明要实现真正
的实用化，还有很长的路要走。但好的开始就等于成功了一半，相信未
来可穿戴电子设备无须再为充电而发愁，通过这种纺织品就可以实现能
源的自给自足，为我们的生活带来更多的便利。

　　5. 形状记忆纤维

　　人类有记忆这一点毋庸置疑，所以我们记得童年的趣事、家人和朋
友的生日。但无生命的材料有记忆吗？答案是肯定的。只是该记忆为形
状记忆。

　　说到形状记忆材料，要从 1932 年说起。当时瑞典人奥兰德观察到
当金镉合金的形状改变后，一旦加热又恢复到原来的形状，这是首次观
察到的"形状记忆"效应。在随后的研究中，美国海军军械研究所在研
究舰艇材料时用镍钛合金做实验，也发现类似的现象。后来，形状记忆
功能也被拓展到其他材料中。我们现在所说的形状记忆材料是指受到形
变后，在热、光、水等外界因素的刺激下，可恢复至初始形状的材料。

　　具有形状记忆功能的材料用处实在太大了，往远了说，在航天航空
领域中，人造卫星用的天线太庞大，无法携带，于是可以在发射卫星前
将其折叠后装进人造卫星里，火箭升空后，在一定温度下，具有形状记
忆的天线就可以展开，恢复成原来庞大的形状；再往近了说，在日常生
活中，汽车外壳因发生交通事故变瘪，如果汽车外壳是用形状记忆材料
制造，那么在一定条件下就可以让因交通事故变瘪的汽车恢复原样。

对于形状记忆纤维，研究人员更是研究出了多种多样的产品。

下肢静脉曲张的高发人群是长时间站立或静坐者，由于腿部血液回流不畅，表现为下肢浅静脉突出于皮肤表面，呈团块状或蚯蚓状。治疗所用的普通医用压缩袜通过自身弹性可以产生压力，帮助静脉血液循环。但是该压力会随着时间降低。针对这个问题，研究人员利用形状记忆聚氨酯纤维的应力记忆行为织造出医用压缩袜，不仅可以促进静脉血液回流心脏，而且简单地改变温度就可以控制这些新型医用压缩袜的压力（图 11-13）。

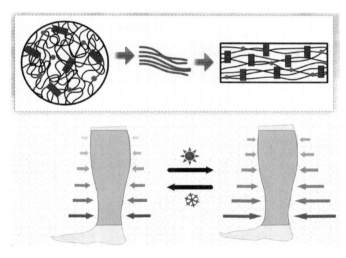

图 11-13　智能袜

此外，研究者把形状记忆功能用于记忆毛毯的研制，当温度高时，记忆毛毯可以自动掀起一角，起降温目的。甚至用于制作防烫伤衣服，原理很简单：先将形状记忆纤维制成宝塔状，改变温度后加工成平面状。当防烫服装接触高温时，其形状记忆功能开启，迅速由平面状变化成宝塔状，形成很大的空腔，使人体皮肤远离高温。

6. 变色纤维

纤维是多姿多彩的，但这些色彩是固定的、静止的，满足不了我们不断变化的需求。假设一个场景：我们去海边游玩，特意穿上绿色衣服，让自己成为蔚蓝的海和洁白的云间的一抹"小清新"。之后我们来到森林，去呼吸纯净的空气，然而在这里我们的绿衣仿佛成了保护色，在照片中很难发现我们在哪里。要避免这种尴尬处境，可以对衣服换换换，但实施起来很不方便。如果我们的衣服颜色会变变变，是不是这一切将不再是问题？

变色服装最早由美国国防部研制，作为士兵的"隐形衣"，可以随着周围的环境而变换颜色。听起来是不是很炫酷？不过这不是我们想要的，在日常生活中，我们希望颜色彰显度越大越好！于是，20 世纪 80 年代以后，变色服装在民用领域得到广泛应用。纺织品的颜色或花型会随着光照、温度、湿度的变化而呈现出由常规的"静态"变为不断变化的"动态"的效果（图 11-14）。

图 11-14　变色伞和服装

彩色污染

正如人们对于美的追求从未停歇过，人们对于服装的需求也更加多样。服装也不仅仅是起到遮体保暖的作用，还代表时尚和品味。对于衣橱里的衣物，过时了的，扔！穿旧了的，扔！衣服起球了，扔！然而，这样扔扔扔的背后，是以巨大的环境污染为代价，又被称为时尚的代价（图 11-15）。

图 11-15　废旧纺织品

我国作为纺织品生产和消费大国，每年废旧纺织品产生量超过 2000 万吨。然而在这么庞大的数字后面，却紧跟着极不协调的回收量数据：再生利用率不足 20％。在所有的纺织品当中，有 85％被丢弃到垃圾处理厂，要么焚烧，要么填埋，而这 85％的纺织品足以填满整个悉尼港！

正如第十讲中提到的，在白色污染治理中，人们开始意识并关注到塑料回收利用的重要性和迫切性，对于彩色污染，人们也同样开始关注其再回收利用问题，这是一个好的开始。

彩色污染的治理可以有多种方法，比如可以把废弃的衣服加工成地毯或做成汽车内饰件等，继续发扬其五彩斑斓的优势；也可以把纺织品通过化学改性，直接制备新材料；当然也可以沿用从哪里来就再到哪里去的方针，把纤维这个大分子打断，使其变回小分子原料，我们就可以随心所欲地再用它合成不同的材料，当然也可以再变回纤维。比如，将涤纶通过化学方法生成小分子原料，再用小分子原料重新制备新的涤纶，这样就形成一个闭环的回收圈。

介绍完了纤维，我们再来说说橡胶。

橡胶的艰辛发展史

如果说纤维带给我们多彩柔美的体验，那么橡胶制品则因其标志性的黑色（是不是黑白颠倒了？橡胶应该是白色的？真相见后文）带给我们强韧有力的感觉。

什么是橡胶（rubber）？橡胶是指具有可逆形变的高弹性高分子材料。小时候，我们用来扎小辫子和做弹弓的橡皮筋就是这种材料做的。相信大家对橡皮筋的性质并不陌生：在室温下就很有弹性，即使在很小的外力作用下也能产生较大的形变，而且如果我们撤销了外力，其也能恢复到原来的形状。

橡胶的这种性质和塑料有很大的不同，原因很简单，因为橡胶的玻璃化转变温度（T_g）（详见第十讲）低于室温，所以在室温时，橡胶是有弹性的，而且在很宽的温度范围内都保持高弹态。这一点很重要，否则，当温度升高时，橡胶制品会变黏，这会造成很多麻烦。

橡胶的发展和纤维类似，都是先从自然界中获取的，只是合成橡胶来得更早一些。

天然橡胶闪亮登场

橡胶一词来源于印第安语"cau-uchu"，意为"流泪的树"。事情得从 1492 年西班牙探险家克里斯托弗·哥伦布一行踏上美洲大陆说起。当时他们发现印第安人玩一种弹性小球的游戏，而且也看到印第安人将一种液体涂在衣服上可防雨。然而，他们对橡胶最初的认识仅仅停留于此——好奇而已。

直到 1693 年法国科学家拉康达的到来，人们才对橡胶的认识有了推进。他进一步得知这种弹性小球是用橡胶树的汁液制造的。1736 年，法国科学家查尔斯·康达明出版了《南美洲内地旅行记略》，于是橡胶开始引起人们的重视。后来陆续有了新的发现，如发现了软化橡胶的溶剂，将橡胶制成防雨布等。特别值得一提的是，1770 年，英国化学家普里斯特利发现橡胶可用来擦去铅笔字迹，因此，rubber 也被用来称呼橡皮擦。有趣的是，现在的美国人习惯以 eraser 称呼橡皮擦，而在非正式场合 rubber 却被用来指代避孕套。

由于生橡胶在温度高时发软变黏，温度低了又发硬变脆，因此在使用时存在很大的问题，从而限制了橡胶的应用。这种情况的改变得从美国发明家查尔斯·固特异说起。固特异发明了硫化橡胶，被称为"现代橡胶之父"，但这个发明的过程充满艰辛。

固特异家因生意失败而破产，一度负债累累，而且因无法还债几次入狱，但这并没有阻挡他研究的步伐，他甚至以家中厨房为实验室。有人讽刺说，如果你在街上遇到一个人，他的帽子和外衣、背心、裤子全是橡胶制品，口袋里还有一个橡胶钱包，实际上却身无分文，那人肯定就是固特异。

执着终会带来转机。1839 年的一天，他无意之中把盛有橡胶溶液和硫磺的容器掉到火炉上，意外得到了有弹性的橡胶。他为此申请了专利，之后经过不断改进，于 1844 年申请了完备的硫化橡胶技术专利。硫化后的橡胶具有交联结构，弹性、耐热性和耐磨性等得以提高，从而使橡胶应用得到了极大的拓展。

固特异生前曾说："人生的职业价值，不能仅靠金钱来衡量。如果一个人播下种子而没有人收获，这才是最大的遗憾。"

橡胶在工业革命兴起的时代里充当着不可或缺的角色。气球、雨靴、充气船垫等产品中都有橡胶的身影存在。关于橡胶的种种报道为想象力丰富的法国科幻作家儒勒·凡尔纳提供了创作素材，让他写出了《气球上的五星期》和《八十天环游地球》的经典作品。

在固特异去世 38 年后，为了纪念他对美国橡胶工业做出的巨大贡献，弗兰克·克伯林把自己创建的轮胎橡胶公司命名为固特异。目前，固特异公司是世界上最大的轮胎生产公司。1970 年"阿波罗"号登陆月球用的太空车轮胎就是固特异公司研发的。

1888 年，英国人约翰·波义德·邓禄普发明了世界上第一条充气轮胎，促进汽车工业飞速发展，此时天然橡胶已不能满足需要，于是合成橡胶"黑墨登场"了。

合成橡胶大显身手

德国化学家弗雷兹·霍夫曼为合成橡胶打开了一扇门，人类就此开启了合成橡胶的历史。霍夫曼研究合成橡胶的动力或许来自德国拜耳公司前身弗里德里希·拜耳染料厂的一个悬赏令：这家公司于 1906 年提出，如果有人能够在 1909 年 11 月 1 日之前成功"研制出制造橡胶或橡胶替代品的方法"，公司将奖励发明者两万马克。类似的场景大家是不是也在塑料的发明中见过？是的，当时也是在"寻找替代象牙材料的桌球"悬赏令刺激下，塑料诞生了！

除了"悬赏令"可以加速新产品的研发外，战争也是促使合成橡胶研发的一个可能的原因。

第一次世界大战期间，德国海上运输橡胶受阻，促成了第一个合成橡胶——甲基橡胶的开发，开辟了合成橡胶生产的新纪元。后来，美国、苏国、德国等国又研制了丁钠橡胶、丁苯橡胶、氯丁橡胶等，为现在的高性能橡胶的发明奠定了基础。

教你识橡胶

橡胶除了用来做汽车轮胎外，生活中的雨衣、医用手套、橡胶鞋底、鼠标垫等都是橡胶做的。另外，在口香糖中，橡胶可以作为基料。还有不干胶中也有橡胶的身影。

性能优良的天然橡胶

天然橡胶具有很强的弹性、耐磨性和良好的绝缘性等特点，其应用范围从日常生活中的胶鞋、雨衣、橡皮筋、暖水袋，到交通运输用轮胎、工业运输带、各种密封圈，再到医用手套和输血管等。

耐磨和高强度是汽车轮胎的重要指标，将炭黑加入白色纯橡胶中，能够增加轮胎的强度和耐磨性，使轮胎变得很耐用。这也是汽车轮胎是黑色的原因，这种白加黑的 CP 组合让黑色轮胎成为经典！

但橡胶轮胎也给人们生活带来安全隐患。对速度的无限追求和现在橡胶轮胎无法解决的缺陷导致的爆胎酿成了无数惨案，爆胎成了名副其实的"马路杀手"。有统计数据表明，同等状况下，车速超过 150 km/h 时遇到尖锐物的爆胎概率比 70 km/h 时增加了 30%，而当车速超过 140 km/h 时发生爆胎后，驾驶员的死亡率是 100%！

近几年，天然乳胶制品（如床垫和枕头等）因透气性好、抗菌、促进睡眠等而大受欢迎（图 11-16）。天然乳胶和天然橡胶有什么关联吗？

天然乳胶是橡胶树割胶时流出的乳白色液体，是橡胶粒子在水中的分散体系。新鲜的天然乳胶中橡胶成分含量为

图 11-16　天然乳胶床垫和枕头

27%～41.3%。优质天然乳胶原料主要产于东南亚地区，占世界产量的 90% 以上。由于乳胶不稳定，加之产量有限，所以以次充好的现象频频发生。在购买天然乳胶制品时一定要擦亮眼睛，不要相信所谓"100% 天然乳胶"的幌子；也不要认为人人都适用，因为有些人可能会出现对

乳胶过敏现象。

不甘示弱的合成橡胶

目前世界上产量和消耗量最大的通用合成橡胶是丁苯橡胶（Polymerized Styrene Butadiene Rubber，SBR）。其加工性能和使用性能接近天然橡胶，且耐温和耐磨性更好。其主要用于汽车配件、电线和电缆包层和胶鞋等。

氯丁橡胶也是常用的一种合成橡胶，它具有优良的抗氧性，不易燃且着火后能自熄，又有耐油、耐溶剂、耐酸碱及耐老化、气密性好等优点，主要用于制造电缆护套及各种防护和保护罩、化工衬里及地下采矿用橡胶制品等。

氯丁橡胶可用来制作潜水服，因为其含有很多气孔，可以减缓身体与海水间的热量传递，避免在冰冷海水中人体体温过低。科学家将惰性气体注入氯丁橡胶潜水服中，可进一步延长潜水服的保温时间，让潜水员在冷水中停留更长时间。

说起丁腈橡胶，经常在实验室做实验的学生一定不陌生，常用的一次性丁腈手套透气性与舒适度已接近乳胶手套，同时不会产生任何皮肤过敏现象。当然，能在实验中使用还因为其耐油性极好、耐磨和耐热性也不错的缘故。相比之下，实验室常用的乳胶手套虽然弹性、透气性和舒适度都较好，但耐油性较丁腈手套稍差，且可能引起过敏。所以在实际使用时，应根据具体的应用环境要求来选择。

大有可为的新型橡胶

当汽车轮胎爆胎或者其他原因导致轮胎开裂后，就不得不更换新轮胎。但是科研人员想通过缝缝补补的方式来实现重新再利用。

大家一定还记得固特异为了让橡胶变得有弹性，倾注了毕生心血。

现在科学家试图让橡胶性能变得更全面，不仅要有弹性，还要有自修复性。然而，怎么去做？

先从认识研究对象着手，传统的橡胶之所以没有自修复性，是因为组成分子间是以共价键结合的，这种键一旦破坏，就不能自行恢复了。科学家决定在分子中引入一种不同的结合，这种结合看似若即若离，但又终身相依（很熟悉的句式？没错，是对中国当代女诗人舒婷《致橡树》中诗句的模仿），所以当橡胶在遭到破坏后可以发生自愈合，而且修复后的橡胶还能保持优异的弹性和耐磨性（图 11-17）。

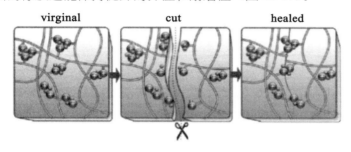

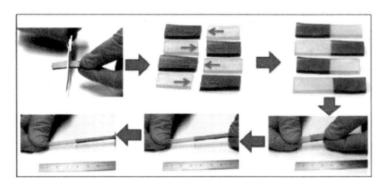

图 11-17　自修复橡胶

所以未来轮胎破裂后不必重新换胎将不再是梦！

橡胶通常是绝缘的，但日本东京大学研发出一种可以导电的橡胶。它和普通橡胶一样具有弹性，但导电性能却是含有碳化物粒子的商用橡胶的 570 倍。这项研发成果为将来做成可以覆盖在机器人身上的可伸缩的仿生电子皮肤 e-skin 提供了可能。科学家把各种传感器嵌入到电子皮肤中，使其可以像人一样具有感知能力，在未来就可以放心地让机器人独自照顾婴儿了（图 11-18）。

图 11-18　导电橡胶电子皮肤

黑色污染

黑色污染是相对"白色污染"而言的，是指废橡胶（主要是废轮胎）对环境所造成的污染（图 11-19）。目前，我国是世界上第一大橡胶消费国和第一大橡胶进口国。我国废橡胶 70％来自报废的汽车轮胎。全国每年产生的废轮胎约 3 亿多条，居世界第一。

废橡胶、废轮胎长期露天堆放，不仅占用大量土地，而且极易滋生蚊虫、引发火灾，国内外均有因大量堆积的废旧轮胎自燃而引发火灾的报道。

目前，废旧轮胎处理方式是轮胎翻新，但该方法存在的问题是：如果翻新后的轮胎用于汽车上，会造成极大的安全隐患。因此，通常是将其用于跑道或铺路。另一种处理方式是将废旧轮胎炼成燃油使用（图11-19），但目前的工艺二次污染严重，导致"治废产废"。

图 11-19　废旧橡胶

黑色污染同白色和彩色污染一样，其治理刻不容缓。值得欣慰的是，随着人们环保意识的增加，废旧高分子的资源化利用已成为全球共识。相信在不远的未来，这些颜色不再成为污染的形容词，而是人们生活中多彩的音符。

《气球骗局》是 1844 年美国作家埃德加·爱伦·坡创作的短篇小说，讲述了梅森先生和伙伴乘坐热气球飞越大西洋的事件。小说中详细介绍了气球构造："气球用涂了液体弹性橡胶的绸布制成。它体积庞大，可容纳四万立方英尺的气体；但由于用煤气代替了价格昂贵和不便掌握的氢气，气球完全充气后的承载能力不超过两千五百磅。"

在小说中的热气球研制之前，即 1783 年，法国蒙哥尔费兄弟制造的热气球第一次升上天空。那么这两种热气球有何不同？升空的原理是否一样？与我们生活中常用的橡胶气球有何不同？近年来很多关于热气球升空爆炸的报道，其爆炸原因是什么？当用针或竹签扎吹起来的橡胶气球顶部时，气球往往不会破，这是为什么呢？

纤维和橡胶小常识中的大道理

1. 为什么用熨斗可以将有了褶皱的纤维织物熨平？

知识点：可逆的氢键作用。

一般来说，棉、丝等天然织物容易起褶皱，原因在于纤维大分子链间存在一种叫作氢键的相互作用。当织物放在烘干机中或水洗时，热能或水的作用会打破这些氢键的相互作用，同时又会形成新的氢键。内部键的"错位"，外在表现就是出现褶皱。当温度降下来或水分蒸干后，这些形状固定下来，褶皱也固定下来。

由于氢键作用是可逆的，因此要想解决衣服起皱的问题，就可以在加热或蒸汽作用下将这些氢键打破后再重建，就能够将褶皱熨平了。

2. 为什么晾晒衣服的尼龙绳会随时间增加而拉长？

知识点：蠕变。

以上过程涉及一个专业名词——蠕变，从字面上看，是慢慢变化的意思。被用作专业术语时，它也并不难理解，就是在一定温度与恒定外力（拉力、压力等）下，材料的形变随着时间的增加而增大。这种变形是较小力在长时间持续缓慢作用的结果。所以尼龙绳拉紧后晾晒衣服，其形变在慢慢增加，这种变化积累到一定程度后，就变得肉眼可见了。

其实很多材料，如金属、塑料等在一定条件下都表现出蠕变的性质。只不过有些蠕变太微小了，所以几乎观察不到罢了。

3. 为什么羊毛织物洗了会缩水，而淋了雨的羊不会出现羊毛缩水的现象？

知识点：棘轮效应。

正如前文所讲的，羊毛纤维外层是鳞片层，和鱼鳞一样是顺着一个方向生长的，它的生长方向自然比逆向要顺滑。就像棘轮一样，只能向一个方向运动，反过来就会卡住。

羊毛织物被放入洗衣机中甩来甩去时，水或机械力的作用，使羊毛纤维间彼此缠结得更紧密。当其无法归位的时候，羊毛织物尺寸就会变小。

至于淋雨的羊毛为什么不会出现这种情况，主要是因为淋雨过程不具备洗衣机带来的搓洗作用（图 11-20）。也许有人要质疑：外力有这么大的作用吗？当然有，大家从羊毛毡的制作中就可窥其堂奥。

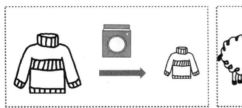

图 11-20　羊毛的缩水和不缩水

4. 橡皮筋与棉线不同，前者在很大的形变下，仍然可以恢复原来的形状，为什么？

知识点：弹性形变。

弹性变形是指材料在外力作用下产生变形，当外力撤去后变形完全消失的现象。与之相反，塑性变形是指当作用在材料上的外力撤去后，不能恢复原来的形状。

橡皮筋的主要成分是橡胶，分子链很长且呈卷曲状，而大分子链相互之间有物理或化学作用，并形成一个大网络。当受外力拉伸时，这些卷曲的分子会变直伸展；当外力撤去后，由于内部作用力的影响，橡皮筋又会恢复成卷曲状，从而使呈现出很强的弹性。

5. 橡皮擦可以去除铅笔字迹，为什么？

知识点：摩擦力。

铅笔芯由石墨和黏土按一定比例混合制成。经过加工的石墨具有很好的柔软性和吸附性。当我们写字的时候，铅笔芯上的石墨粉就会在与纸张接触的时候被磨下来，吸附在纸张表面上。而橡皮擦具有很强的摩擦力，在反复摩擦过程中，与石墨颗粒间的吸附力较大，形成许多橡皮屑而将石墨擦除。

结语

　　高分子的世界是一个"大世界"，除了所讲的塑料、纤维和橡胶这些高分子材料外，还有很多种类，如粘合剂、涂料、功能高分子等。因为它们的存在，我们的世界变得丰富多彩。从高分子的发展史可以看出，由于科学家的不懈努力和研究，自然界存在的天然高分子得以被发现，而原本不存在的高分子得以被创造。这些成果中有的获得了诺贝尔奖，而有的则没有。但无论获奖与否，每一个点滴发现都不应当被遗忘，这些发现无一例外地为我们的生活带来了更多的便利。科学是需要传承的，前人的发现是后人创造的基础；科学也是需要创新的，每一段积累都是爆发前的酝酿。

　　诺贝尔化学奖获得者弗洛里曾说，如果要他从头开始，他仍将选择大分子作为研究方向，因为"大分子最伟大的发现还在后面"。所以，对于未来的"大"世界，让我们拭目以待！

参考文献

[1] 董垠红，彭蜀晋. 纺织纤维发展历程概观 [J]. 化学教育，2017，38（8）：76-81.

[2] 李蕾. 纺织纤维的鉴别方法研究进展 [J]. 印染助剂，2015，32（04）：5-10.

[3] 夏志林. 简明自然科学向导丛书——纺织天地 [M]. 济南：山东科学技术出版社，2013.

[4] 王玉忠，陈思翀，袁立华. 高分子科学导论 [M]. 北京：科学出版社，2010.

[5] 冯世鹏. 橡胶的发展历史 [EB/OL]. https：//blog. sciencenet. cn/blog-

105435-1159340. html，2019.

［6］Zhu C，Li R，Chen X，et al. Ultraelastic yarns from curcumin-assisted ELD toward wearable human-machine Interface textiles［J］. Advanced Science，2020，7（23）：202002009.

［7］张麟丽，胡雪峰，刘岩，等. 智能纺织品的发展趋势与应用展望［J］. 纺织导报，2020（8）：69-77.

［8］胡吉永，王婷婷，邹艳玲，等. 智能医用传感纺织品的研究现状［J］. 纺织导报，2020（10）：81-89.

［9］Allison L K，Andrew T L. A wearable all-fabric thermoelectric generator［J］. Advanced Materials Technologies，2019，4（5）：1800615.

［10］Das A，Sallat A，Bohme F，et al. Ionic modification turns commercial rubber into a self-healing material［J］. ACS Applied Materials & Interfaces，2015，7（37）：20623-20630.

［11］Cordier P，Tournilhac F，Soulie-Ziakovic C，et al. Self-healing and thermoreversible rubber from supramolecular assembly［J］. Nature，2008，451：977-980.

［12］Sekitani T，Noguchi Y，Hata K，et al. A rubberlike stretchable active matrix using elastic conductors［J］. Science，2008，321（5895）：1468-1472.

［13］Sekitani T，Someya T. Stretchable，large-area organic electronics［J］. Advanced Materials，2010，22（10）：2228-2246.

［14］薛楚标，李崇熙. 固相多肽合成法的发明者——布鲁斯·梅里菲尔德［J］. 化学通报，1985（6）：65-67.

［15］董炎明. 奇怪的高分子世界［M］. 北京：化学工业出版社，2012.

图书在版编目（CIP）数据

从殿堂到生活：化学诺奖与日常世界 / 黄艳主编
. 一 成都：四川大学出版社，2022.12（2024.1 重印）
（明远通识文库）
ISBN 978-7-5690-5861-1

Ⅰ. ①从… Ⅱ. ①黄… Ⅲ. ①化学一普及读物 Ⅳ.
① 06-49

中国版本图书馆 CIP 数据核字（2022）第 243934 号

书　　名：从殿堂到生活：化学诺奖与日常世界
　　　　　Cong Diantang dao Shenghuo: Huaxue Nuo-jiang yu Richang Shijie
主　　编：黄　艳
丛 书 名：明远通识文库

出 版 人：侯宏虹
总 策 划：张宏辉
丛书策划：侯宏虹　王　军
选题策划：段悟吾　宋彦博
责任编辑：周维彬
责任校对：刘柳序
装帧设计：燕　七
责任印制：王　炜

出版发行：四川大学出版社有限责任公司
　　　　　地址：成都市一环路南一段 24 号（610065）
　　　　　电话：（028）85408311（发行部）、85400276（总编室）
　　　　　电子邮箱：scupress@vip.163.com
　　　　　网址：https://press.scu.edu.cn
印前制作：成都完美科技有限责任公司
印刷装订：四川省平轩印务有限公司

成品尺寸：165 mm×240 mm
印　　张：20.25
插　　页：4
字　　数：283 千字

版　　次：2023 年 1 月 第 1 版
印　　次：2024 年 1 月 第 2 次印刷
定　　价：66.00 元

本社图书如有印装质量问题，请联系发行部调换

扫码获取数字资源

四川大学出版社
微信公众号